机器人技术及应用

主　编　张建华

副主编　高春艳　刘　璇

科学出版社

北　京

内 容 简 介

本书系统地讲解机器人技术的基础知识及相关应用，内容包括机器人运动学、机器人动力学、工业机器人的控制、机器人传感器、机器人视觉、机器人的运动规划和仓储物流机器人软件系统设计。本书紧密结合行业发展趋势，注重实践能力培养，将机器人基础理论与应用技术相结合，真实反映国内外机器人研究领域的新进展，使读者能够全面了解机器人技术发展现状，同时结合实例分享作者的机器人研发与教学经验，真正将机器人理论学习与实际应用结合起来，加深读者对机器人技术的理解。

本书可作为高等学校机械类、自动化类及计算机类等专业高年级本科生或研究生的教材，也可作为从事机器人学研究的教师和相关工程技术人员的学习参考用书。

图书在版编目(CIP)数据

机器人技术及应用 / 张建华主编. —北京：科学出版社，2024.3

ISBN 978-7-03-078165-9

Ⅰ. ①机… Ⅱ. ①张… Ⅲ. ①机器人技术-高等学校-教材 Ⅳ. ①TP24

中国国家版本馆 CIP 数据核字（2024）第 053769 号

责任编辑：任锋娟 杨 昕 / 责任校对：赵丽杰
责任印制：吕春珉 / 封面设计：东方人华平面设计部

科学出版社 出版
北京东黄城根北街 16 号
邮政编码：100717
http://www.sciencep.com
北京九州迅驰传媒文化有限公司 印刷
科学出版社发行 各地新华书店经销
*
2024 年 3 月第 一 版 开本：787×1092 1/16
2024 年 3 月第一次印刷 印张：14
字数：332 000

定价：52.00 元

（如有印装质量问题，我社负责调换〈九州迅驰〉）
销售部电话 010-62136230 编辑部电话 010-62135319-2015

前　言

本书旨在为机器人技术相关专业本科生及有实际经验的工程师提供必备的机器人学基础知识，帮助他们更快地了解和熟悉机器人技术，使其能够设计机器人，并将机器人集成到一个具体的应用场景。本书包括机器人学必要的理论基础知识、机器人视觉、机器人运动规划以及机器人应用案例等内容。

本书围绕机器人技术的发展及应用这一主题，从技术进展、理论基础、关键技术、应用方法等角度对机器人进行介绍，具体如下。

第 1 章主要介绍与机器人相关的背景知识，包括机器人的发展概况、构成、特征及应用等。第 2～4 章详细解析机器人运动学、机器人动力学和机器人控制，包括机器人位姿分析、动力学描述，以及工业机器人的位置控制、力控制和速度控制等。第 5 章介绍机器人中应用的传感器。第 6 章介绍机器人视觉系统、图像处理及其应用实例。第 7 章分析机器人的运动规划。第 8 章以仓储物流机器人为例，深入分析一个完整机器人系统并介绍其设计、集成和应用，将系统性、专业性和可读性进行有机结合。在每章的最后还结合本章内容给出实例验证。

本书由北京科技大学张建华（E-mail：Jhzhang@ustb.edu.cn）任主编，河北工业大学高春艳、刘璇任副主编。在此感谢所有以不同方式为本书的出版做出贡献的教师和学生。书中部分内容参考了国内外相关文献，未能在书中一一注明，敬请谅解。

由于编者水平有限，加之机器人技术发展迅速，书中难免有不妥之处，敬请广大读者批评指正。

编　者

目　　录

第1章 绪　　论

机器人技术是一门集机械工程学、电子技术、控制工程、计算机科学、传感器技术、人工智能、仿生学等多学科知识于一体的综合技术。机器人技术一出现就成为人类的得力助手，广泛应用于制造、医疗、军事、科学等领域。

1.1　机器人概况

机器人是一种能够执行预编程任务的智能机器，它们通常使用传感器和程序算法来感知和响应环境变化，并根据这些信息来执行特定任务，如制造、清洁、医疗、农业、军事和探险等任务。

1.1.1　机器人的基本概念

机器人是一种具有拟人功能的、可编程的、自动化的机械电子装置，它具有两个显著特点：①拟人功能，如作业功能、感知功能、行走功能等，能够像人一样完成各类作业任务；②可编程，即可以通过编制程序改变其动作、处置的对象以及工作的参数设置。目前，对机器人还没有一个统一的定义。美国工程师协会认为机器人是计算机控制的可以编程且能够完成某种工作或可以移动的自动化机械。这个定义得到了较多认可，但日本等国家的研究人员对机器人的定义有不同的看法，他们认为从完整的更为深远的机器人定义来看，应该更加强调机器人智能，因此提出机器人是一种能够感知环境且有学习、情感和对外界逻辑判断思维的机器，这对机器人提出了更高层次的要求。例如，机器人代替人进行焊接作业，焊接环境非常复杂，只有精确感知环境才能顺利完成工作。又如，工业搬运机器人可以识别环境需求并给出逻辑判断，自行在自动生产线中搬运玻璃及各种零件。此外，还可以配合自动生产节拍完成后续的码垛等作业。由此可见，机器人能够将人从繁重的体力劳动中解放出来。

将机器人应用于工业生产过程，不仅可以极大地提高生产率、改进产品质量，还能从多方面降低生产成本。工业机器人已在机械制造业得到了广泛应用。例如，在高温、高污染且危险的铸造过程中，铸造机器人可以替代人工将熔化的金属浇入铸模；机器人焊接可以帮助人脱离高温工作环境；机器人喷漆，可以安全且均匀地喷涂极薄的漆膜。在为完成一系列工序（机械零件加工和喷漆过程等）而设置的包括一组机器人的自动生产单元中，机器人往往是其核心环节。汽车、电子设备、计算机以及机器人的装配等都是机器人的新兴应用领域。

对于当前产品经常变化的市场环境，使用机器人并对其重新调整和编程所需的费用远远低于重新调整固定的自动化机器所需费用。如果消费者对产品的需求发生变化，则机器人的万能性对于尽快完成产品局部调整尤为重要。例如，机器人的操作一致性和可重复性良好，不仅可以保证产品质量的稳定性，还会带来确定效益；同时也可以预测产品的生产率，使库存量得到较好控制。由此可知，产品总价值中的每项费用的节省，都将提高产品的市场竞争力。另外，机器人特别适合在危险环境下作业，如外太空或深海作业。

智能机器人是指装备有某些传感装置，能够感知环境变化并做出反应的机器人。智能机器人的出现开辟了全新的机器人应用领域。例如，在工业现场使用机器人最重要的问题是安全，如果为机器人装备了传感装置，它就能探测到工作区域是否有人活动，当它探测到工作区域有人时，即刻由程序控制自动停止操作。随着传感技术的发展，目前智能机器人已成功具备“看”、“听”和“感知”的能力。这也促使机器人从单纯的工业应用环境逐步走进了农业、畜牧业等截然不同的应用环境。可见，人类无限的创造力及机器人新技术的推广应用，必将使众多新型机器人的应用范围得到更广泛的拓展。

这是否意味着机器人会成为人类的竞争对手呢？目前，机器人可以做非常困难、危险以及最令人厌烦的工作，并且始终如一，大大优于人类。例如，它们可以每天工作24 小时，每周工作 7 天。但与人类智能相比，机器人就相形见绌了。人类不仅具有惊人的适应能力和创造能力，而且在其一生中可以学会上千种工作技能。此外，人类还具有一套神秘的智力综合能力和聪颖的意识系统。因此，人类的潜能是无限的。另外，人有感觉、感情和生物反应，如人可以帮助他人。上述这些都是机器人不可能实现的。基于此，我们有理由相信不会出现“机器人上岗，工人下岗”的局面，机器人将是人类的得力助手，是能够与人类友好相处的可靠的工作伙伴。

1.1.2　机器人的发展概况

机器人的发展大体经历了如下四个阶段。

1. 早期机器人的发展

人类历史上的每一种设想和技术都有其孕育期、形成期和发展期，机器人技术也不例外。早在公元前 8000 年至公元前 7000 年的新石器时代，人类就开始使用工具在石器上打孔。公元前 4000 后至公元前 3000 年，出现的环形陶器是所有现代旋床和立式车床的远祖。公元前 2 世纪，亚历山大城的机械师克特西比发明了漏壶：水从容器中滴漏出来，使浮标漂起，浮标在直立的刻度盘上移动以指示时辰。在古希腊与古罗马时期，机器人是以“活”雕像和各种“神奇”机器形态存在的。例如，只要往狮身鹰头石雕张开的大嘴里扔进八枚硬币，“圣水”就会自动地从石兽的眼睛里流出来；当祭司在神庙前点燃圣火时，神庙的大门就会“自动”开启。亚历山大城的赫龙和与其同时代的其他机械师们制作的雕塑常作为祭祀用的偶像。公元前 400 年左右，古希腊哲学家柏拉图的朋友阿尔希塔斯制作了现在公认最早的模仿或模拟活物的自动机，传说他制作的木头鸽子竟然能够飞起来。相传在中国的春秋战国时期，鲁班也制作出会飞的木鸟。

与古代机器人有关的故事，常常带有浓厚的神话传奇色彩，这与其说是记载事实，不如说是人类的一种美妙幻想。最早的关于机器人的“可靠”记载，出自著名的荷马史诗《伊利亚特》。荷马在这部史诗中描述了一个用黄金做成的女人帮助锻造之神赫菲斯托斯的故事。在现代工业生产中，这个女人的“后裔”——锻压机器人发挥着积极作用。在掌握了“水落”和“风吹”的动能原理之后，人类真正认识到本身能动的机器“助手”的“可爱”之处，于是开始大量制造各种机械。1797 年，英国机械发明家莫兹利制作了利用丝杠传动刀架的车床，如图 1.1 所示。该车床是现代车床的原型，它带有丝杆和光杆，采用滑动刀架——莫氏刀架和导轨，可以车削不同螺距的螺纹。

图 1.1　利用丝杠传动刀架的车床

16 世纪，德国钟表匠人海因莱因发明了发条传动装置，因此出现了装有发条的钟表，这些钟表的内部装置第一次运用了简单机械原理。据说，同时期供职于西班牙的工程师胡阿涅洛·塔里阿诺为查理国王制造了小巧精致的自动机械——会击剑的玩具士兵和会弹琴的机械牧女。1657 年，荷兰发明家惠更斯制造出最早的摆钟。法国著名哲学家笛卡儿曾经也对自动机械着迷，甚至还亲手制作出一个机械人。1637 年，他在书中写道：“终有一天，人类将制造出一帮举止与人一样却没有灵魂的机械人。”此外，他最先提出仿生机械动物的设想。科学家们试图利用力学规律解释发生在动物身上的某些现象。

17～18 世纪，人们从三个方向进行了探索。第一个方向是用力学定律来解释某些生理现象的探索，以天才数学家欧拉和伯努利为代表。第二个方向是对“人是机器”这一哲学观点的思考，以法国医生、哲学家梅特里为代表。1747 年，梅特里发表了著名著作《人是机器》。他认为，人是一种更复杂的机器，如果有足够的条件，人就可以用工具制造出这种机器。第三个方向是机械发明家将其头脑中的想法付诸实践，其中以法国发明家、工程师沃康松制作的一些近乎完美的自动机最为著名，他也因此入选法兰西科学院。在他的杰作中有一个会吹笛子的“长笛手”。这个“长笛手”身高 170cm，会吹 12 首曲子，在“长笛手”吹笛子的时候，沃康松亲自以鼓铃伴奏。沃康松还制造了一个左手持木笛吹奏，右手击铃鼓的机械人。他最完美的设计是一只机器鸭子。这只鸭子由上千个自动零件组成，几乎能完成凫水、扎猛子、扑打水面、啄食等所有动作，甚至可以借助藏在其体内的化学物质完成正常的消化过程。大诗人歌德在日记中记载了这只机器鸭子。

1738 年，沃康松在巴黎举办了发明展览。此时，工业生产中出现了一些可以制作形状复杂零件的机械机床。18 世纪 20 年代，俄国发明家研制出能够沿着被加工零件移动车刀的自动刀架，还设计了一种用于制造大型螺杆车床的变速齿轮。1765 年，俄国机械师波尔祖诺夫发明了可以自动保持水位的浮子型锅炉给水控制器。第一个“工业机器人”是沃康松制造的能在普通织布机上织布的机械驴。沃康松之所以将其做成驴形，是因为里昂的纺织工人们在得知沃康松打算制作一台自动织布机后害怕失业，于是就狠狠揍了他一顿，沃康松一生气，便制造了一头会织布的机械驴。

1774 年，瑞士钟表匠皮埃尔·德罗和他的儿子一起制造了机械记事器、机械画师和机械女乐师。这些机械人一问世就引起了人们的关注，但是，宗教裁判所却指控德罗父子犯了妖术罪，将他们关进了监狱，并没收了这些机械人。一般认为，机器人“antros”这个词是由亨利·德罗（皮埃尔·德罗之子）的名和姓首字母构成的。但这完全是一种巧合。“antros”一词源于希腊文，表示“男人”的意思，它与表示“人”的“antrop”一词的词根相同，因此“antros”一词也表示“像人”的意思。

1784 年，瓦特设计出蒸汽机离心调速器，蒸汽开始成为驱动机床、机器和机械运转的主要能源。除使用发动机外，机械师们也会借助由各个独立环节构成的传输网络，将轴旋转运动转换成所操作机械的任何一种复杂运动。机械师们开始制造越来越多这样的机器，它们能在劳动过程中用机械手模仿人的各种动作。同时，机械师们也能通过自动机向各种部件传达指令，如使用八音盒磁鼓上的双头螺杆、穿孔的硬纸带和带小凸轮的小轴等，这便是自动机的工作程序。这种程序不仅非常原始，而且不能对外部环境做出反应。自动机研究者的创造性活动带来了生产方式的变革，实现了人类从手工生产到机器生产的飞跃，即人类进入工业革命时代，人们在实践中认识、检验并发展机械制造及自动机原理的基本数学方法和技术手段。

2. 近代机器人的发展

随着技术的发展，在纺织业、金属加工业、采矿业和其他工业普遍实现了机械化。在电动机和直流发电机出现之后，电为生产自动化提供了新的能源。1830 年，俄国科学家希林格发明了磁电式继电器，该继电器是电动机的主要部件之一。1872 年，奇科列地在第一届莫斯科综合技术展览会上首次展出了电动缝纫机。1895 年，阿波斯托·别尔季切夫斯基和弗赖登贝格制造了世界上第一座电话自动交换台。20 世纪初，电压调节器发明之后，电能便开始在生产中大显身手。例如，利用电动机驱动机床，使自动机床获得新生。20 世纪 30 年代，出现了更多组合机器。20 世纪 40 年代，完备的组合机床自动生产线问世。20 世纪 40 年代末，出现了智能加法器（电子计算机）和控制论。这使得包括工业机器人在内的电子自动机的出现成为可能。

假肢等人工器官研究对于现代机器人的发展相当重要。为设计人工肢体，研究人员必须研究人体结构学，从而引导机械设计师思考人的手臂、手和手指协调完成动作的机理。早期假肢的事例见于公元前 500 年希罗多德（Herodotus）的记载。他记录了一个俘虏为挣脱脚镣从脚腕处割断自己的脚，而后设计了一只木制的脚来代替的事。在约公元前 218 年，第二次罗迦战争中，一位名叫马库斯·塞尔吉乌斯（Marcus Sergius）的罗马将军失掉了一只右手，据说后来人们为他装上了一只铁制假手，这只假手打起仗来也相当有力。因此，战争造成的伤残推动发展更为精致的假肢以代替人们残缺的肢体。

16 世纪，随着传动与控制机原理的重大发展，人们研制的假肢能让使用者借助机械手指自如完成抓、握等简单动作。例如，16 世纪初，戈茨·冯·贝利欣根（Gotz Von Berlichingen）用一只可以模仿人手动作的机械手来取代他在战争中失去的手。到了 20 世纪，人们又研制了电驱动人造手，它是将来自使用者断肢神经末梢的电脉冲放大后传输给假手以驱动其动作的。20 世纪 60 年代，镇静药查里多米德给人类带来灾难之前，这种人造假肢一直很受欢迎。孕妇服用这种镇静药导致胎儿畸形，这些人生来肢体不全或萎缩，也无神经末梢可与标准假肢的电极相连，因而无法使用假肢。在这种背景下，借助压缩空气驱动内部活塞动作的假肢应运而生。这类假肢能够感应肌肉收缩时隆起的肌肉及其硬度，其成就是发明了肌电手臂。此类假肢可由电机或压缩空气驱动，也可通过拾取传至肌肉内的电脉冲驱动，其金属线电极须埋入肌肉，以拾取电动势。当肌肉收缩时，电极拾取此信号并放大，使患者能用与控制真手一样的电脉冲去控制假肢。在研制人工肢体的过程中，传动系统、操纵系统和控制系统的大量研究成果对机器人学做出了巨大贡献。制造人工手臂的设计构思后来被用于遥控机械手以及机器人机械手的设计中。

20 世纪 40 年代，科学家根据研究工作需要建立了保存放射性元素的屏蔽间“热室”，即将放射性物质置于铅制容器内，以实现其安全储存和运输。但在热室内如何搬动放射性材料以供使用却成了一个难题。因为这些材料对人体有害，需要用某种无须人类直接接触该材料的方法进行搬运，这就导致主-从机械手的发明。第一只主-从机械手是雷·哥茨等于 1944 年研制的。在这个系统中，热室内外的主机械手和从机械手之间通过机械连接，处于放射环境中的“从”机械手可以模拟热室外“主”机械手的运动。操作者直接操纵主机械手，使其运动，从而驱动从机械手运动。然而，当这种机械手联动时，操作者无法感知从机械手与障碍物或对象之间的碰撞，常常只能使从机械手做出笨拙的动作。

1946 年，伯格塔按照美国第一颗原子弹试验计划——曼哈顿计划的要求改进了雷·哥茨的设计，并于 1949 年取得了巨大进步——机械手能够反馈信息。这样，从机械手所承受的撞击力通过反推主机械手传递给操作者，使其能够“感知”从机械手与障碍物之间的碰撞，从而实现最优控制。用电气连接取代机械连接，是机械手的又一重大进步。使用变阻器检验主关节运动，并将所得信号传给伺服电动机，由电动机驱动机械手关节。机械手的下一个重大进步是拥有了通信设备，这种被称为“远程操作器”的装置终于使外层空间遥控机械手的诞生成为可能。喷气发动机实验人员在探索制造一种灵巧且通用的机器的过程中，根据美国国家航空航天局空间实验的需要，对远程操作器的控制范围进行巨大扩展。他们认为，这种机器必须能够对极远距离提供精确控制。最后他们制造了一种装置，控制者可以借助控制器和显示器对其发布指令。此设备可以安装在一个远程环境中，并且拥有执行指令的致动器和反馈信息的传感器。这种传感器既可以是电视机，也可以是有听觉、触觉的物品。

美国第一个登上月球和火星的机器就是一种远程传感器，它为宇航员成功登上月球提供了可靠的月球表面环境信息。然而，人类操作者和远程操作器之间的信息传递在时间上存在滞后性。即使对于登月舱而言，滞后时间也显得过长，以致某些本来可以进行的试验无法完成。此外，即使只有 1.3s 的时间滞后，也会给操作者带来困难和失控风险，因此有必要扩大计算机数量。例如，让宇宙飞船能够具备当其陷入绝境时自动停止飞行的性能。这就需要给遥控装置增设计算机与传感器，从而实现所需的“现场反射”能力。仍以登月试验中的控制问题为例。如果在登月舱即将掉进月球上的一个火山口（月球表面布满火山口）时传达停止指令的时间过长，登月舱就可能来不及止步而陷入绝境。为解决这个问题，加利福尼亚州喷气发动机实验室的科学家们为他们的远程操作器设计了“现场反射”或自律反应环节，这是机器人发展史上的一大进步。正如人类行走时身体的反应大多来自脊髓神经现场反射，而非大脑一样，今天智能机器人研究方面的很多工作就是试图在机器中建立这类现场反应（反射）。随着科技的不断进步，研究人员在远程操作器上进一步增设了声控传感器，从而使远程操作得到进一步发展。例如，采用了移动底盘、双臂、力反馈、声反馈、立体视觉、计算机控制和声音指令等。

总之，早期机械人的操作机构不仅相当简单，而且它们的运动必须由人来控制。后来，在这些机械人的操作机构上增添了计算机控制，扩展了它们的功能，计算机由此成为控制这类机械人“机身”的“大脑”。随着计算机技术和机械手技术的共同发展，最终实现了机械手的精确运动。今天，虽然有些工作完全可以自动操作，但是也有些工作需要人参与部分操作，因而遥控机械手的作用依然很重要。另外，某些工作很难由人全部操作，还需要复杂的控制站。

20 世纪 40 年代，第二次世界大战促成了美国、英国、苏联等国家的政府和企业、科研单位前所未有的紧密合作，其取得的成果也令人惊叹。这是人类发展史上的一个辉煌时期。人类相继发明了现代通信技术、雷达、声呐等，汽车、飞机和船舶的制造技术有了重大进步。更令人惊叹的是，出现了计算机和原子弹。

3. 现代机器人的发展

1940～1942 年，美国哈佛大学成功研制了第一个自动控制器。1943～1948 年，宾夕法尼亚大学建造了人类历史上第一台现代电子计算机。它完全不像今天的计算机那么精致，而是一个庞然大物，装满整整一个房间，因此它在很多方面的应用极为不便。1948 年，贝尔电话实验室发明了晶体管。同年，英国剑桥大学成功研制第一台可以存储程序的计算机。此时将计算机的功能导入机器已成为可能，一些著名科学家便设想将计算机智能与机器的机械功能结合起来。香农是这些科学家中的一员，他于 1952 年发明了一只机械鼠，这只机械鼠可以做迷宫游戏。

1952 年，美国国际商用机器（IBM）公司研制的新型计算机的问世，宣告了计算机时代的到来。1956 年出现了数控机床。这种机床采用脱机编程方式，使用穿孔纸带存储对机床的操作指令。机床在读取穿孔纸带上的指令后，即可执行程序操作。1959 年，美国制造了第一台商业机器人，这是一台用凸轮和限位开关控制的提卸装置。1961 年，美国生产了第一台伺服控制机器人。同年，人类在塑料及电子方面的成就将假肢技术推进了一大步。例如，在美国林肯实验室里，人们将一个装有触觉传感器的远程操作器的从机械手与一台计算机连接，这一尝试为机器人后来的发展铺平了道路。

1963 年，美国机械铸造（AMF）公司制造出产业机器人。从这一年开始陆续出现了各种机器人手臂设计。在此期间，其他国家（特别是日本）也逐渐认识到工业机器人的重要性。从 1968 年开始，日本的机器人制造业取得了惊人的进步。

1969 年，美国通用电气（GE）公司为美国陆军建造的实验行走车在机器人发展史上的地位和影响力非同凡响。其控制难度非人力所及，从而促进了自动控制研究的深入发展。该四足行走车的多自由度传动装置是控制研究的主要课题。同年，出现了波士顿机械臂。1970 年，斯坦福机械臂问世，后来还装备了摄像机和计算机控制器。随着这些机械被用作机器人的操作机构，机器人学取得了若干重大进展。1970 年，美国召开第一次全国性的机器人学术会议。1971 年，日本成立工业机器人协会以推动机器人的应用。1978 年，美国推出第一台计算机控制的机器人，即 T3 型的机器人。它被誉为“未来工具”，不仅可以力举超过 100 磅（约 45.359kg）重的物体，还可以追踪装配线上的工件。

仅就美国而言，在短短二十几年内，其机器人拥有量就从 0 台增加到 6000 台。恰如小河奔腾汇入大江，机械、电气和工业机器人等技术的高度发展与融合最终形成了现代化工业机器人群体。由于智能机器人的发展赋予了这类机器更广泛的通用性和超人的功能，今后机器人的拥有量将会以惊人的速度持续增长。科学终于将古人的幻想变为现实。可以有把握推测，机器人未来的发展将超出人类的想象。计算机正逐渐向小型、新颖和廉价方向发展。随着时间的推移，机器人是否也会走这条路呢？现在，电子学、计算机、控制和能源系统方面新的研究成果为机器人设计提供了更有效的手段。专用机器人在机械工程方面的应用是永无止境的。机器人将在人类认识自然、改造自然的斗争中发挥巨大的作用。

4. 我国机器人的发展

我国是人口大国且工业基础薄弱，因此早期的机器人发展受到一定限制。然而随着制造业人工成本的不断增加与社会自动化程度的不断提高，我国也逐渐侧重发展机器人技术，并且取得了较大进步。例如 1996 年，中国科学院沈阳自动化研究所研制出的 HT-100A 点焊机器人；沈阳新松公司研发的 6kg 弧焊机器人，此机器人不仅实用，而且轻便；哈尔滨工业大学机器人研究所研发的便携式机器人，此机器人采用六自由度结构设计，增强了焊接能力，是在恶劣环境中能够实现焊接功能的重要设备。总之，在国家“863 计划”与“十一五”“十二五”“十三五”“十四五”规划的指导下，我国的机器人设计取得了飞速发展，其中某些关键部件的设计已经接近世界先进水平，并在世界工业机器人领域占据了一席之地。

1.2 机器人的结构与分类

机器人是一种由机械、电子和计算机控制系统组成的智能机器，通常包括机械结构、传感器、执行器、电源和控制系统等多个组件。机器人的结构和功能根据其用途不同而有所不同。

1.2.1　机器人的结构

作为一个整体系统的机器人由如下部件构成。

（1）机械手或移动车。这是机器人的主体部分，由连杆、活动关节以及其他结构部件构成。如果没有其他部件，则仅机械手本身并不是机器人。

（2）末端执行器。这是连接在机械手最后一个关节上的部件，一般用来抓取物体，或者与其他机构连接并执行需要完成的任务。机器人制造商一般不设计或出售末端执行器，在多数情况下，他们只提供一个简单的抓持器。一般来说，机器人手部都备有能够连接专用末端执行器的接口。专用末端执行器是为实现某种用途专门设计的。末端执行器的设计通常由公司的工程师或外部顾问来完成，将这些末端执行器安装在机器人上以完成给定环境中的任务，如焊接、喷漆、涂胶以及零件装卸等需要机器人来完成的任务。末端执行器的动作通常由机器人控制器直接控制，或将机器人控制器的信号传至末端执行器自身的控制装置，如可编程逻辑控制器（programmable logic controller，PLC）。

（3）驱动器。驱动器是机械手的“肌肉”。常见驱动器有伺服电机、步进电机、气缸及液压缸等。此外，还有一些用于某些特殊场合的新型驱动器，驱动器受控制器控制。

（4）传感器。传感器用来收集机器人内部状态信息或用来与外部环境进行通信。人即使在完全黑暗的环境中也会知道自己的胳膊和腿的位置，这是因为肌腱内的中枢神经系统中的神经传感器将信息反馈给人的大脑，大脑利用这些信息来测定肌肉伸缩程度，进而确定胳膊和腿的状态。机器人也同样如此，机器人控制器只有知道每个关节和连杆的位置，才能知道机器人总体构型。也就是说，当集成在机器人内的传感器将每一个关节和连杆的信息发送给控制器时，控制器就能决定机器人的构型。机器人通常配有许多外部传感器，以使机器人能与外界进行通信，如视觉系统、触觉传感器、语言合成器等。

（5）控制器。机器人的控制器与人的小脑的功能类似，虽然小脑的功能没有大脑的功能强大，但是它却控制着人的运动。机器人控制器从计算机获取数据，继而控制驱动器动作，并与传感器反馈信息一起协调机器人运动。假如需要机器人从箱柜里取出一个零件，则它的第一关节角度必须为35°，如果第一关节的角度尚未达到35°，则控制器就会发送一个信号到驱动器（输送电流到电动机、输送气体到气缸或发送信号到液压缸的伺服阀），从而使驱动器运动，然后通过关节上的反馈传感器（电位器或编码器等）测量关节角度的变化，当关节角度达到预定角度时，控制器停止发送控制信号。对于更为复杂的机器人，其运动速度和动力也由控制器控制。

（6）处理器。处理器是机器人的大脑，用来计算机器人关节的运动幅度，确定每个关节应当移动多少和多远才能达到预定的速度和位置，并且监督控制器与传感器协调动作。处理器本身就是一台专用计算机，除拥有操作系统、程序和类似监视器的外部设备外，它在许多方面还具有与CPU相同的功能和局限性。

（7）软件。用于机器人的计算机软件大致分为三类。第一类是操作系统，用来操作计算机；第二类是机器人软件，它能够根据机器人运动方程计算每个关节的必要动作，然后将这些信息传送到控制器，这种软件有多种级别，从简单机器语言到现代机器人使用的复杂高级语言不等；第三类是例行程序集合和应用程序，它们是为了使用机器人外部设备或者为了执行特定任务而开发的，如视觉通用程序。

值得注意的是，在许多系统中将控制器和处理器放置在同一个单元中。虽然这两部分被放在同一装置盒内甚至被集成在同一电路中，但是它们有各自的功能。

1.2.2　机器人的分类

机器人是科学技术发展到一定历史阶段的产物。机器人和人工智能专家波斯佩洛夫认为，科学始于分类。

一些从事机器人动力机和机械手研制和使用活动的学者建议，应当根据机器人运动学、几何学和动力学等特点进行分类。例如，若按照机器人的运动参数分类，则依据其移动速度；若按照机器人的几何参数分类，则依据其功能器官的移动范围（机械手尺寸等）；若按照机器人动力学划分，则可依据重量分为三类：小于 5kg，5～40kg，大于 40kg。

研究机器人控制系统的学者提出：应当根据机器人控制过程中人的参与程度分类。由此可将机器人分为两类：①生物工程机器人，包括基于仿生原理控制的机器人，那些像虾、蟹一样露于体表的外骨骼，即为直接罩在机器人身上的机械动力架。此外，还有无须人靠近，而由操作员从控制台控制的机器人，以及操作员从控制台视情况仅改变其动作程序的半自动机器人。这些机器人并不属于真正意义上的机器人，它们的智能完全或部分被操作人员智能代替。②真正的机器人。这是能够自主操纵的机器人，它是装有人工电脑的自动机，即它在工作时不需要人参与。由此可见，这种分类方法的依据是机器人的智力程度，即由计算机的能力以及构成控制装置的基础软件的灵活性确定。

然而，从事机器人应用的学者认为，应当根据机器人的应用范围或生存环境进行分类。

现在的机器人大致有工业机器人、农业机器人、运输机器人、建筑机器人和日常生活机器人等。在控制论的推动下，人们认为这些机器人是由计算机、遥测传感器和机械控制器组成的，它们可分为三大类，即用于生产的机器人、用于研究的机器人和用于生活的机器人。

1970 年，有人曾针对智能机器人的研究问题指出，机器人的进化是在动物进化达到极限，即人类出现之后开始的，目前看来，它至少在某些领域可以超过人类；动物的进化过程实际上是一个尝试与失败交替的过程，但机器人的进化是人类深思熟虑的结果。因此，机器人学研究人员紧紧把握机器人进化的时代脉搏，提出了按代分类法：第一代机器人是工业机器人，它们是一些具有简单智能的操作器，可以训练并完成预先指定的循环作业图表；第二代机器人是感觉机器人，它们具有各种感觉器官（传感器），如手位传感器、应力传感器是机器人的触觉器官，光电传感器是它独特的视觉器官，微音器是其听觉器官，等等；第三代机器人是智能机器人，这种机器人不仅可以模仿人的机械动作，还能解决一些复杂的智力问题，如识别零件的形状和位置、组装随意摆放的部件、识图、检查产品质量等。这种分类法非常简明，可以清晰地反映机器人的产生和发展过程。

1.3 机器人学的主要研究内容

机器人学是研究机器人设计、制造和应用的一门学科。机器人系统除机器人外，还需要多种辅助装置和系统共同完成必须完成的操作任务。机器人可用于生产制造、水下作业、空间探测、娱乐等许多方面。机器人学是一门交叉学科，它得益于机械工程、电气与电子工程、计算机科学、生物学以及其他相关学科，吸引了越来越多的人关注并引发了许多研究热点。

1.3.1 机器人规划

规划是一种重要的问题求解技术，它从某个特定问题状态出发，通过寻求一系列行为动作建立一个操作序列，直到求得目标状态。规划可用来监控问题求解过程，并能在造成大的危害之前发现差错。规划有利于简化搜索、解决目标矛盾以及为差错补偿提供基础。

机器人的规划主要分为两种，机械臂运动规划和移动机器人路径规划。有人认为机械臂运动规划已经成熟了，无须再对其进行研究，但实际上，机械臂运动规划非常难，目前暂无兼顾实时性与最优性的规划算法。

现在工业机器人通常的使用方法是示教。拖动示教这种方法比较便利，但其效率很低，不仅每台机器人的示教都需要人的参与，而且示教的路径无法应对其他环境的变化。例如，3C 产业（结合计算机、通信和消费性电子三大科技产品整合应用的资讯家电产业）每更新一次机型，都必须对流水线上所有的机器人重新示教，这样效率肯定不高。目前有些机器人应用了机器视觉等技术，可以应对一些情况变化。例如，码垛机器人可以通过机器视觉抓取物品，其路径是人工指定中间点。如果运动规划研究方面有成熟算法且比较稳定，就可以采用高级编程语言编程。例如，对机器人下达指令，让它先抓取零件 A，然后加工零件 B 的某一面。采用这种下达指令的方式不需要每一步示教。

规划器的评价标准有两个准则：①最优性（optimality）：路径最短、规划速度最快等；②完备性（completeness）：在有限时间内解决所有的有解问题。不同类型机械手的正反解公式不一样，运动规划的主要目的是提高重复运动精度，在保证高速度的前提下尽量做到运动平滑，这涉及“插补”的概念。插补主要分为笛卡儿坐标系下插补和关节坐标系下插补，其中，前者又称为粗插补，主要完成机械臂末端的路径规划；后者又称为精插补，主要任务是使关节运动尽量平滑。

移动机器人的路径规划是研究的关键。机器人路径规划是指利用计算机软件技术确定机器人到达目的地的最优路径的过程，同时保证其不与任何障碍物碰撞。该技术主要应用于工业机器人和自动驾驶汽车领域。提前计划机器人的运动路线，让机器人沿着指定的路径运动，这并不难做到，难以实现的是机器人做出实时反应。

移动机器人路径规划技术主要通过计算机、传感器以及控制技术完成。随着科技的不断进步，新型算法越来越多，机器人路径规划技术不断完善。在未来的研究过程中，还须不断提高其路径规划性能指标，并实现多移动机器人系统的路径规划。此外，还应在路径规划中适当融合多传感器信息。人们将更多精力放在移动机器人的路径规划上，并开发出更多算法，从而促进了移动机器人路径规划技术的完善和发展。

1.3.2 机器人控制

人们对机器人的兴趣在于机器人可以像人一样有智慧。若让机器人听指挥，则机器人控制技术是必不可少的。

机器人的结构采用空间开链接结构，其各个关节的运动是独立的，为了实现其末端点的运动轨迹，需要多关节协调运动。因此，机器人控制系统要比普通控制系统复杂得多，具有以下几个特点：①机器人的控制与结构运动学及动力学密切相关。可在各种坐标系下描述机器人手爪的状态，可以根据需要选择不同的参考坐标系并进行适当的坐标变换。②经常需要求解运动的正问题和逆问题，此外，还要考虑惯性力、外力（含重力）、科氏力、向心力等的影响。③一个简单的机器人一般有 3～5 个自由度，一个较复杂的机器人有十几个甚至几十个自由度。每个自由度一般包含一个伺服机构，它们必须相互协调才能组成一个多变量控制系统。④将多个独立的伺服系统有机地协调起来，使其能够按照人的意志行动，甚至赋予机器人一定的智能，这个任务只能由计算机来完成。因此，机器人控制系统必须是一个计算机系统。⑤描述机器人运动状态的数学模型是一个非线性模型，根据不同的运动状态和外力作用，其参数也发生变化，此外，各变量之间还存在耦合关系。⑥机器人的运动可以通过不同的方式和路径完成，因此存在一个“最优”的问题。较高级的机器人可以采用人工智能方法，利用计算机建立庞大的信息库，并借助信息库进行控制、决策、管理和操作。

传统自动机械以自身动作为重点，工业机器人控制系统更侧重本体与操作对象之间的相互关系。因此，机器人控制系统是一个与运动学原理和动力学原理密切相关的、耦合的、非线性的多变量控制系统。可以根据机器人实际工作情况，采用各种不同的控制方式，如简单的自动化编程、微处理机控制及小型计算机控制等。

如果想对机器人实施良好的控制，那么了解被控对象的特性就很重要。从动力学角度看，机器人具有以下特性：①机器人本质上是一个非线性系统，引起机器人非线性的因素很多，其结构、传动件、驱动元件等都会引起系统的非线性；②机器人各关节之间具有耦合作用，具体表现为某一个关节的运动会对其他关节产生动力效应，从而使每个关节都要承受其他关节运动所产生的扰动；③机器人系统是一个时变系统，其动力学参数随着关节运动位置的变化而变化。

从使用角度看，机器人是一种特殊的自动化设备，对其控制有如下要求：①多轴运动协调控制以产生要求的工作轨迹。机器人的手部运动是所有关节运动的合成运动，如果使其手部按照设定的规律运动，就必须很好地控制各关节的协调动作，包括运动轨迹、动作时序等多方面的协调。②位置精度较高，调速范围很大。③系统的静差率小。④各关节的速度误差系数应当尽量一致。⑤位置无超调，动态响应尽量快。⑥需要采用加（减）速控制。⑦控制系统应当具有良好的人机界面，尽量降低对操作者的要求。⑧尽可能地降低系统硬件成本，通过更多地采用伺服软件完善控制系统的性能。

1.3.3 机器人感知

对于曾经依靠劳动密集型产业走向世界的中国制造业，机器人正在成为其转型升级的新助力之一。机器人是如何感知世界并实现与人类互动的呢？它们有“眼睛”“鼻子”“耳朵”等感觉器官吗？

机器人感知系统将机器人的各种内部状态信息和环境信息从信号转变为机器人自身或者机器人之间能够理解和应用的数据信息，除了需要感知与自身工作状态相关的机械量（位移、速度、加速度、力和力矩等），视觉感知技术也是工业机器人感知的一个重要方面。

机器视觉（machine vision）源于 20 世纪 60 年代美国学者罗伯兹对多面体组成积木世界的图像处理研究。20 世纪 70 年代麻省理工学院人工智能实验室开设了机器视觉课程。20 世纪 80 年代，全球性机器视觉研究热潮开始兴起，出现了一些基于机器视觉的应用系统。20 世纪 90 年代后，随着计算机技术和半导体技术的飞速发展，机器视觉理论及其应用得到进一步发展。机器视觉是人工智能领域中迅速发展的一个重要分支，目前正处于不断突破、走向成熟的阶段。一般认为机器视觉是通过光学装置和非接触传感器自动地接收和处理一个真实场景的图像，并通过分析图像获得所需信息或用于控制机器人运动的装置。由此可见，智能图像处理技术在机器视觉中占有举足轻重的地位。机器视觉易于实现信息集成，是实现计算机集成制造的基础技术之一。使用机器视觉设备可在快速生产线上对产品进行测量、引导、检测和识别，并能更好地完成生产任务。

在机器人感知技术研究中，触觉类传感器极其重要。触觉有广义和狭义之分。广义的触觉包括接触觉、压觉、力觉、滑觉、冷热觉等。狭义的触觉包括机械手与对象接触面上的力感觉。从功能角度分类，触觉传感器大致可分为接触觉传感器、力-力矩觉传感器、压觉传感器和滑觉传感器等。

机器听觉是让机器人能够听懂人说的话，使其更好地服务于人类。将语音——人类最自然的沟通和交换信息的媒介应用到智能机器人控制中，在机器人系统上增加语音接口，用语音代替键盘输入，并进行人机对话，这不仅是将语音识别原理转化为实用技术的有效明证，同时也是机器人智能化的重要标志之一。具体地说，机器思维就是计算机的思维（computer thinking），如专家系统、机器学习、计算机下棋、计算机作曲、计算机绘画、计算机辅助设计等。

一个设备通常需要配备非常多的传感器，如激光雷达、超声波雷达、惯性测量单元（inertial measurement unit，IMU）、压力传感器、GPS、飞行时间（time of flight，TOF）

传感器等，这些传感器要在不同的情况下满足用户的不同需求，因此，需要对数据进行深度融合。

1.4　机器人技术的应用

在机器人范畴内，除了在制造业中应用的工业机器人外，还有种类繁多的机器人，应用于资源开发、排险救灾、社会服务和军事、航天等领域。本书结合机器人相关研究工作，从机器人系统的控制及应用出发，分别对固定形式的工业机器人和应用于极限工作环境的特种机器人进行论述。

1.4.1　工业机器人

从 20 世纪 70 年代开始，工业机器人在汽车工业中得到了广泛应用，目前及将来汽车工业仍是工业机器人的主要用户。从发展趋势看，工业机器人在其他制造业中的应用将不断增加。

工业机器人大都用于完成简单、重复、繁重的工作，如上下料作业和搬运作业等。此外，工业机器人还用于恶劣的工业环境中，如喷漆、焊接、清砂和清理核废料等。根据市场分析预测，今后对精密装配机器人和检验机器人的需求量将逐渐增加，其中包括机械装配和电气装配。装配机器人面对的工作环境富于挑战性。总的来说，装配过程可以抽象为约束运动规划问题，可以看成是末端作用器与对象之间在工作空间中一系列相互接触、碰撞的结果。为了应对环境、传感器和控制的不确定性，这类机器人带有外部传感器，可以实现细微操作、补偿和顺应控制。

工业机器人的应用如下：

（1）机器加载。机器加载是指机器人为其他机器装卸工件。机器人并不对工件做任何操作，只是完成一系列操作中的工件处理任务。

（2）取放操作。取放操作是指机器人抓取零件并将其放置到其他位置，包括码垛、搬运、填装弹药，以及类似将两个零件简单装配等的例行操作。

（3）焊接。机器人与焊枪及相应配套装置共同将部件焊接在一起，这是机器人在工业自动化领域最常见的一种应用。由于机器人可以连续运动，使得焊接非常均匀、准确。通常焊接机器人的体积和功率均较大。

（4）喷漆。这是工业机器人在工业自动化领域常见的一种应用，尤其是在汽车工业中。由于人工喷漆时需要保持通风和清洁，因此营造适合人们工作的环境十分困难，与人工操作相比，机器人能够实现持续的稳定工作。

（5）检测。对零部件、线路板以及其他类似产品的检测是机器人比较常见的应用。一般来说，元件特性等信息存储在系统数据库内，该系统将检测到的信息与其数据库中存储的元件信息进行比较，并根据比较结果决定是否接受元件。

（6）抽样。在许多工业中都采用机器人进行抽样实验，但抽样只在一定量产品范围内进行，除此之外，它与取放和检测操作类似。

（7）装配操作。装配操作是所有的机器人任务中非常难的一种操作。将元件装配成产品通常需要很多操作。例如，首先必须定位和识别元件，再以特定顺序移动元件至规定位置，然后将元件固定在一起进行装配，在元件安装点附近可能存在许多障碍。很多固定装配任务必须进行推压、旋拧、弯折、扭动、挤压等多种操作才能将元件固定连接在一起，其过程相对比较复杂，因此机器人必须知道合格元件与不合格元件之间的区别。

（8）机械制造。用机器人进行生产制造，不仅包含许多不同操作，如去除材料、钻孔、除毛刺、涂胶、切削等，同时还包括插入零部件，如将电子元件插入电路板、将电路板安装到真空连接径向密封（vacuum coupling radius seal，VCR）的电子设备上以及其他类似操作。

1.4.2　极限环境作业机器人

机器人能够代替人类工作，最能发挥其作用的场所是对人类有危险的环境，如具有放射性、被污染的工作环境。极限作业机器人广泛应用于煤矿、深海和太空等极限环境中，如用于高层建筑或油田灭火救援的机器人就属于极限作业机器人。日本通产省工业技术院从 1983 年开始研究开发极限作业机器人技术；美国将航天飞机所用的柔性操作臂列为宇宙探测研究的重要内容。为了完成这些极限作业，需要解决很多机器人技术问题，一般认为极限作业机器人属于第三代机器人，其应当具有某些智能。

现在工业中应用的喷漆机器人、搬运机器人、点焊机器人等，大都属于第一代机器人，其具有示教再现功能或可编程的数控装置，没有用于检测位置、速度、力等内部信息的元件（内部传感器）和基于这些传感器的控制系统和伺服机构。第二代机器人不仅具有内部传感器，还能利用外部传感器探测其外部环境和操作对象的有关信息，并据此改变行动或进行规划，以应对外界的变化和干扰。第二代机器人的核心技术是传感器技术和微机控制技术。第三代智能机器人将极大地拓展机器人应用领域，是当前研究的重点。智能机器人本身能够认识工作环境、工作对象及其状态。它能够根据人给予的指令和“自身”认识外界的结果，独立决定工作方式，由其操作机构和移动机构实现任务目标，并能适应工作环境变化。

1.4.3　医疗服务机器人

对因患有先天性疾病、慢性病或因意外事故而失去的部分人体机能进行补偿的机械和用来为残疾人服务的机械统称为医疗服务机器人。例如，动力假肢属于前者；护理机器人和导盲犬机器人等属于后者，又称为医疗福利机器人，如图 1.2 所示。

动力假肢研究要达到以下三个目的：①设计、制造外观和结构硬件都与人的肢体充分相似的假肢，包括自由度分配和机械结构，小型灵巧的传动系统和动力源，与人感觉器官相似的触觉传感器、力觉传感器以及合适的材料等；②实现人的肢体动作控制，分析人的肢体动作，并利用机械来实现这些动作，同时探索连杆机构控制的一般理论，以期达到预期控制效果；③实现人-机信息传递。

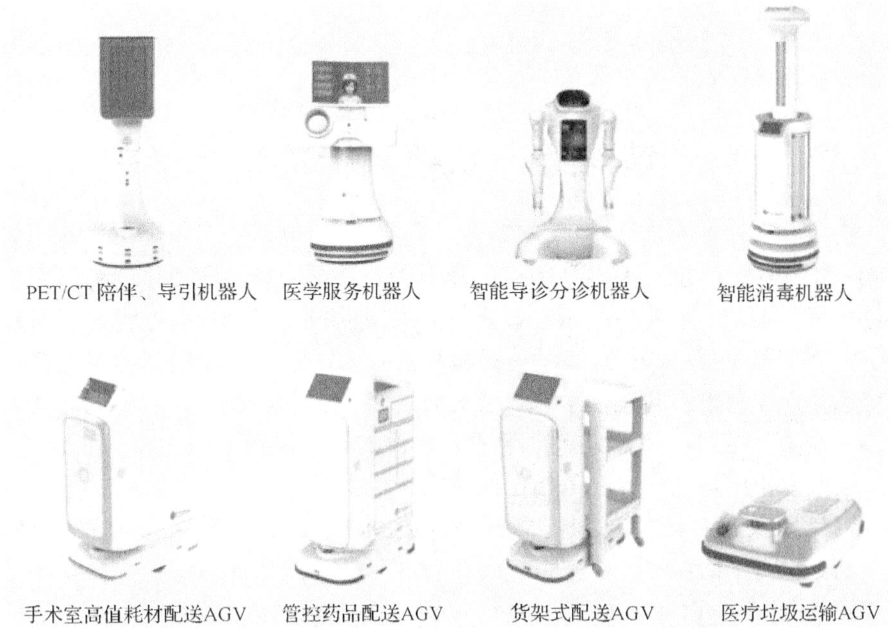

注：自动导引车（automated guided vehicle，AGV），正电子发射计算机体层显像仪（positron emission tomography and computed tomography，PET/CT）。

图 1.2　医疗服务机器人

此外，机器人已开始服务于第三产业，如商业中心、办公室、旅客服务、家务劳动和保健等。

参 考 文 献

陈晖任，杨荣斌，2019. 20 个值得关注的前沿科技热点[J]. 张江科技评论(5): 14-19.

陈佩云，金茂菁，曲忠萍，2001. 我国工业机器人发展现状[J]. 机器人技术与应用(1): 2-5.

董欣胜，张传思，李新，2007. 装配机器人的现状与发展趋势[J]. 组合机床与自动化加工技术(8): 1-4, 13.

计时鸣，黄希欢，2015. 工业机器人技术的发展与应用综述[J]. 机电工程，32(1): 1-13.

刘华军，杨静宇，陆建峰，等，2006. 移动机器人运动规划研究综述[J]. 中国工程科学，8(1): 85-94.

马光，申桂英，2002. 工业机器人的现状及发展趋势[J]. 组合机床与自动化加工技术(3): 50-53.

施晓东，杨世坤，2022. 多传感器信息融合研究综述[J]. 通信与信息技术(6): 34-41.

谭民，王硕，2013. 机器人技术研究进展[J]. 自动化学报，39(7): 963-972.

王小忠，孟正大，2004. 机器人运动规划方法的研究[J]. 控制工程，11(3): 280-284.

徐晓兰，2015. 中国机器人产业战略研究及西部发展机遇[J]. 中国发展，15(5): 61-65.

亿欧智库，2020. 2020 中国服务机器人产业发展研究报告解析[J]. 机器人产业(4): 83-100.

第 2 章　机器人运动学

在实际工作中，机器人大多是由控制器驱动各关节旋转、控制移动机器人末端执行器的位移完成作业的。若任务中预先设定好各关节的位姿序列，则可利用正向运动学算法使机器人按照规划好的轨迹运动。若想将机器人末端控制器移动到特定位置且使其具有特定姿态，则须利用逆向运动学算法实时计算各关节参数序列，以使机器人末端执行器到达指定位置。故可将机器人运动学所要解决的核心问题概括为以下两点。

（1）机器人正向运动学。它是指已知各关节的类型、相邻关节之间的尺寸和相邻关节之间相对运动量的大小，通过计算确定机器人末端执行器在固定坐标系中的位姿。

（2）机器人逆向运动学。它是指已知各关节的类型、相邻关节之间的尺寸和机器人末端执行器在固定坐标系中的目标位姿，反求机器人到达该目标位姿的关节参数序列。

机器人运动学主要是从几何特性和机器人结构的角度研究机器人的运动特性，并未考虑控制机器人运动时施加在机器人上的力与力矩之间的关系。

2.1　位置与姿态描述

运动学中所涉及的空间点、矢量、坐标系、平移、旋转等都可由矩阵表示，同时矩阵还可表示处于坐标空间中的物体与其他运动元件。本节通过矩阵、坐标系、矢量等描述空间中物体的位姿。

2.1.1　位置描述

为了便于描述空间中物体所处的位置点，通常建立一个空间坐标系，并基于所建立的空间坐标系对该空间中的位置点进行描述。例如，对于空间中的点 p 来说，若在空间坐标系{1}中表示，则可利用一个 3×1 的列矢量 ${}^1\boldsymbol{p}$ 来描述 p 点位置，如图 2.1 所示。

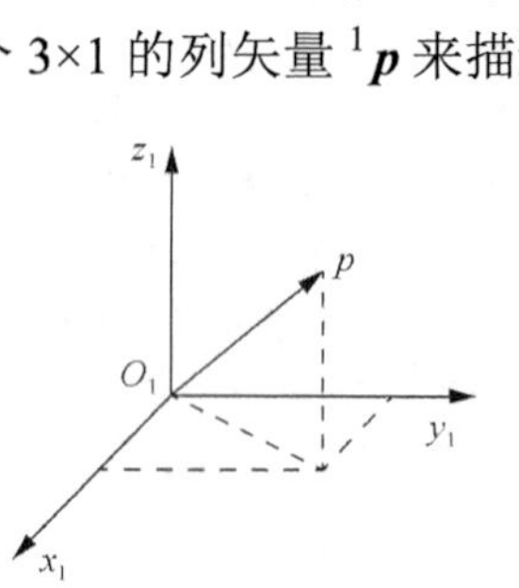

图 2.1　空间点的位置表示

矢量 $^{1}\boldsymbol{p}$ 可表示为

$$^{1}\boldsymbol{p}=\begin{bmatrix} p_x \\ p_y \\ p_z \end{bmatrix} \tag{2.1}$$

式中，$^{1}\boldsymbol{p}$ 中的角标 1 表示空间点 p 处于空间坐标系$\{1\}$中；p_x、p_y、p_z 表示点 p 在空间坐标系$\{1\}$中的三个坐标分量。可将 3×1 列矢量 $^{1}\boldsymbol{p}$ 称为位置矢量。

2.1.2　姿态描述

为了研究空间某物体的操作与运动，不仅需要知道该物体所处的位置，而且需要明确该物体在空间的姿态。例如，假设空间中有一个任意位置和任意姿态的刚体 a，若确定 a 的位姿，不但需要了解其在所处坐标系$\{1\}$中的位置信息，还需要设定一个固连于刚体 a 的坐标系$\{2\}$来描述刚体 a 的姿态，则坐标系$\{2\}$与参考坐标系$\{1\}$之间的关系可表示为

$$^{1}\boldsymbol{R}_2=\begin{bmatrix} ^{1}\boldsymbol{x}_2 & ^{1}\boldsymbol{y}_2 & ^{1}\boldsymbol{z}_2 \end{bmatrix}=\begin{bmatrix} n_x & o_x & a_x \\ n_y & o_y & a_y \\ n_z & o_z & a_z \end{bmatrix} \tag{2.2}$$

式中，$^{1}\boldsymbol{R}_2$ 称为旋转矩阵，$^{1}\boldsymbol{R}_2$ 中的角标 1 表示参考坐标系$\{1\}$，角标 2 表示固连于刚体 a 上的坐标系$\{2\}$，并且坐标系$\{2\}$可由坐标系$\{1\}$描述；旋转矩阵 $^{1}\boldsymbol{R}_2$ 包含 9 个量，其中仅有 3 个是独立的，$^{1}\boldsymbol{x}_2$、$^{1}\boldsymbol{y}_2$、$^{1}\boldsymbol{z}_2$ 均为单位矢量且两两相互垂直。

图 2.2 所示为刚体 a 在空间中的姿态。当刚体 a 相对参考坐标系$\{1\}$分别绕 x 轴、y 轴和 z 轴转动一个 θ 角度时，旋转矩阵可分别表示为

$$\boldsymbol{R}(x,\theta)=\begin{bmatrix} 1 & 0 & 0 \\ 0 & \cos\theta & -\sin\theta \\ 0 & \sin\theta & \cos\theta \end{bmatrix} \tag{2.3}$$

$$\boldsymbol{R}(y,\theta)=\begin{bmatrix} \cos\theta & 0 & \sin\theta \\ 0 & 1 & 0 \\ -\sin\theta & 0 & \cos\theta \end{bmatrix} \tag{2.4}$$

$$\boldsymbol{R}(z,\theta)=\begin{bmatrix} \cos\theta & -\sin\theta & 0 \\ \sin\theta & \cos\theta & 0 \\ 0 & 0 & 1 \end{bmatrix} \tag{2.5}$$

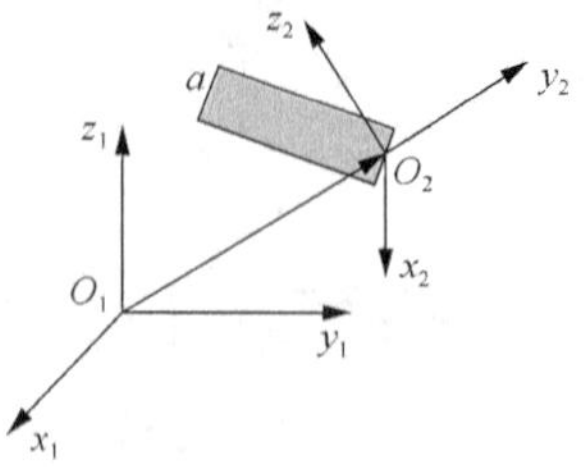

图 2.2　刚体在空间的姿态表示

2.1.3　位姿描述

以上介绍了位置描述和姿态描述，如果将位置描述和姿态描述相结合就可以描述一个物体的位姿。对于之前假设空间中的刚体 a，首先选择固连于刚体 a 上的坐标系{2}的原点，一般为刚体 a 的对称中心或者质心，然后确定坐标系{2}的各个相关参数。坐标系{2}的原点相对于参考坐标系{1}原点的位置可由一个矢量矩阵 ${}^1\boldsymbol{p}_{2o}$ 描述，即确定了位置描述，此时只要再确定坐标系{2}的姿态描述就可以得到刚体 a 的位姿。由前可知，坐标系{2}相对于参考坐标系{1}的姿态可由矩阵 ${}^1\boldsymbol{R}_2$ 描述。若将 ${}^1\boldsymbol{R}_2$ 和 ${}^1\boldsymbol{p}_{2o}$ 相结合，则可得到刚体 a 的位姿表达式如下：

$$\{\boldsymbol{a}\}=\left\{{}^1\boldsymbol{R}_2 \quad {}^1\boldsymbol{p}_{2o}\right\} \tag{2.6}$$

式中，若 ${}^1\boldsymbol{R}_2$ 为单位矩阵，则式（2.6）表示位置；当 ${}^1\boldsymbol{p}_{2o}=0$ 时，式（2.6）表示姿态。

2.2　坐 标 变 换

机器人坐标变换是现代机器人技术中非常重要的一环，它实现了机器人在三维空间中准确定位和对物体的操作。本节讨论机器人坐标变换的基本概念、应用以及相关算法，为读者深入了解机器人技术提供参考。

2.2.1　平移与旋转坐标变换

空间中的物体处于不同坐标系下会有不同的表示方法，这就需要了解不同坐标系之间的变换关系，通常通过平移变换与旋转变换表示不同坐标系之间的变换关系。

假设空间中有两个坐标系，其方位一致但原点不同，如图 2.3 所示。引入位置矢量的概念描述坐标系{1}原点在坐标系{0}中的位置，其可表示为 ${}^0\boldsymbol{p}_{1o}$，称为平移矢量。综合 p 点在坐标系{1}中的位置矢量 ${}^1\boldsymbol{p}$，即可得到其在坐标系{0}中的位置矢量 ${}^0\boldsymbol{p}$ 为

$${}^0\boldsymbol{p}={}^1\boldsymbol{p}+{}^0\boldsymbol{p}_{1o} \tag{2.7}$$

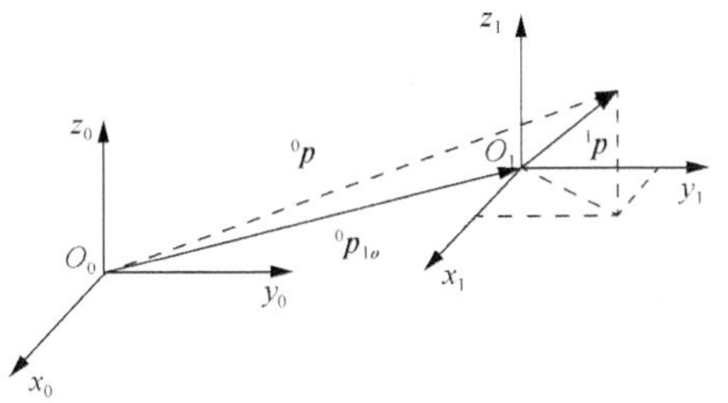

图 2.3　坐标系之间的平移变换

当其姿态不同但原点一致时，可通过 3×3 矩阵的形式表示两个坐标系之间的关系，其中欧拉角包括进动角 ψ 、章动角 θ 和自转角 ϕ 。在参考坐标系的基础上，先绕 z_0 轴逆时针旋转 ψ ，再绕 x_1 轴逆时针旋转 θ ，最后绕 y_2 轴逆时针旋转 ϕ 。分别针对这三个步骤进行分析，如图 2.4～图 2.6 所示。由图可知，坐标系{0}中的 z_0 轴保持不动，坐标系{0}绕 z_0 轴逆时针旋转 ψ 变换为坐标系{1}，当两个坐标系的原点重合时，坐标系{0}与坐标系{1}之间存在转换关系 $^1\boldsymbol{R}_0^z$ ；坐标系{1}中的 x_1 轴保持不动，坐标系{1}绕 x_1 轴逆时针旋转 θ 变换为坐标系{2}，当两个坐标系的原点重合时，坐标系{1}与坐标系{2}之间存在转换关系 $^2\boldsymbol{R}_1^x$ ；坐标系{2}中的 y_2 轴保持不动，坐标系{2}绕 y_2 轴逆时针旋转 ϕ 变换为坐标系{3}，当两个坐标系的原点重合时，坐标系{2}与坐标系{3}之间存在转换关系 $^3\boldsymbol{R}_2^y$ 。将原坐标系中和旋转后坐标系中的三个主矢量进行点积计算，最终由 3×3 矩阵表示两个坐标系之间的转换关系， $^j\boldsymbol{R}_i(i=0,1,2;\ j=1,2,3)$ 称为转换矩阵。

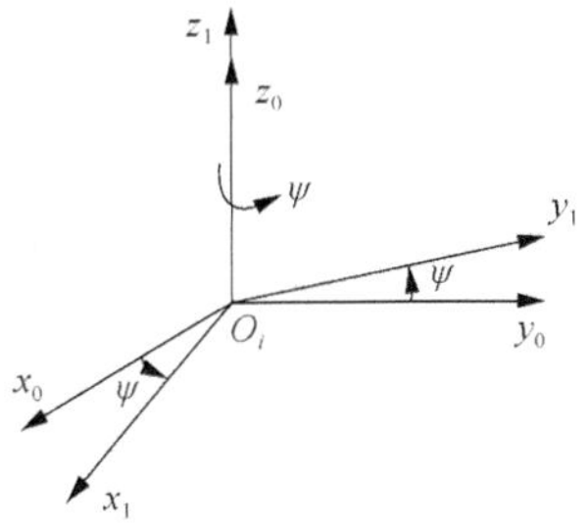

图 2.4　绕 z_0 轴旋转坐标系

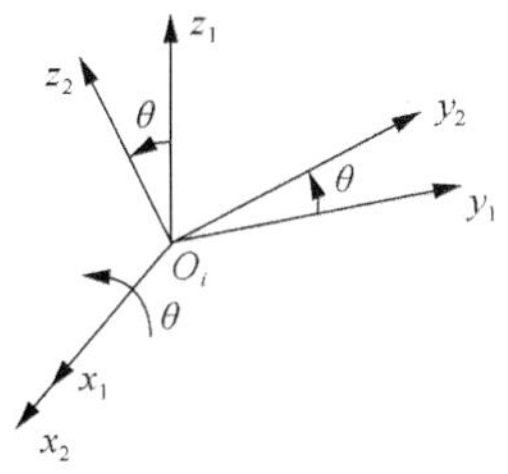

图 2.5　绕 x_1 轴旋转坐标系

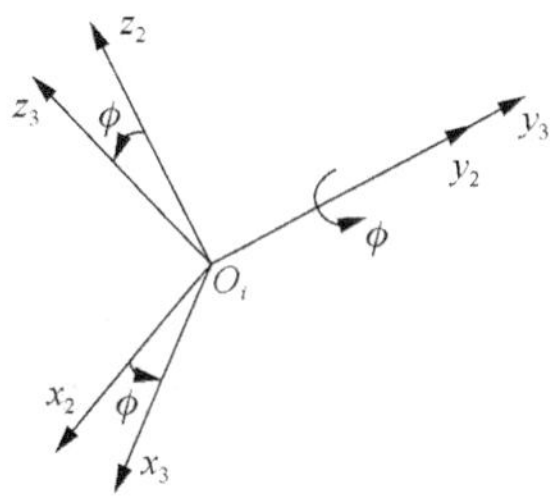

图 2.6　绕 y_2 轴旋转坐标系

（1）坐标系{0}与坐标系{1}的点积可表示为

$$
\begin{array}{cccc}
 & x_1 & y_1 & z_1 \\
x_0 & \cos\psi & \cos\left(90^\circ+\psi\right) & \cos 90^\circ \\
y_0 & \cos\left(90^\circ-\psi\right) & \cos\psi & \cos 90^\circ \\
z_0 & \cos 90^\circ & \cos 90^\circ & \cos 0^\circ
\end{array}
\tag{2.8}
$$

坐标系{0}绕 z_0 轴逆时针旋转 ψ 的旋转矩阵为

$$
{}^{1}\boldsymbol{R}_0^{z}=\begin{bmatrix}\cos\psi & -\sin\psi & 0\\ \sin\psi & \cos\psi & 0\\ 0 & 0 & 1\end{bmatrix} \tag{2.9}
$$

（2）坐标系{1}与坐标系{2}的点积可表示为

$$
\begin{array}{cccc} & x_2 & y_2 & z_2\\ x_1 & \cos 0^\circ & \cos 90^\circ & \cos 90^\circ\\ y_1 & \cos 90^\circ & \cos\theta & \cos\left(90^\circ+\theta\right)\\ z_1 & \cos 90^\circ & \cos\left(90^\circ-\theta\right) & \cos\theta\end{array} \tag{2.10}
$$

坐标系{1}绕 x_1 轴逆时针旋转 θ 的旋转矩阵为

$$
{}^{2}\boldsymbol{R}_1^{x}=\begin{bmatrix}1 & 0 & 0\\ 0 & \cos\theta & -\sin\theta\\ 0 & \sin\theta & \cos\theta\end{bmatrix} \tag{2.11}
$$

（3）坐标系{2}与坐标系{3}的点积可表示为

$$
\begin{array}{cccc} & x_3 & y_3 & z_3\\ x_2 & \cos\phi & \cos 90^\circ & \cos\left(90^\circ-\phi\right)\\ y_2 & \cos 90^\circ & \cos 0^\circ & \cos 90^\circ\\ z_2 & \cos\left(90^\circ+\phi\right) & \cos 90^\circ & \cos\phi\end{array} \tag{2.12}
$$

坐标系{2}绕 y_2 轴逆时针旋转 ϕ 的旋转矩阵为

$$
{}^{3}\boldsymbol{R}_2^{y}=\begin{bmatrix}\cos\phi & 0 & \sin\phi\\ 0 & 1 & 0\\ -\sin\phi & 0 & \cos\phi\end{bmatrix} \tag{2.13}
$$

上述三个旋转矩阵按照先后顺序相乘，最终构成转换矩阵 ${}^{j}\boldsymbol{R}_i$。

2.2.2 齐次坐标变换

对于空间中的某一物体，当需要对其进行平移变换和旋转变换时，可以通过齐次变换表示这两种状态。对于之前所介绍的刚体 a 和坐标系{1}与坐标系{2}，与其对应的齐次变换矩阵表示如下：

$$
{}^{1}\boldsymbol{T}_2=\begin{bmatrix}{}^{1}\boldsymbol{R}_2 & {}^{0}\boldsymbol{p}_{1o}\\ \boldsymbol{0} & 1\end{bmatrix}=\begin{bmatrix}n_x & o_x & a_x & p_x\\ n_y & o_y & a_y & p_y\\ n_z & o_z & a_z & p_z\\ 0 & 0 & 0 & 1\end{bmatrix} \tag{2.14}
$$

由上式可知，齐次变换矩阵 ${}^{1}\boldsymbol{T}_2$ 是一个 4×4 矩阵，其中左上角的 3×3 矩阵为姿态矩阵，右边的 3×1 列矩阵为位置矩阵。平移变换矩阵表示如下：

$$\mathrm{Trans}(x,y,z)=\begin{bmatrix}1&0&0&x\\0&1&0&y\\0&0&1&z\\0&0&0&1\end{bmatrix} \tag{2.15}$$

当分别对 x 轴、y 轴和 z 轴旋转 θ 时，齐次旋转矩阵表示如下：

$${}^{1}\mathrm{Rot}(x,\theta)_0=\begin{bmatrix}1&0&0&0\\0&\cos\theta&-\sin\theta&0\\0&\sin\theta&\cos\theta&0\\0&0&0&1\end{bmatrix} \tag{2.16}$$

$${}^{1}\mathrm{Rot}(y,\phi)_0=\begin{bmatrix}\cos\phi&0&\sin\phi&0\\0&1&0&0\\-\sin\phi&0&\cos\phi&0\\0&0&0&1\end{bmatrix} \tag{2.17}$$

$${}^{1}\mathrm{Rot}(z,\psi)_0=\begin{bmatrix}\cos\psi&-\sin\psi&0&0\\\sin\psi&\cos\psi&0&0\\0&0&1&0\\0&0&0&1\end{bmatrix} \tag{2.18}$$

连续进行多次旋转或者平移变换，最后的变换结果即为多次旋转或者平移变换对应的变换矩阵的乘积。当变换相对于参考坐标系时，变换矩阵左乘；当变换相对于新坐标系时，变换矩阵右乘。

2.3　连杆变换矩阵

连杆变换矩阵是机器人学领域中常用的一种数学工具，用于描述机器人各关节之间的运动学关系。在机器人的运动控制和路径规划中，连杆变换矩阵是非常重要的工具。它可将机器人末端执行器的位置和姿态转换为机器人各个关节的转角，从而实现对机器人的精确控制和运动规划。此外，连杆变换矩阵也广泛应用于机器人建模、仿真和优化等方面。

2.3.1　关节与连杆

机械臂可视为由多个刚体通过关节连接而成的一个运动链，这些刚体称为连杆。通过关节将两个相邻连杆连接起来。当两个刚体之间的相对运动是两个平面之间的相对滑动时，连接相邻两个刚体的运动副称为低副。几种常见的低副关节如图 2.7 所示。

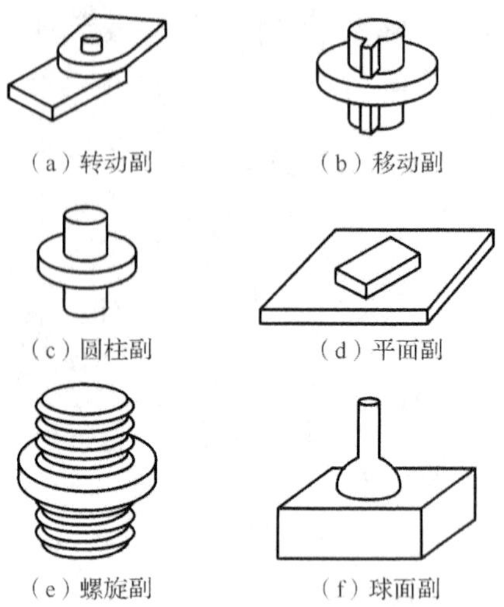

图 2.7　常见的低副关节

在进行机械臂结构设计时，通常优先选择仅有一个自由度的关节作为连杆的连接方式。大部分机械臂中采用单自由度的转动关节或移动关节，很少采用具有 n 个自由度的关节，这种关节可看成是由 n 个单自由度的关节与（n−1）个长度为 0 的连杆连接而成的。因此，本书只对单自由度关节的连杆进行讨论。

从机械臂的固定基座开始对连杆进行编号，固定基座称为连杆 0，第一个可移动连杆称为连杆 1，以此类推，机械臂最末端的连杆称为连杆 n。在学习机器人运动学时，为了确定机械臂两个相邻关节的位置关系，可将连杆视为一个刚体，并用空间的一条直线来表示关节轴，即连杆 i 绕关节轴 i 相对于连杆 i−1 转动。由此可知，当描述连杆运动时，一个连杆的运动可用两个参数表示，这两个参数定义了空间两个关节轴之间的相对位置。

空间中任意两个关节轴之间的公垂线一定存在。当两个关节轴不平行时，两个关节轴之间的公垂线只有一条。当两个关节轴平行时，在两个关节轴之间存在无数条长度相等的公垂线。若关节轴 i−1 和关节轴 i 之间的公垂线长度为 a_{i-1}，则 a_{i-1} 即为连杆长度，如图 2.8 所示。

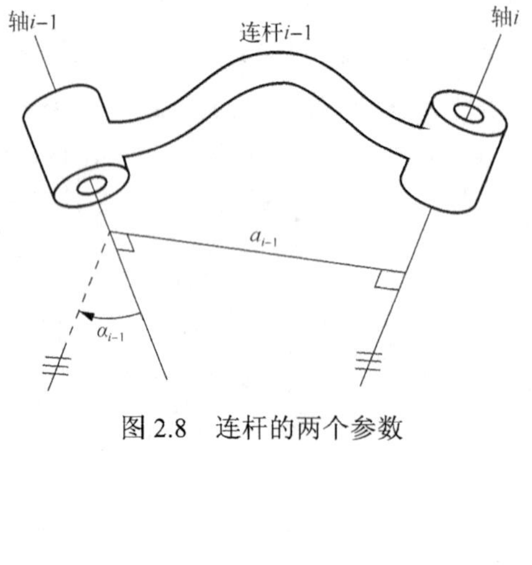

图 2.8　连杆的两个参数

用来定义两个关节轴相对位置的第二个参数为连杆转角。假设先作一个平面并使该平面和两个关节轴之间的公垂线垂直，然后将关节轴 i-1 和关节轴 i 分别投影到该平面上，在平面内轴 i-1 按照右手定则绕 α_{i-1} 转向轴 i，测量两轴线之间的夹角，用 α_{i-1} 定义连杆 i-1 的扭转角。

相邻两个连杆之间有一个公共的关节轴。沿两个相邻连杆公共轴线方向的距离可用一个参数描述，该参数称为连杆偏距。在关节轴 i 上的连杆偏距为 d_i 。可用另一个参数描述两相邻连杆绕公共轴线旋转的夹角，该夹角称为关节角，用 θ_i 表示。描述连杆关系的四个参数如图 2.9 所示。

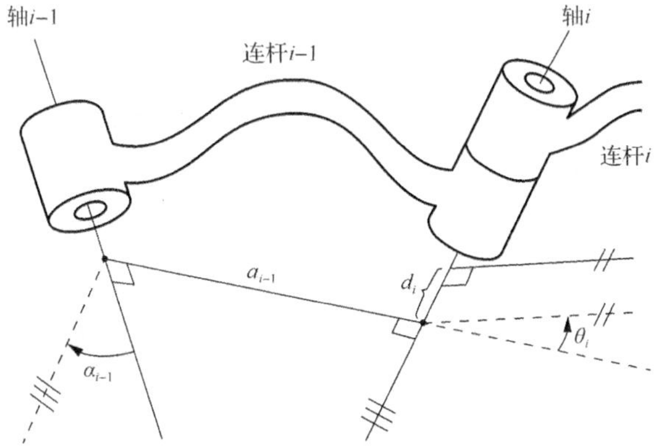

图 2.9　描述连杆关系的四个参数

因此，机械臂的每个连杆都可用四个运动学参数描述，其中两个参数用于描述连杆本身，另外两个参数用于描述连杆之间的连接关系。通常对于转动关节，θ_i 为关节变量，其他三个参数固定不变；对于移动关节，d_i 为关节变量，其他三个参数固定不变。这种连杆参数表示方法称为德纳维-哈滕贝格（Denavit-Hartenberg，D-H）参数法。

2.3.2　连杆坐标系

为了描述每个连杆与相邻连杆之间的相对位置关系，需要在每个连杆上定义一个固连坐标系。根据固连坐标系所在连杆的编号对固连坐标系进行命名，固连在连杆上的坐标系称为连杆坐标系$\{i\}$，如图 2.10 所示。

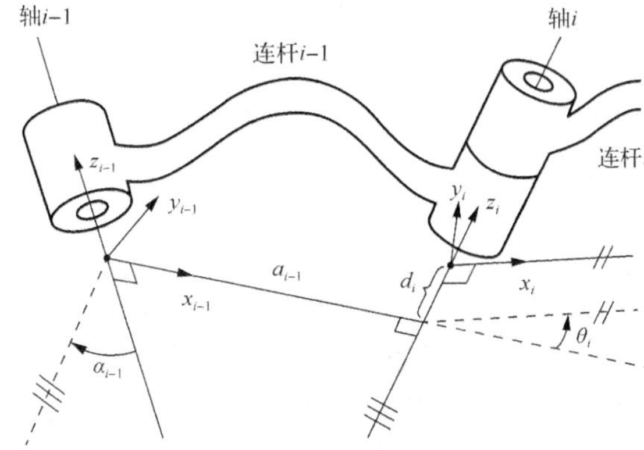

图 2.10　连杆坐标系

将第一个关节作为基坐标，其旋转轴方向为 z_i 轴。当相邻关节的旋转轴交叉时，x_i 轴垂直于 z_{i-1} 轴与 z_i 轴，z_{i-1} 轴转向 z_i 轴的方向为右手大拇指方向；当相邻关节的旋转轴平行时，x_i 轴平行于连杆 $i-1$ 并指向连杆 i。按照上述要求建立各连杆坐标系后，D-H 参数中的四个连杆参数可描述如下：

a_{i-1} 为沿 x_{i-1} 轴从 z_{i-1} 移到 z_i 的距离；

α_{i-1} 为绕 x_{i-1} 轴从 z_{i-1} 转到 z_i 的角度；

d_i 为沿 z_i 轴从 x_{i-1} 移到 x_i 的距离；

θ_i 为绕 z_i 轴从 x_{i-1} 转到 x_i 的角度。

2.3.3　坐标变换矩阵

在上文所建立的连杆参考坐标系的基础上，先绕 z_i 轴逆时针旋转 θ_i，再沿 z_i 轴平移 d_i、沿 x_{i-1} 轴平移 a_{i-1}，然后绕 x_{i-1} 轴顺时针旋转 α_{i-1}，最后得到两个坐标系之间位姿的齐次变换矩阵如下：

$$
\begin{aligned}
{}^{i-1}\boldsymbol{T}_i &= \mathrm{Rot}(Z,\theta_i)\,\mathrm{Trans}(0,0,d_i)\,\mathrm{Trans}(a_{i-1},0,0)\,\mathrm{Rot}(X,\alpha_{i-1}) \\
&= \begin{bmatrix} \cos\theta_i & -\sin\theta_i\cos\alpha_{i-1} & \sin\theta_i\sin\alpha_{i-1} & a_{i-1}\cos\theta_i \\ \sin\theta_i & \cos\theta_i\cos\alpha_{i-1} & -\cos\theta_i\sin\alpha_{i-1} & a_{i-1}\sin\theta_i \\ 0 & \sin\alpha_{i-1} & \cos\alpha_{i-1} & d_i \\ 0 & 0 & 0 & 1 \end{bmatrix} \\
&= \begin{bmatrix} {}^{i-1}\boldsymbol{R}_i & {}^{i-1}\boldsymbol{P}_i \\ \boldsymbol{0} & 1 \end{bmatrix}
\end{aligned}
\tag{2.19}
$$

式中，${}^{i-1}\boldsymbol{R}_i$ 为坐标系 $\{i\}$ 相对于坐标系 $\{i-1\}$ 的旋转矩阵，为 3×3 矩阵。${}^{i-1}\boldsymbol{P}_i$ 为坐标系 $\{i\}$ 原点相对于坐标系 $\{i-1\}$ 原点的位置矢量，为 3×1 矩阵。

2.4　机器人正向运动学

机器人正向运动学是指已知各关节的类型、相邻关节之间的尺寸和相邻关节之间相对运动量的大小，通过计算确定机器人末端执行器在固定坐标系中的位姿。

若一个机械臂具有六个自由度，则每个连杆能在其运动范围内任意定位与定向。其中，三个自由度用于确定位置，另外三个自由度用于确定姿态。定义 T_i 为第 i 关节的位置，则 T_6 表示机械臂末端执行器的位置与姿态。

六自由度链式机械臂（6R 机械臂）是具有六个关节的空间结构，为更好地描述其末端执行器所处空间的位置与姿态，须在每个关节上建立一个坐标系，并利用坐标系之间的变换关系来描述机械臂末端执行器的位姿。通常采用 D-H 参数法建立坐标系，利用齐次变换矩阵描述各个连杆相对于固定参考坐标系的空间几何关系。例如，用一个 4×4 的齐次变换矩阵描述相邻两个连杆之间的空间位置关系，从而推导出末端执行器坐标系相对于基坐标系的齐次变换矩阵，进而建立机械臂的运动方程。

本节以 UR5 六自由度串联机械臂为例标定 D-H 坐标系，如图 2.11 所示。UR5 机械臂连杆之间的 D-H 参数见表 2.1。

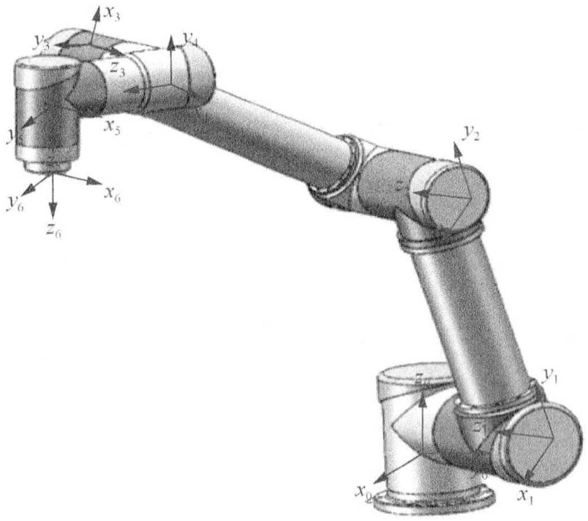

图 2.11　UR5 机械臂的 D-H 坐标系

表 2.1　UR5 机械臂连杆之间的 D-H 参数

关节	θ_i	d_i	a_{i-1}	α_{i-1}
1	θ_1	d_1	0	90°
2	θ_2	d_2	a_1	0°
3	θ_3	d_3	a_2	0°
4	θ_4	d_4	0	90°
5	θ_5	d_5	0	−90°
6	θ_6	d_6	0	0°

连杆 i-1 与连杆 i 之间的齐次变换矩阵可表示为

$$
{}^{i-1}\boldsymbol{T}_i=\begin{bmatrix}\cos\theta_i & -\sin\theta_i\cos\alpha_{i-1} & \sin\theta_i\sin\alpha_{i-1} & a_{i-1}\cos\theta_i\\ \sin\theta_i & \cos\theta_i\cos\alpha_{i-1} & -\cos\theta_i\sin\alpha_{i-1} & a_{i-1}\sin\theta_i\\ 0 & \sin\alpha_{i-1} & \cos\alpha_{i-1} & d_i\\ 0 & 0 & 0 & 1\end{bmatrix}\tag{2.20}
$$

已知串联机械臂连杆 D-H 参数，根据当前时刻机械臂各关节角度，通过齐次变换矩阵求得机械臂各关节相对基坐标系的位姿，称为运动学正解。各连杆之间的齐次变换矩阵可表示为

$$
{}^{0}\boldsymbol{T}_1=\begin{bmatrix}\cos\theta_1 & 0 & \sin\theta_1 & 0\\ \sin\theta_1 & 0 & -\cos\theta_1 & 0\\ 0 & 1 & 0 & d_1\\ 0 & 0 & 0 & 1\end{bmatrix}\quad {}^{1}\boldsymbol{T}_2=\begin{bmatrix}\cos\theta_2 & -\sin\theta_2 & 0 & a_1\cos\theta_2\\ \sin\theta_2 & \cos\theta_2 & 0 & a_1\sin\theta_2\\ 0 & 0 & 1 & 0\\ 0 & 0 & 0 & 1\end{bmatrix}
$$

$$
{}^{2}\boldsymbol{T}_3=\begin{bmatrix}\cos\theta_3 & -\sin\theta_3 & 0 & a_2\cos\theta_3\\ \sin\theta_3 & \cos\theta_3 & 0 & a_2\sin\theta_3\\ 0 & 0 & 1 & 0\\ 0 & 0 & 0 & 1\end{bmatrix}\quad {}^{3}\boldsymbol{T}_4=\begin{bmatrix}\cos\theta_4 & 0 & \sin\theta_4 & 0\\ \sin\theta_4 & 0 & -\cos\theta_4 & 0\\ 0 & 1 & 0 & d_4\\ 0 & 0 & 0 & 1\end{bmatrix}
$$

$$
{}^{4}\boldsymbol{T}_5=\begin{bmatrix}\cos\theta_5 & 0 & -\sin\theta_5 & 0\\ \sin\theta_5 & 0 & \cos\theta_5 & 0\\ 0 & -1 & 0 & d_5\\ 0 & 0 & 0 & 1\end{bmatrix}\quad {}^{5}\boldsymbol{T}_6=\begin{bmatrix}\cos\theta_6 & -\sin\theta_6 & 0 & 0\\ \sin\theta_6 & \cos\theta_6 & 0 & 0\\ 0 & 0 & 1 & d_6\\ 0 & 0 & 0 & 1\end{bmatrix} \tag{2.21}
$$

机械臂末端相对于基坐标系{0}的位姿可由各齐次变换矩阵依次相乘得到，其表达式如下：

$$
{}^{0}\boldsymbol{T}_6={}^{0}\boldsymbol{T}_1\,{}^{1}\boldsymbol{T}_2\,{}^{2}\boldsymbol{T}_3\,{}^{3}\boldsymbol{T}_4\,{}^{4}\boldsymbol{T}_5\,{}^{5}\boldsymbol{T}_6 \tag{2.22}
$$

综上所述，求解运动学正解很简单，只要输入六个关节角度 θ_i，就能得到机械臂末端坐标在基坐标系的变换矩阵 $\boldsymbol{T}$，从而完成运动学正解的求解。

2.5　机器人逆向运动学

与运动学逆解的求解相比，运动学正解的求解相对较为容易，首先采用 D-H 参数法建立运动学模型，然后通过变换矩阵求得末端执行器在基坐标系下唯一的坐标值（含位置和姿态）。逆向运动学的求解过程是根据已知的末端执行器相对于参考坐标系的位姿求关节变量 θ_i 的过程，它是机器人运动规划和轨迹控制的基础，也是运动学最重要的部分。

2.5.1　逆向运动学中存在的多解和奇异解

在机械臂的路径规划中用到逆向运动学的解，它给出了特定的末端位姿对应的机械臂关节角度。一般来说，逆向运动学的解不是唯一的。对于具有某种结构的机械臂，封闭解可能不存在。

对于六自由度机器人而言，运动学逆解非常复杂，一般没有封闭解，只在某些特殊情况下才有可能得到封闭解。大多数工业机器人都满足封闭解的两个充分条件之一［皮珀（Pieper）准则］：①三个相邻关节轴交于一点；②三个相邻关节轴相互平行。

若机械臂的关节数目多于六个，则称关节冗余，这时解是欠定的。若对于机械臂某个特别的位姿解不存在，则这个位姿称为奇异位姿。机械臂的奇异性可能是由机械臂中某些坐标轴的重合或位置不能达到引起的。机械臂的奇异位姿分为如下两类。

（1）边界奇异位姿。当机械臂的关节全部展开或折起时，机械臂末端处于操作空间的边界或边界附近，雅可比矩阵奇异，机械臂的运动受到物理结构的约束，这时机械臂的奇异位姿称为边界奇异位姿。

（2）内部奇异位姿。当两个或两个以上的关节轴线重合时，机械臂各个关节的运动相互抵消，不产生操作运动，这时机械臂的奇异位姿称为内部奇异位姿。

机械臂运动学逆解方法可分为封闭解法和数值解法两类，但在逆解的求解过程中总是力求得到封闭解。这是因为封闭解法的计算速度快、效率高且便于实时控制，数值解法不具有这些特点。

2.5.2 机械臂逆向运动学求解过程

机械臂运动学逆解方法有解析法、迭代法和几何法。其中，解析法利用数学推导可以得到全部根，但计算复杂，有的机械臂运用此方法可以得到无穷解，如 7 轴机械臂。UR5 型 6 轴机械臂可得到有限解。本节推导 UR5 机械臂运动学逆解。

为了方便求解下面的机械臂关节角度，首先计算变换矩阵 $\boldsymbol{T}$ 中的一些中间矩阵。为方便说明，以下公式中用 s 表示 $\sin\theta$，c 表示 $\cos\theta$，$c_2=\cos\theta_2$，$c_{23}=\cos(\theta_2+\theta_3)$，$s_{23}=\sin(\theta_2+\theta_3)$，$c_{234}=\cos(\theta_2+\theta_3+\theta_4)$，$s_{234}=\sin(\theta_2+\theta_3+\theta_4)$，以此类推。

$$
\begin{aligned}
{}^1\boldsymbol{T}_3 &= {}^1\boldsymbol{T}_2\,{}^2\boldsymbol{T}_3 \\
&= \begin{bmatrix} c_2c_3-s_2s_3 & -c_2s_3-s_2c_3 & 0 & a_2(c_2c_3-s_2s_3)+a_1c_2 \\ s_2c_3+c_2s_3 & -s_2s_3+c_2c_3 & 0 & a_2(s_2c_3+c_2s_3)+a_1s_2 \\ 0 & 0 & 1 & 0 \\ 0 & 0 & 0 & 1 \end{bmatrix} \\
&= \begin{bmatrix} c_{23} & -s_{23} & 0 & a_2c_{23}+a_1c_2 \\ s_{23} & c_{23} & 0 & a_2s_{23}+a_1s_2 \\ 0 & 0 & 1 & 0 \\ 0 & 0 & 0 & 1 \end{bmatrix}
\end{aligned} \tag{2.23}
$$

$$
{}^1\boldsymbol{T}_4 = {}^1\boldsymbol{T}_3\,{}^3\boldsymbol{T}_4 = \begin{bmatrix} c_{23}c_4-s_{23}s_4 & 0 & c_{23}s_4+s_{23}c_4 & a_2c_{23}+a_1c_2 \\ s_{23}c_4+c_{23}s_4 & 0 & s_{23}s_4-c_{23}c_4 & a_2s_{23}+a_1s_2 \\ 0 & 1 & 0 & d_4 \\ 0 & 0 & 0 & 1 \end{bmatrix} \tag{2.24}
$$

$$
\begin{aligned}
{}^1\boldsymbol{T}_5 &= {}^1\boldsymbol{T}_4\,{}^4\boldsymbol{T}_5 \\
&= \begin{bmatrix} (c_{23}c_4-s_{23}s_4)c_5 & -c_{23}s_4-s_{23}c_4 & (-c_{23}c_4+s_{23}s_4)s_5 & d_5(c_{23}s_4+s_{23}c_4)a_2c_{23}+a_1c_2 \\ (s_{23}c_4+c_{23}s_4)c_5 & -s_{23}s_4+c_{23}c_4 & (-s_{23}c_4-c_{23}s_4)s_5 & d_5(s_{23}s_4-c_{23}c_4)a_2s_{23}+a_1s_2 \\ s_5 & 0 & c_5 & d_4 \\ 0 & 0 & 0 & 1 \end{bmatrix}
\end{aligned} \tag{2.25}
$$

根据式（2.14）与式（2.22）可得

$$ {}^0\boldsymbol{T}_1^{-1}\,{}^0\boldsymbol{T}_6\,{}^5\boldsymbol{T}_6^{-1} = {}^1\boldsymbol{T}_5 \tag{2.26} $$

其中

$$ {}^0\boldsymbol{T}_1^{-1} = \begin{bmatrix} c_1 & s_1 & 0 & 0 \\ 0 & 0 & 1 & -d_1 \\ s_1 & -c_1 & 0 & 0 \\ 0 & 0 & 0 & 1 \end{bmatrix} \tag{2.27} $$

$$ {}^5\boldsymbol{T}_6^{-1} = \begin{bmatrix} c_6 & s_6 & 0 & 0 \\ -s_6 & c_6 & 0 & 0 \\ 0 & 0 & 1 & -d_6 \\ 0 & 0 & 0 & 1 \end{bmatrix} \tag{2.28} $$

式（2.26）左边可表示为

$$ {}^0\boldsymbol{T}_1^{-1}\,{}^0\boldsymbol{T}_6^5\boldsymbol{T}_6^{-1} = \begin{bmatrix} c_6(n_xc_1+n_ys_1)-s_6(o_xc_1+o_ys_1) & s_6(n_xc_1+n_ys_1)+c_6(o_xc_1+o_ys_1) & a_xc_1+a_ys_1 & p_xc_1-d_6(a_xc_1+a_ys_1)+p_ys_1 \\ n_xc_6-o_zs_6 & o_zc_6+n_zs_6 & a_z & p_z-d_1-a_zd_6 \\ s_6(o_yc_1-o_xs_1)-c_6(n_yc_1-n_xs_1) & -s_6(n_yc_1-n_xs_1)-c_6(o_yc_1-o_xs_1) & a_xs_1-a_yc_1 & -p_yc_1+d_6(a_yc_1-a_xs_1)+p_xs_1 \\ 0 & 0 & 0 & 1 \end{bmatrix} \tag{2.29} $$

式（2.26）右边可表示为

$$ {}^1\boldsymbol{T}_5 = \begin{bmatrix} c_{234}c_5 & -s_{234} & -c_{234}s_5 & a_2c_{23}+a_1c_2+d_5s_{234} \\ s_{234}c_5 & c_{234} & -s_{234}s_5 & a_2s_{23}+a_1s_2-d_5c_{234} \\ s_5 & 0 & c_5 & d_4 \\ 0 & 0 & 0 & 1 \end{bmatrix} \tag{2.30} $$

（1）求关节 1。

取式（2.29）和式（2.30）中的第三行第四列：

$$ -p_yc_1+d_6\left(a_yc_1-a_xs_1\right)+p_xs_1=d_4 \tag{2.31} $$

整理可得

$$ \left(d_6a_y-p_y\right)c_1-\left(a_xd_6-p_x\right)s_1=d_4 \tag{2.32} $$

设

$$\begin{cases} d_6 a_y - p_y = m \\ a_x d_6 - p_x = n \end{cases} \tag{2.33}$$

且

$$mc_1 - ns_1 = d_4 \tag{2.34}$$

则

$$\theta_1 = \arctan 2(m,n) - \arctan 2\left(d_4, \pm\sqrt{m^2 + n^2 - d_4^2}\right) \tag{2.35}$$

（2）求关节 5。

取式（2.29）和式（2.30）中的第三行第三列：

$$a_x s_1 - a_y c_1 = c_5 \tag{2.36}$$

则

$$\theta_5 = \pm\arccos\left(a_x s_1 - a_y c_1\right) \tag{2.37}$$

（3）求关节 6。

取式（2.29）和式（2.30）中的第三行第一列：

$$s_6(o_y c_1 - o_x s_1) - c_6(n_y c_1 - n_x s_1) = s_5 \tag{2.38}$$

设

$$\begin{cases} n_x s_1 - n_y c_1 = m \\ o_x s_1 - o_y c_1 = n \end{cases} \tag{2.39}$$

则

$$\theta_6 = \arctan 2(m,n) - \arctan 2\left(s_5, \pm\sqrt{m^2 + n^2 - s_5^2}\right) \tag{2.40}$$

同理，根据式（2.14）与式（2.22）可得

$${}^0\boldsymbol{T}_1^{-1}\,{}^0\boldsymbol{T}_6\,{}^5\boldsymbol{T}_6^{-1}\,{}^4\boldsymbol{T}_5^{-1} = {}^1\boldsymbol{T}_4 \tag{2.41}$$

式（2.41）左边可表示为

$$\begin{aligned}
&{}^0\boldsymbol{T}_1^{-1}\,{}^0\boldsymbol{T}_6\,{}^5\boldsymbol{T}_6^{-1}\,{}^4\boldsymbol{T}_5^{-1} \\
&= \left[\begin{matrix}
-c_5(s_6(o_x c_1 + o_y s_1) - c_6(n_x c_1 + n_y s_1)) - s_5(a_x c_1 + a_y s_1) & c_5(a_x c_1 + a_y s_1) - s_5(s_6(o_x c_1 + o_y s_1)) - c_6(n_x c_1 + n_y s_1) \\
c_5(n_z c_6 - o_z s_6) - a_z s_5 & s_5(n_z c_6 - o_z s_6) + a_z s_5 \\
c_5(s_6(o_y c_1 - o_x s_1) - c_6(n_y c_1 - n_x s_1)) + s_5(a_y c_1 - a_x s_1) & s_5(s_6(o_y c_1 - o_x s_1) - c_6(n_y c_1 - n_x s_1)) - c_5(a_y c_1 - a_x s_1) \\
0 & 0
\end{matrix}\right. \\
&\qquad \left.\begin{matrix}
-s_6(n_x c_1 + n_y s_1) - c_6(o_x c_1 + o_y s_1) & d_5(s_6(n_x c_1 + n_y s_1) + c_6(o_x c_1 + o_y s_1)) - d_5(a_x c_1 + a_y s_1) + p_y s_1 + p_x c_1 \\
-o_z c_6 - n_z s_6 & p_z - d_1 - a_z d_6 + d_5(o_z c_6 + n_z s_6) \\
s_6(n_y c_1 - n_x s_1) + c_6(o_y c_1 - o_x s_1) & d_6(a_y c_1 - a_x s_1) - d_5(s_6(n_y c_1 - n_x s_1) + c_6(o_y c_1 - o_x s_1)) - p_y c_1 + p_x c_1 \\
0 & 1
\end{matrix}\right]
\end{aligned} \tag{2.42}$$

式（2.41）右边可表示为

$$^{1}\boldsymbol{T}_4=\begin{bmatrix} c_{234} & 0 & s_{234} & a_2c_{23}+a_1c_2 \\ s_{234} & 0 & c_{234} & a_2s_{23}+a_1s_2 \\ 0 & 1 & 0 & d_4 \\ 0 & 0 & 0 & 1 \end{bmatrix} \tag{2.43}$$

（4）求关节 3。

取式（2.42）和式（2.43）中的第一行第四列和第二行第四列：

$$\begin{cases} a_2c_{23}+a_1c_2=d_5\left(s_6(n_xc_1+n_ys_1)\right)+c_6(o_xc_1+o_ys_1) \\ \qquad -d_5\left(a_6c_1+a_ys_1\right)+p_xc_1+p_ys_1 \\ a_2s_{23}+a_1s_2=p_z-d_1-a_zd_6+d_5\left(o_zc_6+n_zs_6\right) \end{cases} \tag{2.44}$$

为了便于计算，设

$$\begin{cases} d_5\left(s_6(n_xc_1+n_ys_1)+c_6(o_xc_1+o_ys_1)\right)-d_6\left(a_xc_1+a_ys_1\right)+p_xc_1+p_ys_1=m \\ p_z-d_1-a_zd_6+d_5\left(o_zc_6+n_zs_6\right)=n \end{cases} \tag{2.45}$$

将其代入

$$\begin{cases} m=a_2c_{23}+a_1c_2 \\ n=a_2s_{23}+a_1s_2 \end{cases} \tag{2.46}$$

求其平方和，可得

$$a_1^2+a_2^2+2a_1a_2\left(s_{23}s_2+c_{23}c_2\right)=m^2+n^2 \tag{2.47}$$

因为

$$s_{23}s_2+c_{23}c_2=c_3 \tag{2.48}$$

所以

$$\theta_3=\pm\arccos\left(\frac{m^2+n^2-a_1^2-a_2^2}{2a_1a_2}\right) \tag{2.49}$$

（5）求关节 2。

将式（2.46）展开，可得

$$\begin{cases} m=(a_2c_3+a_1)c_2-a_2s_3s_2 \\ n=(a_2c_3+a_1)s_2+a_2s_3c_2 \end{cases} \tag{2.50}$$

将关节角 3 代入，可得

$$\begin{cases} s_2=\dfrac{(a_2c_3+a_1)n-a_2s_3m}{a_1^2+a_2^2+2a_1a_2c_3} \\ c_2=\dfrac{m+a_2s_3s_2}{a_2c_3+a_1} \end{cases} \tag{2.51}$$

则

$$\theta_2 = \arctan 2(s_2, c_2) \tag{2.52}$$

（6）求关节 4。

取式（2.29）和式（2.30）中的第二行第二列和第一行第二列：

$$\begin{cases} -s_{234} = s_6(n_x c_1 + n_y s_1) + c_6(o_x c_1 + o_y s_1) \\ c_{234} = o_z c_6 + n_z s_6 \end{cases} \tag{2.53}$$

则

$$\theta_2 + \theta_3 + \theta_4 = \arctan 2\big(-s_6(n_x c_1 + n_y s_1) - c_6(o_x c_1 + o_y s_1), o_z c_6 + n_z s_6\big) \tag{2.54}$$

$$\theta_4 = \arctan 2\big(-s_6(n_x c_1 + n_y s_1) - c_6(o_x c_1 + o_y s_1), o_z c_6 + n_z s_6\big) - \theta_3 - \theta_2 \tag{2.55}$$

至此便已求出全部的机械臂关节角度，但其中存在一些奇异解。下面对关节所处的奇异位置进行讨论。

（1）肩关节奇异位置表示为

$$\begin{cases} n_x s_1 - n_y c_1 = m \\ o_x s_1 - o_y c_1 = n \\ m^2 + n^2 - d_4 = 0 \end{cases} \tag{2.56}$$

此时末端执行器参考点 o_6 位于轴线 z_1 和 z_2 构成的平面内，关节 1 无法求解。

（2）肘关节奇异位置表示为

$$\begin{cases} d_5\big(s_6(n_x c_1 + n_y s_1) - c_6(o_x c_1 + o_y s_1)\big) - d_6\big(a_x c_1 + a_y s_1\big) + p_x c_1 + p_y s_1 = m \\ p_z - d_1 - a_z d_6 + d_5\big(o_z c_6 + n_z s_6\big) = n \\ m^2 + n^2 - (a_1 + a_2)^2 = 0 \end{cases} \tag{2.57}$$

此时关节 2 无法求解。

（3）腕关节奇异位置表示为

$$s_5 = 0 \tag{2.58}$$

此时轴线 z_4 和 z_6 平行，关节 6 无法求解。

2.6　小　　结

本章主要讨论工业机器人的位姿变换计算、模型建立等问题。首先介绍了机器人运动学所涉及的数理基础知识和刚体位姿描述方法，通过齐次矩阵运算方法表示空间中的物体在不同坐标系下的变换；接着在连杆上建立连杆坐标系，通过齐次变换矩阵表示两杆末端的位姿，从理论上建立了机器人的 D-H 坐标系，并列出参数表作为建模的关键数据，推导出机器人运动学模型；最后以 UR5 六自由度串联机械臂为例分别介绍机器人正向运动学与机器人逆向运动学的求解过程。

参 考 文 献

蔡自兴, 2009. 机器人学基础[M]. 北京：机械工业出版社.

陈学生, 陈在礼, 孔民秀, 2002. 并联机器人研究的进展与现状[J]. 机器人, 24(5): 464-470.

王宏, 张东来, 李兵, 2010. 基于 MRDS 的工业机器人仿真研究[J]. 机械设计与制造(8): 152-154.

朱世强, 王宣银, 2001. 机器人技术及其应用[M]. 杭州：浙江大学出版社.

第 3 章　机器人动力学

第 2 章研究的机器人运动学是在稳态下进行的，没有考虑机器人运动的动态过程。实际上，机器人动态性能不仅与运动学相对位置有关，还与机器人的结构形式、质量分布、执行机构的位置、传动装置等因素有关。机器人动态性能由动力学方程描述。动力学考虑上述因素，研究机器人运动与关节力（力矩）之间的动态关系。描述这种动态关系的微分方程称为机器人动力学方程。

机器人动力学是对机器人机构的力和运动之间关系与平衡进行研究的学科。机器人动力学主要研究动力学正问题和动力学逆问题，必须采用严密的系统分析方法来分析机器人动力学特性。

机器人动力学正问题是指根据关节驱动力或力矩计算机器人的运动（关节位移、速度和加速度）。

机器人动力学逆问题是指已知轨迹对应的关节位移、速度和加速度，求出所需的关节驱动力矩或力。

学习机器人动力学的目的如下。

（1）机器人动力学是复杂的动力学系统，对处理物体的动态响应取决于机器人动力学模型和控制算法。

（2）根据关节驱动力或力矩计算操作臂末端执行器的位移、速度、加速度——动力学正问题，与机器人仿真有关。

（3）计算每个关节所需的驱动力矩。根据末端执行器的位移、速度、加速度求出关节驱动力矩或力——动力学逆问题，与机器人控制有关。

（4）考察不同惯量负载对机器人的影响（与实际工作有关）。

（5）研究机器人不同部件之间的关系，合理设计机器人部件。

3.1　机器人雅可比矩阵

机器人雅可比矩阵描述了两个空间速度之间的线性映射关系。它可看成是从关节空间到操作空间运动速度的传动比，同时也可用来表示两个空间之间力的传递关系。机器人雅可比矩阵能够处理机械臂关节与末端之间的变换关系，这对机器人静力学分析、求解相对复杂机械臂运动学及动力学具有非常重要的意义，是机器人力/位控制的重要基础。雅可比矩阵的传统求解方法是构造法，其中具有代表性的是矢量积法和微分变换法。由于其构造过程求解烦琐，因此无法直观表达关节速度与末端速度的线性映射关系。许多学者为了避免大量计算，都是在矢量积法和微分变换法的基础上改进雅可比矩阵的求解方法，但都没有改变其根本弊端。下面简单介绍这两种方法的求解过程。

3.1.1 矢量积法

求解机器人雅可比矩阵的矢量积法建立在运动坐标系概念的基础上，由惠特尼（Whitney）首先提出。令机械臂运动方程为

$$\boldsymbol{x}=\boldsymbol{x}(\boldsymbol{q}) \tag{3.1}$$

式（3.1）表示操作空间 x 与关节空间 q 之间的位移关系。两边同时对时间 t 求导，则有

$$\dot{\boldsymbol{x}}=\boldsymbol{J}(q)\dot{\boldsymbol{q}}=\begin{bmatrix}\boldsymbol{v}\\ \boldsymbol{\omega}\end{bmatrix}=\begin{bmatrix}\boldsymbol{J}_v\\ \boldsymbol{J}_\omega\end{bmatrix}\dot{\boldsymbol{q}} \tag{3.2}$$

式中，$\boldsymbol{J}_\omega$ 为所求的角速度雅可比矩阵。

对于移动关节 i，则有

$$\begin{bmatrix}\boldsymbol{v}\\ \boldsymbol{\omega}\end{bmatrix}=\begin{bmatrix}\boldsymbol{z}_i\times{}^i\boldsymbol{p}_n^o\\ \boldsymbol{z}_i\end{bmatrix}\dot{\boldsymbol{q}}_i \tag{3.3}$$

其雅可比矩阵为

$$\boldsymbol{J}_i=\begin{bmatrix}\boldsymbol{z}_i\\ \boldsymbol{0}\end{bmatrix}\dot{\boldsymbol{q}}_i \tag{3.4}$$

对于转动关节 i，则有

$$\begin{bmatrix}\boldsymbol{v}\\ \boldsymbol{\omega}\end{bmatrix}=\begin{bmatrix}\boldsymbol{z}_i\times{}^i\boldsymbol{p}_n^o\\ \boldsymbol{z}_i\end{bmatrix}\dot{\boldsymbol{q}}_i \tag{3.5}$$

其雅可比矩阵为

$$\boldsymbol{J}_i=\begin{bmatrix}\boldsymbol{z}_i\times{}^i\boldsymbol{p}_n^o\\ \boldsymbol{z}_i\end{bmatrix}=\begin{bmatrix}\boldsymbol{z}_i\times({}_i^o\boldsymbol{R}^i\boldsymbol{p}_n)\\ \boldsymbol{z}_i\end{bmatrix} \tag{3.6}$$

式中，${}^i\boldsymbol{p}_n^o$ 是机械臂夹手坐标原点相对坐标系 $\{i\}$ 的位置矢量在基坐标系 $\{o\}$ 中的表示，且 ${}^i\boldsymbol{p}_n^o={}_i^o\boldsymbol{R}^i\boldsymbol{p}_n$；$\boldsymbol{z}_i$ 是坐标系 $\{i\}$ 的 z_i 轴矢量在基坐标系 $\{o\}$ 中的表示。

3.1.2 微分变换法

速度可看成是单位采样时间的微分运动。因此，机械臂末端速度与关节速度之间的关系等价于对应的微分关系。微分转动变换满足交换律，并具有矢量性。微分移动矢量和微分转动矢量共同组成微分算子。

对于转动关节 i，连杆 i 相对连杆 $i-1$ 绕坐标系$\{i\}$的 z_i 轴做微分转动 $\mathrm{d}\theta_i$，其微分运动矢量为

$$\boldsymbol{d}=\begin{bmatrix}0\\0\\0\end{bmatrix},\quad \boldsymbol{\delta}=\begin{bmatrix}0\\0\\1\end{bmatrix}\mathrm{d}\theta_i \tag{3.7}$$

机械臂末端连杆在该连杆坐标系中的微分运动与其在基坐标系中的微分运动的关系，即两坐标系之间广义速度的坐标变换关系如下：

$$\begin{bmatrix}{}^T d_x\\{}^T d_y\\{}^T d_z\\{}^T\delta_x\\{}^T\delta_y\\{}^T\delta_z\end{bmatrix}=\begin{bmatrix}n_x & n_y & n_z & (\boldsymbol{p}\times\boldsymbol{n})_x & (\boldsymbol{p}\times\boldsymbol{n})_y & (\boldsymbol{p}\times\boldsymbol{n})_z\\ o_x & o_y & o_z & (\boldsymbol{p}\times\boldsymbol{o})_x & (\boldsymbol{p}\times\boldsymbol{o})_y & (\boldsymbol{p}\times\boldsymbol{o})_z\\ a_x & a_y & a_z & (\boldsymbol{p}\times\boldsymbol{a})_x & (\boldsymbol{p}\times\boldsymbol{a})_y & (\boldsymbol{p}\times\boldsymbol{a})_z\\ 0&0&0&n_x&n_y&n_z\\0&0&0&o_x&o_y&o_z\\0&0&0&a_x&a_y&a_z\end{bmatrix}\begin{bmatrix}d_x\\d_y\\d_z\\\delta_x\\\delta_y\\\delta_z\end{bmatrix} \tag{3.8}$$

由式（3.8）得出机械臂末端对应的微分运动矢量为

$$\begin{bmatrix}{}^T d_x\\{}^T d_y\\{}^T d_z\\{}^T\delta_x\\{}^T\delta_y\\{}^T\delta_z\end{bmatrix}=\begin{bmatrix}(\boldsymbol{p}\times\boldsymbol{n})_z\\(\boldsymbol{p}\times\boldsymbol{o})_z\\(\boldsymbol{p}\times\boldsymbol{a})_z\\n_z\\o_z\\a_z\end{bmatrix}\mathrm{d}\theta_i \tag{3.9}$$

则雅可比矩阵为

$${}^T\boldsymbol{J}_{li}=\begin{bmatrix}(\boldsymbol{p}\times\boldsymbol{n})_z\\(\boldsymbol{p}\times\boldsymbol{o})_z\\(\boldsymbol{p}\times\boldsymbol{a})_z\end{bmatrix},\quad {}^T\boldsymbol{J}_{ai}=\begin{bmatrix}n_z\\o_z\\a_z\end{bmatrix} \tag{3.10}$$

式中，$\boldsymbol{n}$、$\boldsymbol{o}$、$\boldsymbol{a}$和 $\boldsymbol{p}$ 是 ${}^i\boldsymbol{T}_n$ 的四个列矢量。

上述是微分变换法的原理推导，其求解方法是构造法。只要知道各连杆变换矩阵 ${}^{i-1}\boldsymbol{T}_i$，就能构造雅可比矩阵。其求解过程如下：

首先求解各连杆变换矩阵 ${}^0\boldsymbol{T}_1$，${}^1\boldsymbol{T}_2$，…，${}^{n-1}\boldsymbol{T}_n$；其次求解各连杆至末端连杆的变换矩阵：${}^{n-1}\boldsymbol{T}_n={}^{n-1}\boldsymbol{T}_n$，${}^{n-2}\boldsymbol{T}_n={}^{n-2}\boldsymbol{T}_{n-1}\,{}^{n-1}\boldsymbol{T}_n$，…，${}^{i-1}\boldsymbol{T}_n={}^{i-1}\boldsymbol{T}_i\,{}^i\boldsymbol{T}_n$，…，${}^0\boldsymbol{T}_n={}^0\boldsymbol{T}_1\,{}^1\boldsymbol{T}_n$；最后求解雅可比矩阵 $\boldsymbol{J}(\boldsymbol{q})$ 的各列元素，第 i 列 $\boldsymbol{J}_i^{\mathrm{T}}$ 由 ${}^i\boldsymbol{T}_n$ 决定。

3.1.3　运动学方程求导法

运动学方程求导法是先建立机器人运动学方程，再将方程两边同时对时间求导，然

后整理成矩阵形式，即可得到机器人速度雅可比矩阵。为方便理解，举例说明。图 3.1 所示为空间六自由度双臂机器人的结构，下面详细描述运动学方程求导过程。

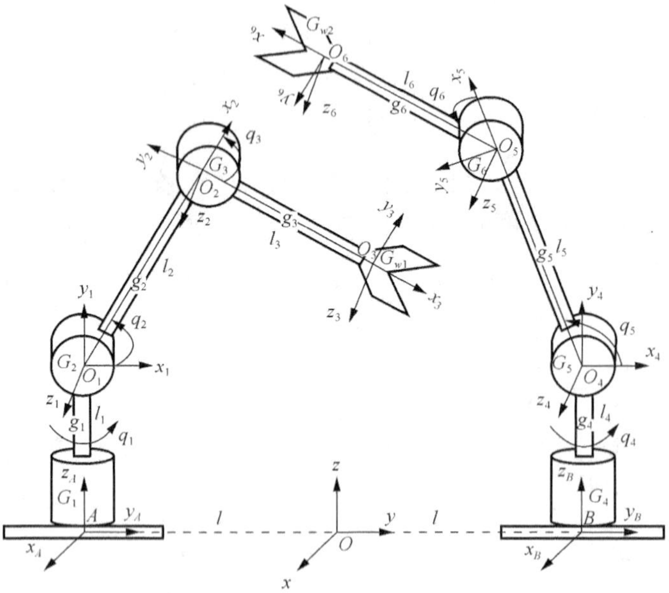

图 3.1　空间六自由度双臂机器人结构图

图中，$O-xyz$ 表示在 A、B 两点连线中点建立空间运动惯性坐标系；$O_i-x_iy_iz_i$（i=1,2,⋯,6）表示根据后置法建立各连杆相对坐标系；$O_j-x_jy_jz_j$（j=A,B）表示在上述坐标系的基础上再建立坐标系$\{A\}$和坐标系$\{B\}$，方便对雅可比矩阵求解过程中的旋转和平移速度的推导；l_i（i=1,2,⋯,6）表示各连杆长度；l 表示 AO 长度和 BO 长度；G_i（i=1,2,⋯,6）表示各关节质量；G_{w1}、G_{w2} 表示各机械臂末端执行器和夹持物体的总质量；g_i（i=1,2,⋯,6）表示各连杆质量。

由图可知，对左机械臂而言，其末端点到基坐标的运动方程为

$$\begin{cases} x_A=[l_2\cos q_2+l_3\cos(q_2+q_3)]\cos q_1 \\ y_A=[l_2\cos q_2+l_3\cos(q_2+q_3)]\sin q_1-l \\ z_A=l_1+l_2\sin q_2+l_3\sin(q_2+q_3) \end{cases} \tag{3.11}$$

将式（3.11）两边同时对时间求导，可得

$$\begin{cases} \dot{x}_A=-[l_2\cos q_2+l_3\cos(q_2+q_3)]\dot{q}_1\sin q_1-[l_2\sin q_2 \\ \qquad +l_3\sin(q_2+q_3)\dot{q}_2\cos q_1-l_3\sin(q_2+q_3)\dot{q}_3\cos q_1] \\ \dot{y}_A=[l_2\cos q_2+l_3\cos(q_2+q_3)]\dot{q}_1\cos q_1-[l_2\sin q_2 \\ \qquad +l_3\sin(q_2+q_3)\dot{q}_2\sin q_1-l_3\sin(q_2+q_3)\dot{q}_3\sin q_1] \\ \dot{z}_A=[l_2\cos q_2+l_3\cos(q_2+q_3)]\dot{q}_2+l_3\cos(q_2+q_3)\dot{q}_3 \end{cases} \tag{3.12}$$

对式（3.12）化简，写成矩阵形式为

$$\begin{bmatrix}\dot{x}_A\\ \dot{y}_A\\ \dot{z}_A\end{bmatrix}=\boldsymbol{J}_{PA}\begin{bmatrix}\dot{q}_1\\ \dot{q}_2\\ \dot{q}_3\end{bmatrix}=\begin{bmatrix}J_{A11} & J_{A12} & J_{A13}\\ J_{A21} & J_{A22} & J_{A23}\\ J_{A31} & J_{A32} & J_{A33}\end{bmatrix}\begin{bmatrix}\dot{q}_1\\ \dot{q}_2\\ \dot{q}_3\end{bmatrix} \tag{3.13}$$

式中，$\boldsymbol{J}_{PA}$为速度雅可比矩阵，其展开式为

$$\boldsymbol{J}_{PA}=\begin{bmatrix}J_{A11} & J_{A12} & J_{A13}\\ J_{A21} & J_{A22} & J_{A23}\\ J_{A31} & J_{A32} & J_{A33}\end{bmatrix} \tag{3.14}$$

式中，各元素具体表达式如下：

$$J_{A11}=-[l_2\cos q_2+l_3\cos(q_2+q_3)]\sin q_1$$

$$J_{A12}=-[l_2\sin q_2+l_3\sin(q_2+q_3)]\cos q_1$$

$$J_{A13}=-l_3\sin(q_2+q_3)\cos q_1$$

$$J_{A21}=[l_2\cos q_2+l_3\cos(q_2+q_3)]\cos q_1$$

$$J_{A22}=-[l_2\sin q_2+l_3\sin(q_2+q_3)]\sin q_1$$

$$J_{A23}=-l_3\sin(q_2+q_3)\sin q_1$$

$$J_{A31}=0$$

$$J_{A32}=l_2\cos q_2+l_3\cos(q_2+q_3)$$

$$J_{A33}=l_3\cos(q_2+q_3)$$

运动学求导法根据机械臂基坐标系原点到机械臂末端的位置关系，通过求导得到关节速度与末端速度的关系式，但关节速度与末端角速度之间的关系无法求解。利用运动学方程求导法可以求解速度雅可比矩阵，这是因为建立了机械臂末端在运动惯性坐标系中的位置坐标方程，但求解角速度雅可比矩阵需要建立机械臂末端转动角度在运动惯性坐标系中的方程。若机械臂模型是平面的，则机械臂各关节轴线都是平行的，机械臂各关节的转动角度之和与机械臂末端转动角度相同，可以建立机械臂末端转动角度在运动惯性坐标系中的方程。若涉及空间机械臂模型，则无论机械臂各关节轴线是平行或是垂直，机械臂末端转动角度都不仅仅是各关节转动角度的叠加，而是存在函数关系。若机械臂的自由度数目较少或是特殊机械臂，则可采用其他方法建立关系。若机械臂的自由度数目较多，则针对一般机械臂模型没有一定的方法和规则作为依据，很难求解角速度雅可比矩阵。因此，采用矢量解析法求解角速度雅可比矩阵，求解过程如下所述。

3.1.4 矢量解析法

在求解单臂雅可比矩阵过程中利用的传统微分变换法和矢量积法都是构造法，构造

过程求解烦琐，无法直观表达关节速度与末端速度的线性映射关系。雅可比矩阵分为速度雅可比矩阵和角速度雅可比矩阵，其中速度雅可比矩阵可通过封闭矢量法求解，并利用相对构造法简化求解过程，但角速度雅可比矩阵一直没有合适的求解方法。因此，本书提出矢量解析法，考虑机械臂关节速度与其末端速度的关系，将关节速度矢量在基坐标系下分解，分别在 x 轴、y 轴和 z 轴上合成末端角速度分量，直接建立关节速度与末端角速度的联系。与构造法的抽象描述和大量计算相比，此方法化抽象为具象，概念清晰、形象直观，大大简化计算过程。

在机械臂动力学建模中，角速度雅可比矩阵建立了机械臂关节速度与其末端角速度之间的联系，其运用矢量解析法求解模型如图 3.2 所示。

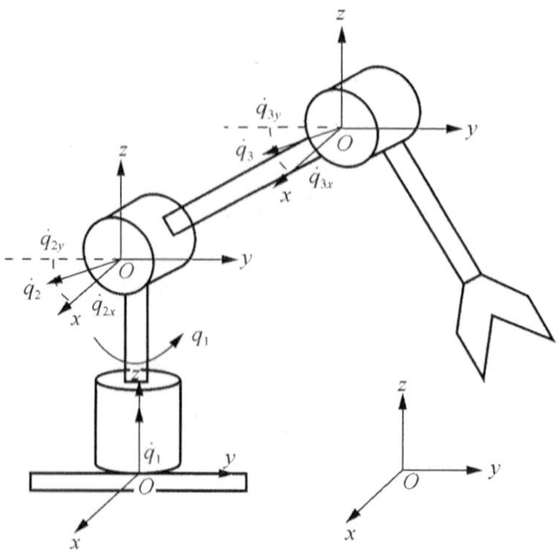

图 3.2　角速度雅可比矩阵求解模型

首先将每个关节速度矢量分别向基坐标系 x 轴、y 轴和 z 轴投影，即将机械臂各关节速度矢量分别向 x 轴、y 轴和 z 轴方向分解，得到 $\dot{q}_{xi}$、$\dot{q}_{yi}$、$\dot{q}_{zi}$（$i=1,2,3$），再将各坐标轴上投影合成末端角速度分量 ω_x、ω_y、ω_z，然后将其整合写成矩阵形式，得到角速度雅可比矩阵表达式如下：

$$\begin{cases}\omega_x=\dot{q}_{x1}+\dot{q}_{x2}+\dot{q}_{x3}\\ \omega_y=\dot{q}_{y1}+\dot{q}_{y2}+\dot{q}_{y3}\\ \omega_z=\dot{q}_{z1}+\dot{q}_{z2}+\dot{q}_{z3}\end{cases} \tag{3.15}$$

根据与坐标轴的垂直或平行关系，可得 $\dot{q}_{x1}=\dot{q}_{y1}=\dot{q}_{z2}=\dot{q}_{z3}=0$，$\dot{q}_{z1}=\dot{q}_1$；利用投影及角边关系，可得 $\dot{q}_{x2}=\dot{q}_2\sin q_1$，$\dot{q}_{y2}=\dot{q}_2\cos q_1$，$\dot{q}_{x3}=\dot{q}_3\sin q_1$，$\dot{q}_{y3}=\dot{q}_3\cos q_1$；将其代入式（3.15）中，可得

$$\begin{cases}\omega_x=(\dot{q}_2+\dot{q}_3)\sin q_1\\ \omega_y=-(\dot{q}_2+\dot{q}_3)\cos q_1\\ \omega_z=\dot{q}_1\end{cases}$$

写成矩阵形式为

$$\begin{bmatrix}\omega_x\\ \omega_y\\ \omega_z\end{bmatrix}=\underbrace{\begin{bmatrix}0 & \sin q_1 & \sin q_1\\ 0 & -\cos q_1 & -\cos q_1\\ 1 & 0 & 0\end{bmatrix}}_{J_\omega}\begin{bmatrix}\dot{q}_1\\ \dot{q}_2\\ \dot{q}_3\end{bmatrix} \tag{3.16}$$

简化上式，可得

$$\boldsymbol{\omega}=\boldsymbol{J}_\omega\dot{\boldsymbol{q}} \tag{3.17}$$

式中，$\boldsymbol{\omega}=[\omega_x \quad \omega_y \quad \omega_z]^{\mathrm{T}}$ 为机械臂末端角速度，其中 ω_x、ω_y、ω_z 分别为机械臂末端在基坐标系中绕 x 轴、y 轴、z 轴旋转的角速度；$\dot{\boldsymbol{q}}=[\dot{q}_1 \quad \dot{q}_2 \quad \dot{q}_3]^{\mathrm{T}}$ 为机械臂关节速度。

为了验证矢量解析法的正确性，用微分变量法求解图 3.2 所示机械臂模型的角速度雅可比矩阵，然后将求解结果与矢量解析法的求解结果进行比较。用微分变换法求解角速度雅可比矩阵的过程复杂烦琐，假设机械臂有 n 个自由度，首先需要计算各连杆变换矩阵 ${}^0\boldsymbol{T}_1, {}^1\boldsymbol{T}_2, \cdots, {}^{n-1}\boldsymbol{T}_n$，其通式为

$$\boldsymbol{T}=\begin{bmatrix}n_x & o_x & a_x & p_x\\ n_y & o_y & a_y & p_y\\ n_z & o_z & a_z & p_z\\ 0 & 0 & 0 & 1\end{bmatrix} \tag{3.18}$$

然后建立各连杆至末端连杆变换矩阵 ${}^0\boldsymbol{T}_n, {}^1\boldsymbol{T}_n, \cdots, {}^{n-1}\boldsymbol{T}_n$。各连杆变换矩阵都是 4 阶方阵，随着机械臂自由度增多，各连杆至末端连杆变换矩阵求解计算量大，如 ${}^0\boldsymbol{T}_n={}^0\boldsymbol{T}_1{}^1\boldsymbol{T}_2\cdots{}^{n-1}\boldsymbol{T}_n$，$n$ 个 4 阶方阵相乘计算复杂且容易出错。最后计算角速度雅可比矩阵各项。例如，图 3.1 所示的模型，$\boldsymbol{J}_\omega=[\boldsymbol{J}_{\omega1} \quad \boldsymbol{J}_{\omega2} \quad \boldsymbol{J}_{\omega3}]^{\mathrm{T}}$，$\boldsymbol{J}_{\omega1}=\begin{bmatrix}\boldsymbol{n}_z & \boldsymbol{o}_z & \boldsymbol{a}_z\end{bmatrix}^{\mathrm{T}}$，其中 $\boldsymbol{n}_z$、$\boldsymbol{o}_z$、$\boldsymbol{a}_z$ 是 ${}^0\boldsymbol{T}_3$ 中的元素，$\boldsymbol{J}_{\omega2}$ 对应 ${}^1\boldsymbol{T}_3$，$\boldsymbol{J}_{\omega3}$ 对应 ${}^2\boldsymbol{T}_3$。利用微分变换法求解结果为

$$\begin{aligned}\boldsymbol{\omega}&=[\boldsymbol{J}_{\omega1} \quad \boldsymbol{J}_{\omega2} \quad \boldsymbol{J}_{\omega3}]\dot{\boldsymbol{q}}\\ &=\underbrace{\begin{bmatrix}0 & \sin q_1 & \sin q_1\\ 0 & -\cos q_1 & -\cos q_1\\ 1 & 0 & 0\end{bmatrix}}_{J_\omega}\begin{bmatrix}\dot{q}_1\\ \dot{q}_2\\ \dot{q}_3\end{bmatrix}\end{aligned} \tag{3.19}$$

将矢量解析法与微分变换法进行对比可知，微分变换法基于机械臂运动学连杆变换矩阵构造角速度雅可比矩阵，不仅理论推导抽象难懂，而且计算复杂，不如矢量解析法清晰形象。另外，通过上述两种方法计算得出的结果相同，验证了矢量解析法的正确性。

3.2　机器人静力学分析

机器人静力学研究机器人静止或者缓慢运动时作用在其手臂上的力和力矩问题，特别是当手端与外界环境有接触力时，分析各关节力矩与接触力的关系。

3.2.1 虚功原理

在介绍机器人静力学之前，首先需要说明静力学中的虚功原理。

约束力不做功的力学系统实现平衡的必要充分条件是对结构上允许的任意位移（虚位移）施力所做功之和为零。这里所指的虚位移是描述作为对象的系统力学结构的位移，不同于随时间一起产生的实际位移，因此用“虚”一词来表示。约束力是使系统动作受到制约的力。下面通过一个例子理解实际工作中如何使用虚功原理。

如图 3.3 所示，已知杠杆长度 L_A 和 L_B，以及作用在杠杆一端的力 F_A，试用虚功原理求作用于杠杆另一端的力 F_B。

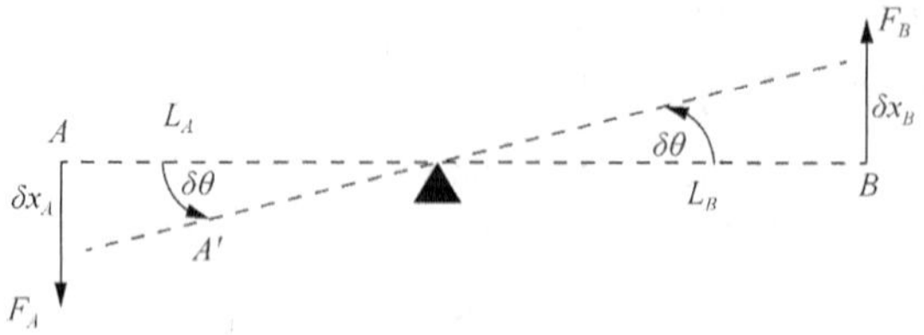

图 3.3　杠杆及作用在两端的力

根据虚功原理，杠杆两端受力所做虚功为

$$F_A \cdot \delta x_A + F_B \cdot \delta x_B = 0 \tag{3.20}$$

式中，δx_A 与 δx_B 是杠杆两端的虚位移。就虚位移来讲，下式成立：

$$\begin{cases} \delta x_A = L_A \cdot \delta\theta \\ \delta x_B = L_B \cdot \delta\theta \end{cases} \tag{3.21}$$

式中，$\delta\theta$ 是绕杠杆支点的虚位移。把式（3.21）代入式（3.20）中，化简可得

$$(F_A \cdot L_A + F_B \cdot L_B)\delta\theta = 0 \tag{3.22}$$

由于式（3.22）对任意 $\delta\theta$ 都成立，因此下式成立：

$$F_A \cdot L_A + F_B \cdot L_B = 0 \tag{3.23}$$

求得

$$F_B = -\frac{F_A \cdot L_A}{L_B} \tag{3.24}$$

当力 F_A 向下取正值时，F_B 为负值。由于 F_B 的正方向规定为向上，因此表明这时的 F_B 方向是向下的，即力 F_A 与 F_B 的方向都朝下。

研究虚功原理将有助于解决不同坐标系之间静力和静力矩的变换问题，即已知两个与固定物体连在一起的不同坐标系及作用在第一个坐标系原点的力和力矩，要求标出作用在另一个坐标系上的以此新坐标系描述的等效力和力矩。等效力与等效力矩意味着它们对物体具有与原力和力矩同样的外部作用效果。

3.2.2　静力学关系式的推导

现在利用前述的虚功原理推导机器人的静力学关系式。以图 3.4 所示的机械手为研究对象，要想产生图 3.4（a）所示的虚位移，就要推导出图 3.4（b）所示的各力之间的关系式。这一推导方法本身也适用于一般情况。

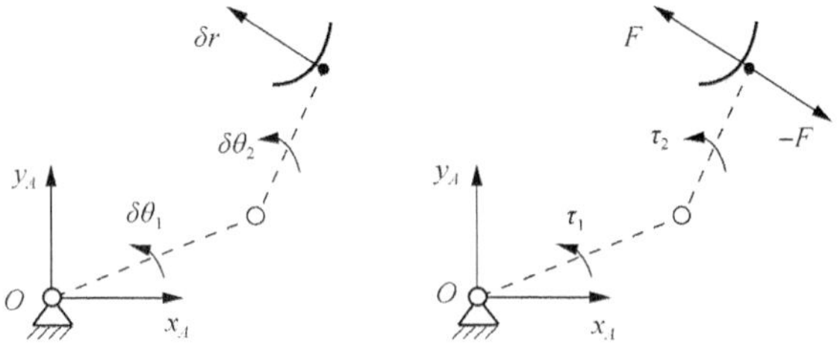

（a）虚位移　（b）施加的力

图 3.4　机器人的虚位移和施加的力

假设

$$\boldsymbol{\delta r}=[\delta r_1 \cdots \delta r_n]^{\mathrm{T}}, \in R^{n\times 1} \quad \text{（手爪的虚位移）}$$

$$\boldsymbol{\delta \theta}=[\delta \theta_1 \cdots \delta \theta_n]^{\mathrm{T}}, \in R^{n\times 1} \quad \text{（关节的虚位移）}$$

$$\boldsymbol{F}=[f_1 \cdots f_n]^{\mathrm{T}}, \in R^{n\times 1} \quad \text{（手爪力）}$$

$$\boldsymbol{\tau}=[\tau_1 \cdots \tau_n]^{\mathrm{T}}, \in R^{n\times 1} \quad \text{（关节驱动力）}$$

若将施加在机械手上的力作为手爪力的反力（用 $-\boldsymbol{F}$ 表示），则机械手的虚功可表示为

$$\delta \boldsymbol{W}=\boldsymbol{\tau}^{\mathrm{T}}\boldsymbol{\delta\theta}+(-\boldsymbol{F})^{\mathrm{T}}\boldsymbol{\delta r} \tag{3.25}$$

若应用虚功原理，则得

$$\boldsymbol{\tau}^{\mathrm{T}}\boldsymbol{\delta\theta}+(-\boldsymbol{F})^{\mathrm{T}}\boldsymbol{\delta r}=0 \tag{3.26}$$

手爪的虚位移 $\boldsymbol{\delta r}$ 和关节的虚位移 $\boldsymbol{\delta\theta}$ 之间的关系用雅可比矩阵表示为

$$\boldsymbol{\delta r}=\boldsymbol{J}\boldsymbol{\delta\theta} \tag{3.27}$$

将式（3.27）代入式（3.26）中，化简可得

$$(\boldsymbol{\tau}^{\mathrm{T}}-\boldsymbol{F}^{\mathrm{T}}\boldsymbol{J})\cdot\boldsymbol{\delta\theta}=\boldsymbol{0} \tag{3.28}$$

由于式（3.28）对任意 $\boldsymbol{\delta\theta}$ 成立，因此可得

$$\boldsymbol{\tau}^{\mathrm{T}}-\boldsymbol{F}^{\mathrm{T}}\boldsymbol{J}=\boldsymbol{0} \tag{3.29}$$

若进一步整理，将式（3.29）中的第二项移到等式右边，并取两边的转置，则可得到如下机械手静力学关系式：

$$\boldsymbol{\tau} = \boldsymbol{J}^{\mathrm{T}} \boldsymbol{F} \tag{3.30}$$

式（3.30）表示机械手在静止状态下产生抓取力 F 所需的驱动力矩 $\boldsymbol{\tau}$ 。

这一关系式十分重要。如果已知加于任一坐标系的力和力矩，那么根据式（3.30）即可求得为保持机械手平衡状态而作用于各关节的力和力矩。如果机械手还能沿着作用力和力矩方向自由运动，那么由式（3.30）所规定的关节力和力矩将大于设定的力和力矩的作用。需要进一步指出的是，式（3.30）对于具有任何自由度的机械手都是成立的。

3.2.3　惯性矩的推导

动力学不仅与驱动力有关，还与绕质心的惯性矩有关。下面以一质点运动为例，了解惯性矩的物理意义。质点平移运动作为回转运动的解析，如图 3.5 所示。

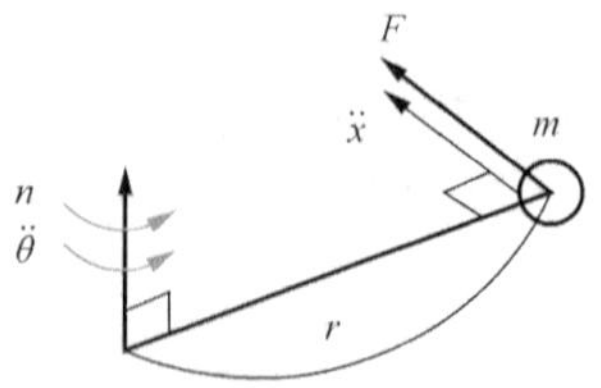

图 3.5　质点平移运动作为回转运动的解析

若将力 F 作用到质量为 m 的质点时的平移运动看作运动方向的标量，则可表示为

$$m\ddot{x} = F \tag{3.31}$$

式中，$\ddot{x}$ 表示加速度。若将这一运动看作质量可以忽略的棒长为 r 的回转运动，则可得到角速度和力矩的关系式为

$$\ddot{x} = r\ddot{\theta} \tag{3.32}$$

$$N = rF \tag{3.33}$$

式中，$\ddot{\theta}$ 和 N 分别是绕轴回转的角加速度和力矩。将式（3.32）、式（3.33）代入式（3.31），可得

$$mr^2\ddot{\theta} = N \tag{3.34}$$

设 $I = mr^2$，则上式可改写为

$$I\ddot{\theta} = N \tag{3.35}$$

式（3.35）是质点绕固定轴进行回转运动时的运动方程式。与式（3.31）相比，I 相当于平移运动时的惯性质量，在旋转运动中称为惯性矩。

对于质量连续分布的物体，为了求解其惯性矩，可将其先分割成假想的微小物体，然后再将每个微小物体的惯性矩加在一起。这时，可用密度 ρ 表示微小物体的质量 $\mathrm{d}m$ 及其微小体积 $\mathrm{d}V$ 的关系，即

$$\mathrm{d}m = \rho \mathrm{d}V \tag{3.36}$$

依据 $I = mr^2$，微小物体的惯性矩 dI 可以写作

$$\mathrm{d}I = \mathrm{d}mr^2 = \rho r^2 \mathrm{d}V \tag{3.37}$$

因此，整个物体的惯性矩通过积分求得

$$I = \int \mathrm{d}I = \int \rho r^2 \mathrm{d}V \tag{3.38}$$

3.2.4 运动学、静力学、动力学的关系

如图 3.6 所示，当机器人的手爪接触环境时，手爪力 F 与驱动力矩 τ 的关系起重要作用，在静止状态下处理这种关系称为静力学。

在考虑控制时，需要考虑在机器人的动作中，关节驱动力矩 τ 会产生怎样的关节位置 θ、关节速度 $\dot{\theta}$ 和关节加速度 $\ddot{\theta}$，处理这种关系称为动力学。对于动力学来说，除了与连杆长度 L_i 有关外，还与各连杆的质量 m_i、绕质量中心的惯性矩 I_{Ci}、连杆的质量中心与关节轴的距离 L_{Ci} 有关，如图 3.7 所示。

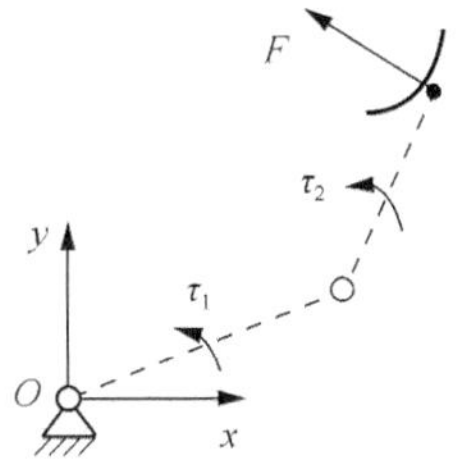

图 3.6　质点平移运动作为回转运动的解析

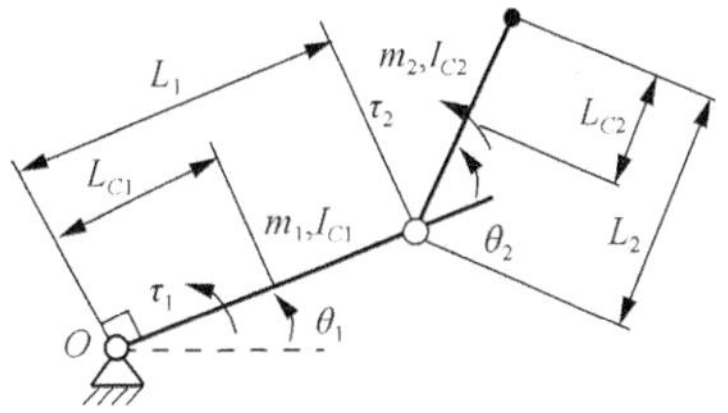

图 3.7　与动力学有关的变量

运动学、静力学和动力学中各变量的关系，如图 3.8 所示。图中用虚线表示的关系可通过实线关系组合表示，这些也可作为动力学问题来处理。

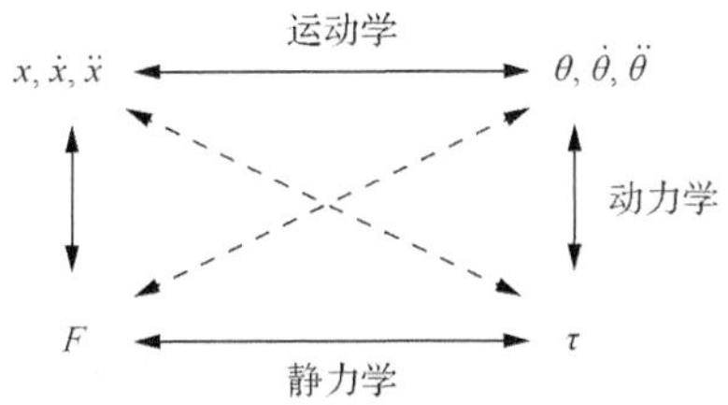

图 3.8　运动学、静力学和动力学的关系

3.3 机器人动力学建模

机器人动力学是机器人控制的基础，解决机器人动力学问题应从控制角度来研究。机器人手臂通常是一种开链式多关节机构，是一种复杂的动力学系统，需要采用系统分析方法来研究它的动态特性，其主要内容是如何建立机器人手臂的动力学方程。

3.3.1　机器人系统动能与位能

为了导出多关节机器人的运动方程式，首先要了解机器人的动能和位能。图 3.9 所示为第 i 个连杆的运动能量。

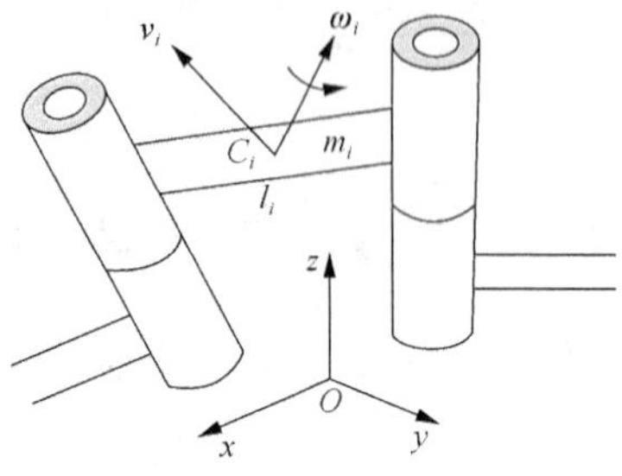

图 3.9　第 i 个连杆的旋转速度和重心的平移速度

刚体的运动能量是由该刚体平移构成的运动能量与其旋转构成的运动能量之和表示的。因此，连杆的运动能量可表示如下：

$$K_i = \frac{1}{2} m_i \boldsymbol{v}_{Ci}^{\mathrm{T}} \boldsymbol{v}_{Ci} + \frac{1}{2} \boldsymbol{\omega}_i^{\mathrm{T}} \boldsymbol{I}_i \boldsymbol{\omega}_i \tag{3.39}$$

式中，K_i 为连杆 i 的运动能量；m_i 为质量；$\boldsymbol{v}_{Ci}$ 为在基准坐标系上表示的重心平移速度矢量；$\boldsymbol{I}_i$ 为在基准坐标系上表示的连杆 i 的惯性矩；$\boldsymbol{\omega}_i$ 为在基准坐标系上表示的转动速度矢量。因为机器人的全部运动能量 K 由各连杆的运动能量总和表示，所以可得

$$K = \sum_{i=1}^{n} K_i \tag{3.40}$$

式中，n 为机器人的关节总数。考虑把 K 作为机器人各关节速度的函数。这里 $\boldsymbol{v}_{Ci}$ 与 $\boldsymbol{\omega}_i$ 分别表示为

$$\begin{aligned} \boldsymbol{v}_{Ci} &= \boldsymbol{J}_L^{(i)} \dot{\boldsymbol{q}} \\ \boldsymbol{\omega}_i &= \boldsymbol{J}_A^{(i)} \dot{\boldsymbol{q}} \end{aligned} \tag{3.41}$$

式中，$\boldsymbol{J}_L^{(i)}$ 是与第 i 个连杆重心的平移速度相关的雅可比矩阵；$\boldsymbol{J}_A^{(i)}$ 是与第 i 个连杆转动速度相关的雅可比矩阵。为了使其区别于与指尖速度相关的雅可比矩阵，在上面标明了注脚（i）。

矩阵 $\boldsymbol{J}_L^{(i)}$ 与 $\boldsymbol{J}_A^{(i)}$ 可以分别表示为

$$\begin{aligned} \boldsymbol{J}_L^{(i)} &= [J_{L1}^{(i)} \cdots J_{Li}^{(i)} 0 \cdots 0]^{\mathrm{T}} \\ \boldsymbol{J}_A^{(i)} &= [J_{A1}^{(i)} \cdots J_{Ai}^{(i)} 0 \cdots 0]^{\mathrm{T}} \end{aligned} \tag{3.42}$$

式（3.42）中包含 0 分量，这是因为第 i 个连杆的运动与其以后的关节运动无关。将式（3.42）代入式（3.39），机器人的运动能量公式可以写作

$$\boldsymbol{K} = \frac{1}{2} \sum_{i-1}^{n} (m_i \dot{\boldsymbol{q}}^{\mathrm{T}} \boldsymbol{J}_L^{(i)\mathrm{T}} \boldsymbol{J}_L^{(i)} \dot{\boldsymbol{q}} + \dot{\boldsymbol{q}}^{\mathrm{T}} \boldsymbol{J}_A^{(i)\mathrm{T}} \boldsymbol{I}_i \boldsymbol{J}_A^{(i)} \dot{\boldsymbol{q}}) \tag{3.43}$$

令

$$\boldsymbol{H} = \sum_{i-1}^{n} (m_i \boldsymbol{J}_L^{(i)\mathrm{T}} \boldsymbol{J}_L^{(i)} + \boldsymbol{J}_A^{(i)\mathrm{T}} \boldsymbol{I}_i \boldsymbol{J}_A^{(i)}) \tag{3.44}$$

则机器人的运动能量公式可改写为

$$\boldsymbol{K} = \frac{1}{2} \dot{\boldsymbol{q}}^{\mathrm{T}} \boldsymbol{H} \dot{\boldsymbol{q}} \tag{3.45}$$

式中，$\boldsymbol{H}$ 表示机器人的惯性矩阵。

由式（3.45）可知，机器人的位置能量和运动能量一样，也是由各连杆的位置能量总和给出的，因此可表示如下：

$$P = \sum_{i-1}^{n} \boldsymbol{m}_i \boldsymbol{g}^{\mathrm{T}} \boldsymbol{r}_{0,c_i} \tag{3.46}$$

式中，$\boldsymbol{g}$ 为重力加速度，它是一个在基坐标系上表示的三维矢量；$\boldsymbol{r}_{0,c_i}$ 为从基坐标系原点到 i 个连杆重心位置的位置矢量。

机器人手臂的简化模型在结构上大同小异，但是在求解系统动能时，由于机器人手臂有多个自由度，通常为六自由度或七自由度。其中六自由度为现阶段实际生活中的工业机械臂或模块化机械臂，优傲（UR）机械臂等七自由度是冗余机械臂，大多是针对特殊作业任务。冗余机械臂具有冗余自由度，当机械臂末端沿着一定轨迹运动时，机械臂关节运动有无数组解，即机械臂有无数种位姿完成目标任务。无论是六自由度还是七自由度机械臂，求解其系统动能时都非常烦琐，因为其自由度数较多，即关节和连杆较多，其耦合度很高，越靠近机械臂末端的关节和连杆，其系统动能的表达式越烦琐。为了简化求解系统动能的表达式，减少计算量，通常将机械臂连杆的质量集中到连杆质心，而机械臂的关节则简化成质点。实际上连杆的动能可以拆分为平动和自身转动，但是因为多关节的转动对连杆的动能产生影响，所以传统的物理计算方法并不适用。将机械臂连杆的质量集中到连杆质心后，可以认为其自身转动没有动能产生，所以大幅简化了计算。但是，为了建模更接近实际，应该将关节连杆看作匀质杆，不能忽视其自身转动，而关节也应该有体积。

这里给出一种求匀质杆动能的方法，此方法用到运动学的求导法和积分法，下面以一个平面二连杆为例详细介绍。平面二连杆机构由 2 个关节和 2 个连杆构成，2 个关节各具有 1 个旋转自由度。将关节简化为质点，将连杆简化为匀质杆，则平面二连杆模型如图 3.10 所示。

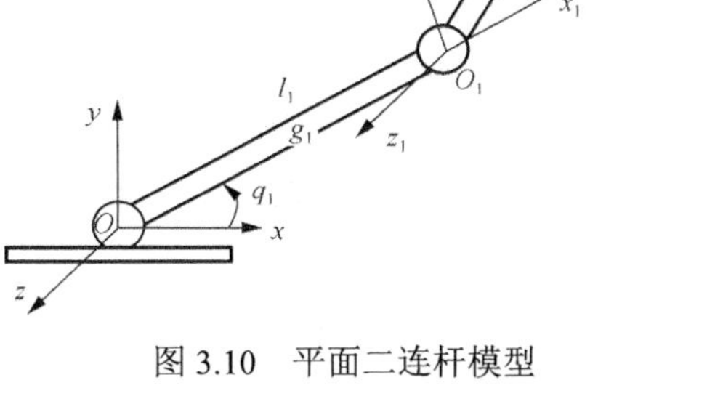

图 3.10　平面二连杆模型

图 3.10 中，$O-xyz$ 表示运动惯性坐标系；$O_i-x_iy_iz_i(i=1,2)$ 表示各连杆坐标系；$l_i(i=1,2)$ 表示各连杆长度；$g_i(i=1,2)$ 表示各连杆质量；$q_i(i=1,2)$ 表示各关节转动角度。

如图 3.10 所示建立运动惯性坐标系和各连杆坐标系，则连杆 1 的动能为

$$K_{l_1}=\frac{1}{6}g_1l_1^2\dot{q}_1^2 \tag{3.47}$$

连杆 1 的位能为

$$P_{l_1}=g_1gl_1\cos q_1 \tag{3.48}$$

连杆 2 的动能无法像连杆 1 那样简单得到其绕转动中心的转动角速度，因为其不仅绕关节 2 转动，还绕关节 1 转动，确定连杆 2 的转动中心再计算其动能的方法极其复杂，所以考虑通过其他方法求解。定义连杆 2 上一小段长度为 dl，此小段到连杆旋转关节的距离为 l，连杆密度为 ρ，则该点位置可以用二维坐标表示如下：

$$\begin{cases}x=l_1\cos q_1+l_2\cos(q_1+q_2)\\ y=l_1\sin q_1+l_2\sin(q_1+q_2)\end{cases}$$

对上式两边求导，得出连杆此处的速度表达式为

$$\begin{cases}\dot{x}=-l_1\dot{q}_1\sin q_1-l_2(\dot{q}_1+\dot{q}_2)\sin(q_1+q_2)\\ \dot{y}=l_1\dot{q}_1\cos q_1+l_2(\dot{q}_1+\dot{q}_2)\cos(q_1+q_2)\end{cases}$$

再对连杆 2 进行积分运算，得出连杆 2 的动能表达式为

$$\begin{aligned}K_{l_2}&=\int_0^{l_2}\frac{1}{2}\rho(\dot{x}^2+\dot{y}^2)\mathrm{d}l\\ &=\frac{1}{2}g_2\left(l_1^2+\frac{1}{3}l_2^2+l_1l_2\cos q_2\right)\dot{q}_1^2+\frac{1}{6}g_2l_2^2\dot{q}_2^2+\left(\frac{1}{3}l_2^2+\frac{1}{2}l_1l_2\cos q_2\right)g_2\dot{q}_1\dot{q}_2\end{aligned} \tag{3.49}$$

同理，得出连杆 2 的位能表达式为

$$P_{l_2}=g_1gl_1\cos q_1+g_2gl_2\cos(q_1+q_2) \tag{3.50}$$

这样即得出平面二连杆系统的总动能与总位能表达式为

$$\begin{aligned}K&=K_{l_1}+K_{l_2}\\ P&=P_{l_1}+P_{l_2}\end{aligned} \tag{3.51}$$

同样，利用此类求解方法，还可以求解空间机器人系统。以图 3.2 为例，计算机械臂的系统动能和位能。具体计算过程如下。

关节 1 的动能和位能为

$$K_{G_1}=P_{G_1}=0 \tag{3.52}$$

关节 2 的动能为

$$K_{G_2}=0 \tag{3.53}$$

关节 2 的位能为（G_2 为关于 2 的质量）

$$P_{G_2}=l_1G_2g \tag{3.54}$$

连杆 1 的动能为

$$K_{l_1} = 0 \tag{3.55}$$

连杆 1 的位能为

$$P_{l1} = \frac{1}{2} l_1 g_1 g \tag{3.56}$$

关节 3 的动能为（ G_3 为关节 3 的质量）

$$K_{G_3} = \frac{1}{2} G_3 l_2^2 \dot{q}_2^2 + \frac{1}{2} G_3 l_2^2 \dot{q}_1^2 \cos^2 q_2 \tag{3.57}$$

关节 3 的位能为

$$P_{G_3} = G_3 g (l_2 \sin q_2 + l_1) \tag{3.58}$$

连杆 2 的动能为

$$K_{l_2} = \frac{1}{6} g_2 (l_2^2 \dot{q}_2^2 + l_2^2 \dot{q}_1^2 \cos^2 q_2) \tag{3.59}$$

连杆 2 的位能为

$$P_{l_2} = g_2 g \left(\frac{1}{2} l_2 \sin q_2 + l_1 \right) \tag{3.60}$$

机械臂末端执行器和夹持物体的动能为（ G_{w1} 为执行器和夹持物的质量）

$$\begin{aligned} K_{G_{w1}} = & \frac{1}{2} G_{w1} [l_2^2 \dot{q}_2^2 + l_3^2 (\dot{q}_2 + \dot{q}_3)^2 + 2 l_2 l_3 \dot{q}_2 (\dot{q}_2 + \dot{q}_3) \cos q_3] \\ & + \frac{1}{2} G_{w1} [l_3 \cos(q_2 + q_3) + l_2 \cos q_2]^2 \dot{q}_1^2 \end{aligned} \tag{3.61}$$

机械臂末端执行器和夹持物体的位能为

$$P_{G_{w1}} = G_{w1} g [l_3 \sin(q_2 + q_3) + l_2 \sin q_2 + l_1] \tag{3.62}$$

连杆 3 的动能为

$$\begin{aligned} K_{l_3} = & \int_0^{l_3} \frac{1}{2} \rho (l_2^2 \dot{q}_2^2 + l^2 (\dot{q}_2 + \dot{q}_3)^2 + 2 l_2 l \dot{q}_2 (\dot{q}_2 + \dot{q}_3) \cos q_3) \mathrm{d}l \\ & + \frac{1}{6} g_3 l_3^2 \cos^2(q_2 + q_3) \dot{q}_1^2 + \frac{1}{2} g_3 l_2^2 \dot{q}_1^2 \cos^2 q_2 \end{aligned} \tag{3.63}$$

连杆 3 的位能为

$$P_{l_3} = g_3 g \left[\frac{1}{2} l_3 \sin(q_2 + q_3) + l_2 \sin q_2 + l_1 \right] \tag{3.64}$$

系统的总动能为

$$K = K_{G_1} + K_{G_2} + K_{G_3} + K_{G_{w1}} + K_{l_1} + K_{l_2} + K_{l_3} \tag{3.65}$$

系统的总位能为

$$P = P_{G_1} + P_{G_2} + P_{G_3} + P_{G_{w1}} + P_{l_1} + P_{l_2} + P_{l_3} \tag{3.66}$$

因为不考虑机械臂各关节的体积和自身的旋转动能，所以关节 1 相当于固定在地面不动，其动能和位能都为零。

3.3.2　机器人系统动力学建模

机器人动力学模型的建立方法有很多，其中，牛顿-欧拉法与拉格朗日平衡法使用最为广泛。然而牛顿-欧拉法只适用于关节较少的情况，相反在关节较好的情况下，使用拉格朗日平衡法推导过程简单方便，计算量将会大幅缩减。因此，本小节着重介绍动力学建模的基础方法之一——拉格朗日平衡法。

使用拉格朗日函数求解的系统动力学方程式为

$$F_i = \frac{\mathrm{d}}{\mathrm{d}t}\frac{\partial L}{\partial \dot{q}_i} - \frac{\partial L}{\partial q_i} \quad (i = 1, 2, \cdots, n) \tag{3.67}$$

式中，F_i 表示作用在第 i 个坐标系上的广义力或广义力矩，通过判断 q_i 为直线坐标还是角坐标决定；L 表示系统动能 K 与系统位能 P 之差，$L = K - P$；q_i 表示机械臂内的各关节转角，$\boldsymbol{q} = [q_1 \quad q_2 \quad \cdots \quad q_i]^{\mathrm{T}}$。

以图 3.1 为例，通过计算图中机器人手臂系统的动能和位能，可得

$$\begin{aligned} L &= K - P \\ &= K_{G_1} + K_{G_2} + K_{G_3} + K_{G_{w1}} + K_{l_1} + K_{l_2} + K_{l_3} \\ &\quad - P_{G_1} + P_{G_2} + P_{G_3} + P_{G_{w1}} + P_{l_1} + P_{l_2} + P_{l_3} \end{aligned} \tag{3.68}$$

将式（3.52）～式（3.66）代入式（3.68），可得系统的拉格朗日函数 L。对系统拉格朗日函数 L 求偏导数和导数 $\frac{\partial L}{\partial \dot{q}_i}$、$\frac{\mathrm{d}}{\mathrm{d}t}\frac{\partial L}{\partial \dot{q}_i} - \frac{\partial L}{\partial q_i} \quad (i = 1, 2, \cdots, n)$，并将其代入式（3.67），化简得出机器人手臂动力学模型为

$$\boldsymbol{H}(\boldsymbol{q})\ddot{\boldsymbol{q}} + \boldsymbol{N}(\boldsymbol{q}, \dot{\boldsymbol{q}}) + \boldsymbol{G}(\boldsymbol{q}) = \boldsymbol{\tau} \tag{3.69}$$

式中，$\boldsymbol{G}(\boldsymbol{q})$ 表示关节重力，$\boldsymbol{G}(\boldsymbol{q}) = [G_1 \quad G_2 \quad G_3]^{\mathrm{T}}$；$\boldsymbol{\tau}$ 表示关节力矩，$\boldsymbol{\tau} = [\tau_1 \quad \tau_2 \quad \tau_3]^{\mathrm{T}}$；$\boldsymbol{q}$ 表示各关节转角，$\boldsymbol{q} = [q_1 \quad q_2 \quad q_3]^{\mathrm{T}}$；$\boldsymbol{H}(\boldsymbol{q})$ 表示质量矩阵，$\boldsymbol{H}(\boldsymbol{q}) = \begin{bmatrix} H_{11} & \cdots & H_{13} \\ \vdots & & \vdots \\ H_{31} & \cdots & H_{33} \end{bmatrix}$；$\boldsymbol{N}(\boldsymbol{q}, \dot{\boldsymbol{q}})$ 表示科氏力与离心力矢量，$\boldsymbol{N}(\boldsymbol{q}, \dot{\boldsymbol{q}}) = \begin{bmatrix} N_{11} & \cdots & N_{13} \\ \vdots & & \vdots \\ N_{31} & \cdots & N_{33} \end{bmatrix}\begin{bmatrix} \dot{q}_1 \\ \vdots \\ \dot{q}_3 \end{bmatrix} + \begin{bmatrix} D_{11} & \cdots & D_{13} \\ \vdots & & \vdots \\ D_{31} & \cdots & D_{33} \end{bmatrix}\begin{bmatrix} \dot{q}_1\dot{q}_2 \\ \dot{q}_1\dot{q}_3 \\ \dot{q}_2\dot{q}_3 \end{bmatrix}$。

式（3.69）所示的动力学模型为两个单机械臂动力学模型的矩阵叠加，基于此进行的研究对机器人约束性强，并没有从本质上建立双臂之间的联系，考虑雅可比矩阵是建立动力学模型的基础，因此，基于所推导的相对雅可比矩阵建立系统动力学模型，将从根本上解决这些问题。

$\boldsymbol{H}(\boldsymbol{q})$ 中各元素表达式为

$$H_{11}=\left(G_3+\frac{1}{3}m_2\right)l_2^2\cos^2 q_2+G_{w1}\left[l_3\cos(q_2+q_3)+l_2\cos q_2\right]^2 +m_3\left[\frac{1}{3}l_3^2\cos^2(q_2+q_3)+l_2^2\cos^2 q_2\right]$$

$$H_{22}=\left(G_3+\frac{1}{3}m_2\right)l_2^2+G_{w1}\left(l_2^2+l_3^2+2l_2l_3\cos q_3\right)+m_3\left(l_2^2+\frac{1}{3}l_3^2+l_2l_3\cos q_3\right)$$

$$H_{23}=H_{32}=G_{w1}\left(l_3^2+l_2l_3\cos q_3\right)+m_3\left(\frac{1}{3}l_3^2+\frac{1}{2}l_2l_3\cos q_3\right)$$

$$H_{33}=G_{w1}l_3^2+\frac{1}{3}m_3l_3^2$$

$\boldsymbol{N}(\boldsymbol{q},\dot{\boldsymbol{q}})$ 中各元素表达式为

$$N_{21}=\left(G_3+\frac{1}{3}m_2\right)l_2^2\cos q_2\sin q_2+G_{w1}\left[l_3\cos(q_2+q_3)+l_2\cos q_2\right] \times\left[l_3\sin(q_2+q_3)+l_2\sin q_2\right]+m_3\left[\frac{1}{3}l_3^2\cos(q_2+q_3)\sin(q_2+q_3)+l_2^2\cos q_2\sin q_2\right]$$

$$N_{23}=-G_{w1}l_2l_3\sin q_3-\frac{1}{2}m_3l_2l_3\sin q_3$$

$$N_{31}=G_{w1}l_3\sin(q_2+q_3)\left[l_3\cos(q_2+q_3)+l_2\cos q_2\right]+\frac{1}{3}m_3l_3^2\cos(q_2+q_3)\sin(q_2+q_3)$$

$$N_{32}=G_{w1}l_2l_3\sin q_3+\frac{1}{2}m_3l_2l_3\sin q_3$$

$$D_{11}=-\left(2G_3+\frac{2}{3}m_2\right)l_2^2\cos q_2\sin q_2-2G_{w1}\left[l_3\cos(q_2+q_3)+l_2\cos q_2\right] \times\left[l_3\sin(q_2+q_3)+l_2\sin q_2\right]-m_3\left[\frac{2}{3}l_3^2\cos(q_2+q_3)\sin(q_2+q_3)+2l_2^2\cos q_2\sin q_2\right]$$

$$D_{12}=-2G_{w1}l_3\sin(q_2+q_3)\left[l_3\cos(q_2+q_3)+l_2\cos q_2\right]-\frac{2}{3}m_3l_3^2\cos(q_2+q_3)\sin(q_2+q_3)$$

$$D_{23}=-2G_{w1}l_2l_3\sin q_3-m_3l_2l_3\sin q_3$$

$\boldsymbol{G}(\boldsymbol{q})$ 中各元素表达式为

$$G_2 = G_3 l_2 g \cos q_2 + \frac{1}{2} m_2 l_2 g \cos q_2 + G_{w1} g \left[l_3 \cos(q_2 + q_3) + l_2 \cos q_2 \right]$$
$$+ m_3 g \left[\frac{1}{2} l_3 \cos(q_2 + q_3) + l_2 \cos q_2 \right]$$
$$G_3 = G_{w1} g l_3 \cos(q_2 + q_3) + \frac{1}{2} m_3 l_3 g \cos(q_2 + q_3)$$

式中未写出的元素具体表达式为零。

机械臂动力学建模在拉格朗日方程基础上建立了关节运动参数与关节力矩之间的关系，为机械臂的精确控制提供模型基础。

3.4 机器人动力学建模拓展

随着工业技术的发展，人们的需求越来越高，机械臂的作业任务也越来越复杂，受限于机械臂不完善的智能决策和控制精度，复杂的装配和加工任务只靠单机械臂已无法完成，需要两条机械臂协调作业。所以，单机械臂的研究已经无法满足工业发展的需要，双臂协调的技术问题亟待解决。双臂动力学模型作为双臂协调控制理论的基础，学者们开始对其展开研究，以期制造仿人双臂进行协调运动研究，从而达到双臂协调作业的目的。

3.4.1 双臂相对雅可比矩阵

同样，建立双臂动力学模型首先要求解模型中所需的雅可比矩阵。根据雅可比矩阵的含义及其组成形式，若解决双臂之间的独立关系，实现两条机械臂之间的联系，那么从角速度与线速度雅可比矩阵求解的形式上进行改变可能是一种非常有效的切入点。

根据图 3.11，可以得到以下旋转关系与平移关系：

$$ {}_{O_3}^{A}\boldsymbol{R}\,{}_{O_6}^{O_3}\boldsymbol{R} = {}_{B}^{A}\boldsymbol{R}\,{}_{O_6}^{B}\boldsymbol{R} \tag{3.70}$$

$$ {}_{O_3}^{A}\boldsymbol{P} + {}_{O_3}^{A}\boldsymbol{R}\,{}_{O_6}^{O_3}\boldsymbol{P} = {}_{B}^{A}\boldsymbol{P} + {}_{B}^{A}\boldsymbol{R}\,{}_{O_6}^{B}\boldsymbol{P} \tag{3.71}$$

式（3.70）两边都是描述机械臂 B 末端连杆坐标系 $\{O_6\}$ 与机械臂 A 基坐标系 $\{A\}$ 的旋转变化关系，虽然公式不同，但是所得的结果是一样的。通过建立上述关系，对 ${}_{O_6}^{O_3}\boldsymbol{R}$ 进行提取并求导，通过一定形式转换就可以建立起双臂末端之间的相对角速度联系。同样，建立 O_6 点在 $\{A\}$ 坐标系中位置矢量 ${}_{O_6}^{A}\boldsymbol{R}$ 的表达式（3.71），对 ${}_{O_6}^{O_3}\boldsymbol{P}$ 进行提取并求导，通过一定形式转换就可以建立起双臂末端之间的相对线速度联系。

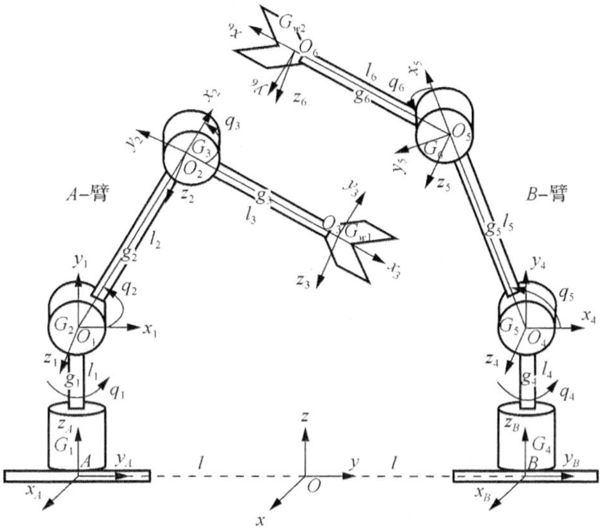

图 3.11　六自由度双臂机器人结构及相关连杆坐标系

首先对 ${}^{O_3}_{O_6}\boldsymbol{R}$ 进行提取，将式（3.70）两边的前面同乘 ${}^{O_3}_{A}\boldsymbol{R}$，则有

$$ {}^{O_3}_{O_6}\boldsymbol{R} = {}^{O_3}_{A}\boldsymbol{R}\,{}^{A}_{B}\boldsymbol{R}\,{}^{B}_{O_6}\boldsymbol{R} \tag{3.72} $$

对式（3.72）求导，得出双臂末端相对角速度关系式为

$$ {}^{O_3}_{O_6}\dot{\boldsymbol{R}} = {}^{O_3}_{A}\dot{\boldsymbol{R}}\,{}^{A}_{B}\boldsymbol{R}\,{}^{B}_{O_6}\boldsymbol{R} + {}^{O_3}_{A}\boldsymbol{R}\,{}^{A}_{B}\dot{\boldsymbol{R}}\,{}^{B}_{O_6}\boldsymbol{R} + {}^{O_3}_{A}\boldsymbol{R}\,{}^{A}_{B}\boldsymbol{R}\,{}^{B}_{O_6}\dot{\boldsymbol{R}} \tag{3.73} $$

由于机械臂 A 与机械臂 B 基座之间不产生相对旋转，因此 ${}^{A}_{B}\dot{\boldsymbol{R}}=0$。将其代入式（3.73），则有

$$ {}^{O_3}_{O_6}\dot{\boldsymbol{R}} = {}^{O_3}_{A}\dot{\boldsymbol{R}}\,{}^{A}_{B}\boldsymbol{R}\,{}^{B}_{O_6}\boldsymbol{R} + {}^{O_3}_{A}\boldsymbol{R}\,{}^{A}_{B}\boldsymbol{R}\,{}^{B}_{O_6}\dot{\boldsymbol{R}} \tag{3.74} $$

根据旋转矩阵变换理论，给定三组成立公式：

$$ \begin{cases} \dot{\boldsymbol{R}} = \boldsymbol{\omega}\times\boldsymbol{R} = \boldsymbol{S}(\boldsymbol{\omega})\boldsymbol{R} \\ \boldsymbol{R}\boldsymbol{S}(\boldsymbol{\omega})\boldsymbol{R}^{\mathrm{T}} = \boldsymbol{S}(\boldsymbol{R}\boldsymbol{\omega}) \\ \boldsymbol{S}(\omega_i)\boldsymbol{R}_i = \boldsymbol{S}(\omega_{i-1})R_i + R_i + \boldsymbol{S}(\omega_{i-1}^{i-1}, i)R_i^{i-1} \end{cases} \tag{3.75} $$

式中，$\boldsymbol{\omega}$ 表示角速度关系，$\boldsymbol{\omega}=\begin{bmatrix}\omega_x & \omega_y & \omega_z\end{bmatrix}^{\mathrm{T}}$；$\boldsymbol{S}(\boldsymbol{\omega})$ 表示斜对称矩阵，用于替换向量叉乘运算，$\boldsymbol{S}(\boldsymbol{\omega})=\begin{bmatrix}0 & -\omega_z & \omega_y\\ \omega_z & 0 & -\omega_x\\ -\omega_y & \omega_x & 0\end{bmatrix}$。

将其代入式（3.74）化简，则有

$$ \begin{aligned} \boldsymbol{S}(\boldsymbol{\omega}_R)\,{}^{O_3}_{O_6}\boldsymbol{R} &= \boldsymbol{S}({}^{O_3}\boldsymbol{\omega}_A)\,{}^{O_3}_{O_6}\boldsymbol{R} + {}^{O_3}_{B}\boldsymbol{R}\boldsymbol{S}({}^{B}\omega_{O_6})\,{}^{O_3}_{B}\boldsymbol{R}^{\mathrm{T}}\,{}^{O_3}_{B}\boldsymbol{R}\,{}^{B}_{O_6}\boldsymbol{R} \\ &= \boldsymbol{S}({}^{O_3}\boldsymbol{\omega}_A)\,{}^{O_3}_{O_6}\boldsymbol{R} + \boldsymbol{S}({}^{O_3}_{B}\boldsymbol{R}\,{}^{B}\omega_{O_6})\,{}^{B}_{O_6}\boldsymbol{R} \end{aligned} \tag{3.76} $$

再对式（3.76）化简，则有

$$\boldsymbol{\omega}_R = {}^{O_3}\boldsymbol{\omega}_A + {}^{O_3}_{B}\boldsymbol{R}\,{}^{B}\omega_{O_6} = -{}^{O_3}_{A}\boldsymbol{R}\,{}^{A}\omega_{O_3} + {}^{O_3}_{B}\boldsymbol{R}\,{}^{B}\omega_{O_6} \tag{3.77}$$

式中，${}^{A}\omega_{O_3}$ 表示机械臂 A 的末端角速度；${}^{B}\omega_{O_6}$ 表示机械臂 B 的末端角速度。利用机械臂 A 的雅可比矩阵及机械臂 B 的雅可比矩阵可以得出

$$\boldsymbol{\omega}_R = -{}^{O_3}_{A}\boldsymbol{RJ}_{\omega A}\dot{q}_A + {}^{O_3}_{B}\boldsymbol{RJ}_{\omega B}\dot{q}_B \tag{3.78}$$

式（3.78）描述了双臂末端相对角速度与关节速度之间的关系，等同于求解了机械臂的角速度雅可比矩阵，通过矩阵变换建立起双臂末端角速度之间的联系。

类似地，将式（3.71）两边移项，可得

$$\begin{aligned}{}^{O_3}_{O_6}\boldsymbol{P} &= {}^{O_3}_{A}\boldsymbol{R}({}^{A}_{B}\boldsymbol{P} + {}^{A}_{B}\boldsymbol{R}\,{}^{B}_{O_6}\boldsymbol{P} - {}^{A}_{O_3}\boldsymbol{P}) \\ &= {}^{O_3}_{A}\boldsymbol{R}\,{}^{A}_{B}\boldsymbol{P} + {}^{O_3}_{A}\boldsymbol{R}\,{}^{A}_{B}\boldsymbol{R}\,{}^{B}_{O_6}\boldsymbol{P} - {}^{O_3}_{A}\boldsymbol{R}\,{}^{A}_{O_3}\boldsymbol{P} \\ &= {}^{O_3}_{A}\boldsymbol{R}\,{}^{A}_{B}\boldsymbol{P} + {}^{O_3}_{B}\boldsymbol{R}\,{}^{B}_{O_6}\boldsymbol{P} - {}^{O_3}_{A}\boldsymbol{R}\,{}^{A}_{O_3}\boldsymbol{P}\end{aligned} \tag{3.79}$$

对式（3.79）两边进行微分，得出双臂末端相对线速度关系式为

$${}^{O_3}_{O_6}\dot{\boldsymbol{P}} = {}^{O_3}_{A}\dot{\boldsymbol{R}}\,{}^{A}_{B}\boldsymbol{P} + {}^{O_3}_{A}\boldsymbol{R}\,{}^{A}_{B}\dot{\boldsymbol{P}} + {}^{O_3}_{B}\dot{\boldsymbol{R}}\,{}^{B}_{O_6}\boldsymbol{P} + {}^{O_3}_{B}\boldsymbol{R}\,{}^{B}_{O_6}\dot{\boldsymbol{P}} - {}^{O_3}_{A}\dot{\boldsymbol{R}}\,{}^{A}_{O_3}\boldsymbol{P} - {}^{O_3}_{A}\boldsymbol{R}\,{}^{A}_{O_3}\dot{\boldsymbol{P}} \tag{3.80}$$

由于机械臂 A 与机械臂 B 的基座是固定的，因此 ${}^{A}_{B}\dot{\boldsymbol{P}}=0$ 。结合式（3.75）可得

$$\begin{aligned}{}^{O_3}_{O_6}\dot{\boldsymbol{P}} &= \boldsymbol{S}({}^{O_3}\boldsymbol{\omega}_A){}^{O_3}_{A}\boldsymbol{R}\,{}^{A}_{B}\boldsymbol{P} + \boldsymbol{S}({}^{O_3}\boldsymbol{\omega}_B){}^{O_3}_{B}\boldsymbol{R}\,{}^{B}_{O_6}\boldsymbol{P} \\ &\quad + {}^{O_3}_{B}\boldsymbol{R}\,{}^{A}_{O_6}\dot{\boldsymbol{P}} - \boldsymbol{S}({}^{O_3}\boldsymbol{\omega}_A){}^{O_3}_{A}\boldsymbol{R}\,{}^{A}_{O_3}\boldsymbol{P} - {}^{O_3}_{A}\boldsymbol{R}\,{}^{A}_{O_3}\dot{\boldsymbol{P}} \\ &= -\boldsymbol{S}({}^{O_3}_{A}\boldsymbol{R}\,{}^{A}_{B}\boldsymbol{P}){}^{O_3}\boldsymbol{\omega}_A - \boldsymbol{S}({}^{O_3}_{B}\boldsymbol{R}\,{}^{B}_{O_6}\boldsymbol{P}){}^{O_3}\boldsymbol{\omega}_B \\ &\quad + {}^{O_3}_{B}\boldsymbol{R}\,{}^{B}_{O_6}\dot{\boldsymbol{P}} + \boldsymbol{S}({}^{O_3}_{A}\boldsymbol{R}\,{}^{A}_{O_3}\boldsymbol{P}){}^{O_3}\boldsymbol{\omega}_A - {}^{O_3}_{A}\boldsymbol{R}\,{}^{A}_{O_3}\dot{\boldsymbol{P}}\end{aligned} \tag{3.81}$$

注意式（3.81）中 ${}^{O_3}\boldsymbol{\omega}_A = -{}^{O_3}_{A}\boldsymbol{R}^{A}\omega_{O_3}$ ，${}^{O_3}\boldsymbol{\omega}_B = {}^{O_3}\boldsymbol{\omega}_A + {}^{O_3}_{A}\boldsymbol{R}^{A}\boldsymbol{\omega}_B = {}^{O_3}\boldsymbol{\omega}_A$ ，因为机械臂 A 与机械臂 B 基座之间不产生相对移动，因此 ${}^{A}\boldsymbol{\omega}_B=0$ 。将上述关系代入式（3.81）化简可以得出

$$\begin{aligned}{}^{O_3}_{O_6}\dot{\boldsymbol{P}} &= \boldsymbol{S}({}^{O_3}_{A}\boldsymbol{R}\,{}^{A}_{B}\boldsymbol{P}){}^{O_3}_{A}\boldsymbol{R}^{A}\omega_{O_3} + \boldsymbol{S}({}^{O_3}_{B}\boldsymbol{R}\,{}^{B}_{O_6}\boldsymbol{P}\,{}^{O_3}\omega){}^{O_3}_{A}\boldsymbol{R}^{A}\omega_{O_3} \\ &\quad + {}^{O_3}_{B}\boldsymbol{R}\,{}^{B}_{O_6}\dot{\boldsymbol{P}} - \boldsymbol{S}({}^{O_3}_{A}\boldsymbol{R}\,{}^{A}_{O_3}\boldsymbol{P}){}^{O_3}_{A}\boldsymbol{R}^{A}\omega_{O_3} - {}^{O_3}_{A}\boldsymbol{R}\,{}^{A}_{O_3}\dot{\boldsymbol{P}} \\ &= [\boldsymbol{S}({}^{O_3}_{A}\boldsymbol{R}\,{}^{A}_{B}\boldsymbol{P}) + \boldsymbol{S}({}^{O_3}_{B}\boldsymbol{R}\,{}^{B}_{O_6}\boldsymbol{P}) - \boldsymbol{S}({}^{O_3}_{A}\boldsymbol{R}\,{}^{A}_{O_3}\boldsymbol{P})]{}^{O_3}_{A}\boldsymbol{R}^{A}\omega_{O_3} + {}^{O_3}_{B}\boldsymbol{R}\,{}^{B}_{O_6}\dot{\boldsymbol{P}} - {}^{O_3}_{A}\boldsymbol{R}\,{}^{A}_{O_3}\dot{\boldsymbol{P}} \\ &= \boldsymbol{S}({}^{O_3}_{A}\boldsymbol{R}\,{}^{A}_{B}\boldsymbol{P} + {}^{O_3}_{B}\boldsymbol{R}\,{}^{B}_{O_6}\boldsymbol{P} - {}^{O_3}_{A}\boldsymbol{R}\,{}^{A}_{O_3}\boldsymbol{P}){}^{O_3}_{A}\boldsymbol{R}^{A}\omega_{O_3} + {}^{O_3}_{B}\boldsymbol{R}\,{}^{B}_{O_6}\dot{\boldsymbol{P}} - {}^{O_3}_{A}\boldsymbol{R}\,{}^{A}_{O_3}\dot{\boldsymbol{P}}\end{aligned} \tag{3.82}$$

利用机械臂 A 的雅可比矩阵及机械臂 B 的雅可比矩阵化简，可得

$${}^{O_3}_{O_6}\dot{\boldsymbol{P}} = \boldsymbol{S}({}^{O_3}_{A}\boldsymbol{R}\,{}^{A}_{B}\boldsymbol{P} + {}^{O_3}_{B}\boldsymbol{R}\,{}^{B}_{O_6}\boldsymbol{P} - {}^{O_3}_{A}\boldsymbol{R}\,{}^{A}_{O_3}\boldsymbol{P}){}^{O_3}_{A}\boldsymbol{RJ}_{\omega A}\dot{q}_A + {}^{O_3}_{B}\boldsymbol{RJ}_{vB}\dot{q}_B - {}^{O_3}_{A}\boldsymbol{RJ}_{vA}\dot{q}_A \tag{3.83}$$

为方便理解后面公式，$\dot{\boldsymbol{P}}_R = {}^{O_3}_{O_6}\dot{\boldsymbol{P}}$ ，并将式（3.81）代入式（3.83），则有

$$\dot{\boldsymbol{P}}_R = \boldsymbol{S}(\boldsymbol{P}_R){}^{O_3}_{A}\boldsymbol{RJ}_{\omega A}\dot{q}_A + {}^{O_3}_{B}\boldsymbol{RJ}_{vA}\dot{q}_B - {}^{O_3}_{B}\boldsymbol{RJ}_{vA}\dot{q}_A \tag{3.84}$$

式（3.84）描述了双臂末端相对线速度与关节速度之间的关系，等同于求解了机械臂的线速度雅可比矩阵，通过矩阵变换建立起双臂末端线速度之间的联系。

至此，已求解了双臂相对角速度雅可比矩阵式（3.78）与双臂相对线速度雅可比矩阵式（3.84），以矩阵形式组成双臂相对运动学关系描述如下：

$$\begin{aligned}\begin{bmatrix}\dot{\boldsymbol{P}}_R\\ \boldsymbol{\omega}_R\end{bmatrix}&=\begin{bmatrix}\boldsymbol{S}(p_R){}^{O_3}_{A}\boldsymbol{R}\boldsymbol{J}_{\omega A}\dot{q}_A+{}^{O_3}_{B}\boldsymbol{R}\boldsymbol{J}_{vB}\dot{q}_B-{}^{O_3}_{A}\boldsymbol{R}\boldsymbol{J}_{vA}\dot{q}_A\\ -{}^{O_3}_{A}\boldsymbol{R}\boldsymbol{J}_{\omega A}\dot{q}_A+{}^{O_3}_{B}\boldsymbol{R}\boldsymbol{J}_{\omega B}\dot{q}_B\end{bmatrix}\\
&=\begin{bmatrix}\begin{bmatrix}\boldsymbol{E}&-\boldsymbol{S}(\boldsymbol{P}_R)\\0&\boldsymbol{E}\end{bmatrix}\begin{bmatrix}-{}^{O_3}_{A}\boldsymbol{R}&0\\0&-{}^{O_3}_{A}\boldsymbol{R}\end{bmatrix}\begin{bmatrix}\boldsymbol{J}_{vA}\\ \boldsymbol{J}_{\omega A}\end{bmatrix}&\begin{bmatrix}{}^{O_3}_{B}\boldsymbol{R}&0\\0&{}^{O_3}_{B}\boldsymbol{R}\end{bmatrix}\begin{bmatrix}\boldsymbol{J}_{vB}\\ \boldsymbol{J}_{\omega B}\end{bmatrix}\end{bmatrix}\begin{bmatrix}\dot{q}_A\\ \dot{q}_B\end{bmatrix}\\
&=\begin{bmatrix}\begin{bmatrix}\boldsymbol{E}&-\boldsymbol{S}(\boldsymbol{P}_R)\\0&\boldsymbol{E}\end{bmatrix}\begin{bmatrix}-{}^{O_3}_{A}\boldsymbol{R}&0\\0&-{}^{O_3}_{A}\boldsymbol{R}\end{bmatrix}\boldsymbol{J}_A&\begin{bmatrix}{}^{O_3}_{B}\boldsymbol{R}&0\\0&{}^{O_3}_{B}\boldsymbol{R}\end{bmatrix}\boldsymbol{J}_B\end{bmatrix}\begin{bmatrix}\dot{q}_A\\ \dot{q}_B\end{bmatrix}\end{aligned}\tag{3.85}$$

式中，$\dot{\boldsymbol{P}}_R$ 表示双臂末端相对线速度，$\dot{\boldsymbol{P}}_R=\begin{bmatrix}x_{vR}&y_{vR}&z_{vR}\end{bmatrix}^{\mathrm{T}}$；$\boldsymbol{\omega}_R$ 表示双臂末端相对角速度，$\boldsymbol{\omega}_R=\begin{bmatrix}x_{aR}&y_{aR}&z_{aR}\end{bmatrix}^{\mathrm{T}}$；$\begin{bmatrix}\dot{\boldsymbol{P}}_R&\boldsymbol{\omega}_R\end{bmatrix}^{\mathrm{T}}$ 表示双臂末端相对速度；$\begin{bmatrix}\dot{q}_A&\dot{q}_B\end{bmatrix}^{\mathrm{T}}$ 表示双臂关节空间关节速度；$\boldsymbol{E}$ 表示三阶单位矩阵；${}^{i}_{j}\boldsymbol{R}$ 表示坐标系 $\{j\}$ 与坐标系 $\{i\}$ 的旋转变换关系；$\boldsymbol{J}_A$ 表示机械臂 A 的雅可比矩阵，$\boldsymbol{J}_A=\begin{bmatrix}\boldsymbol{J}_{vA}&\boldsymbol{J}_{\omega A}\end{bmatrix}^{\mathrm{T}}$；$\boldsymbol{S}(\boldsymbol{p}_R)$ 表示 $\boldsymbol{P}_R$ 的斜对称矩阵，$\boldsymbol{S}(\boldsymbol{p}_R)=\begin{bmatrix}0&-z_R&y_R\\z_R&0&-x_R\\-y_R&x_R&0\end{bmatrix}$；$\boldsymbol{J}_B$ 表示机械臂 A 的雅可比矩阵，$\boldsymbol{J}_B=\begin{bmatrix}\boldsymbol{J}_{vB}&\boldsymbol{J}_{\omega B}\end{bmatrix}^{\mathrm{T}}$。

根据图 3.11 可得下列机械臂旋转矩阵：

$${}^{O_1}_{A}\boldsymbol{R}=\begin{bmatrix}1&0&0\\0&0&-1\\0&1&0\end{bmatrix}^{\mathrm{T}}\begin{bmatrix}\cos q_1&-\sin q_1&0\\ \sin q_1&\cos q_1&0\\0&0&1\end{bmatrix}^{\mathrm{T}}$$

$${}^{O_2}_{O_1}\boldsymbol{R}=\begin{bmatrix}\cos q_2&-\sin q_2&0\\ \sin q_2&\cos q_2&0\\0&0&1\end{bmatrix}^{\mathrm{T}}$$

$${}^{O_3}_{O_2}\boldsymbol{R}=\begin{bmatrix}\cos q_3&-\sin q_3&0\\ \sin q_3&\cos q_3&0\\0&0&1\end{bmatrix}^{\mathrm{T}}$$

则有

$${}^{O_3}_{A}\boldsymbol{R}={}^{O_3}_{O_2}\boldsymbol{R}\,{}^{O_2}_{O_1}\boldsymbol{R}\,{}^{O_1}_{A}\boldsymbol{R}=\begin{bmatrix}{}^{O_3}_{A}R_{11}&{}^{O_3}_{A}R_{12}&{}^{O_3}_{A}R_{12}\\{}^{O_3}_{A}R_{21}&{}^{O_3}_{A}R_{22}&{}^{O_3}_{A}R_{23}\\{}^{O_3}_{A}R_{31}&{}^{O_3}_{A}R_{32}&{}^{O_3}_{A}R_{33}\end{bmatrix}$$

由于坐标系 $\{A\}$ 与坐标系 $\{B\}$ 是固定不动的，可得 ${}^{O_3}_{A}\boldsymbol{R}={}^{O_3}_{B}\boldsymbol{R}$。

假设

$$\boldsymbol{\alpha}=\begin{bmatrix}\boldsymbol{E} & -\boldsymbol{S}(\boldsymbol{p}_R)\\ 0 & \boldsymbol{E}\end{bmatrix},\qquad {}^{i}_{j}\boldsymbol{\beta}=\begin{bmatrix}{}^{i}_{j}\boldsymbol{R} & 0\\ 0 & {}^{i}_{j}\boldsymbol{R}\end{bmatrix}$$

则式（3.84）可以简化为

$$\dot{\boldsymbol{x}}_R=\left[-\boldsymbol{\alpha}{}^{O_3}_{A}\boldsymbol{\beta}\boldsymbol{J}_A\quad {}^{O_3}_{B}\boldsymbol{\beta}\boldsymbol{J}_B\right]\dot{\boldsymbol{q}}$$

提取相对雅可比矩阵 $\boldsymbol{J}_R$，则有

$$\boldsymbol{J}_R=[-\boldsymbol{\alpha}{}^{O_3}_{A}\boldsymbol{\beta}\boldsymbol{J}_A\quad {}^{O_3}_{B}\boldsymbol{\beta}\boldsymbol{J}_B] \tag{3.86}$$

不同于其他建立相对雅可比矩阵的方法，该方法将相对雅可比矩阵的求解以模块化的形式展出，而不是层层推导的形式，只需要求解矩阵 $\boldsymbol{\alpha}$ 与矩阵 ${}^{i}_{j}\boldsymbol{\beta}$，通过结合两条机械臂各自的雅可比矩阵，即可推导出双臂相对雅可比矩阵。其次，式（3.86）建立了双臂各关节点之间的相对联系，而不再是单纯的两个机械臂雅可比矩阵形式上的叠加。

3.4.2　双臂动力学建模

双臂动力学模型区别于一般动力学模型，其目的是在同一系统中建立两条机械臂之间的联系，进而建立起共同的动力学关系，为之后的双臂协调控制研究奠定基础。之所以建立的双臂动力学模型是相对动力学模型，主要有两点原因：①现在关于双臂的动力学模型缺少一般性，或者针对特殊的工作环境或任务，如在太空中抓取目标物体，或者作业任务的约束性强，如码垛机器人。因此为了能更好地研究双臂协调控制，需要建立两条机械臂的一般动力学模型。②为了建立两条机械臂之间的联系，构建相对雅可比矩阵。相对雅可比矩阵描述两条机械臂末端相对速度和角速度与关节速度之间的关系。

两条机械臂末端相对力与相对速度在相对的概念上是一样的，相对速度中的相对指的是两物体运动时其速度矢量的差值，没有限定两物体必须是相对运动的，所以相对力是两条机械臂末端力的差值。当两条机械臂相对运动时，相对力的大小就是两条机械臂末端力矢量的和。在工业应用中，如果两条机械臂进行装配或加工，其末端接触时的接触力大小就是两条机械臂的末端相对力。当两条机械臂同向运动并且末端力大小相同时，相对力为零。例如，码垛机器人，当两条机械臂夹持物体进行搬运动作时，按照相对动力学理论，物体受力应该为零，因为两末端力大小和方向都相同。但是实际上物体受到了两个机械臂的末端力，以保证物体不掉落并随着机械臂末端移动。

相对动力学模型对应相对雅可比矩阵，是利用相对雅可比矩阵对一般动力学模型的进一步推导。其推导过程不是两个单臂动力学模型的普通结合，而是在同一个系统中将双臂看作单机械臂。

在 3.4.1 节中，利用单臂雅可比矩阵构建了相对雅可比矩阵，建立了两机械臂末端相对速度与各关节速度的联系。其表达式为

$$\delta\boldsymbol{x}=\boldsymbol{J}\delta\boldsymbol{q} \tag{3.87}$$

式中，$\delta\boldsymbol{x}$ 表示双臂末端虚位移；$\delta\boldsymbol{q}$ 表示双臂各关节虚位移；$\boldsymbol{J}$ 表示双臂雅可比矩阵，$\boldsymbol{J}=\begin{bmatrix}\boldsymbol{J}_A & \boldsymbol{J}_B\end{bmatrix}^{\mathrm{T}}$。

根据虚功法原理，可得

$$\boldsymbol{\tau}\delta\boldsymbol{q}=\boldsymbol{F}^{\mathrm{T}}\delta\boldsymbol{x} \tag{3.88}$$

式中，$\boldsymbol{\tau}$ 表示双臂关节力矩，$\boldsymbol{\tau}=\begin{bmatrix}\boldsymbol{\tau}_A & \boldsymbol{\tau}_B\end{bmatrix}^{\mathrm{T}}=\begin{bmatrix}\tau_1 & \tau_2 & \tau_3 & \tau_4 & \tau_5 & \tau_6\end{bmatrix}^{\mathrm{T}}$；$\boldsymbol{F}$ 表示双臂末端作用力，$\boldsymbol{F}=\begin{bmatrix}\boldsymbol{F}_A & \boldsymbol{F}_B\end{bmatrix}^{\mathrm{T}}=\begin{bmatrix}F_{Ax} & F_{Ay} & F_{Az} & F_{Bx} & F_{By} & F_{Bz}\end{bmatrix}^{\mathrm{T}}$。

将式（3.87）代入式（3.88）化简，则有

$$\boldsymbol{\tau}=\boldsymbol{J}^{\mathrm{T}}\boldsymbol{F} \tag{3.89}$$

式（3.89）描述了双臂末端作用力与关节力矩之间的关系。

根据上述所建立的双臂雅可比矩阵与双臂相对雅可比矩阵，可得出以下关系表达式：

$$\boldsymbol{J}_R=\boldsymbol{Q}\boldsymbol{J} \tag{3.90}$$

式中，$\boldsymbol{J}_R$ 表示双臂相对雅可比矩阵；$\boldsymbol{Q}$ 表示变换矩阵，$\boldsymbol{Q}=\begin{bmatrix}-\boldsymbol{\alpha}_A^{O_3}\boldsymbol{\beta} & {}_B^{O_3}\boldsymbol{\beta}\end{bmatrix}$；$\boldsymbol{J}$ 表示双臂雅可比矩阵，$\boldsymbol{J}=\begin{bmatrix}\boldsymbol{J}_A & \boldsymbol{J}_B\end{bmatrix}^{\mathrm{T}}$。

定义 $\boldsymbol{F}_R$ 为双臂末端相对作用力，其表达式如下：

$$\boldsymbol{F}_R=\boldsymbol{W}\boldsymbol{F} \tag{3.91}$$

式中，$\boldsymbol{F}_R=\boldsymbol{F}_A-\boldsymbol{F}_B$；$\boldsymbol{W}$ 表示关系矩阵，$\boldsymbol{W}=[\boldsymbol{E}_6 \quad -\boldsymbol{E}_6]$，$\boldsymbol{E}_6$ 为六阶单位矩阵；$\boldsymbol{F}$ 表示双臂末端作用力，$\boldsymbol{F}=[\boldsymbol{F}_A \quad \boldsymbol{F}_B]^{\mathrm{T}}$。

利用矩阵运算法则

$$\boldsymbol{\Delta}=\boldsymbol{A}\times\boldsymbol{B}\times\boldsymbol{C}\times\boldsymbol{D}=\boldsymbol{A}\times(\boldsymbol{B}\times\boldsymbol{C})\times\boldsymbol{D} \tag{3.92}$$

取

$$\boldsymbol{Q}^{\mathrm{T}}\boldsymbol{X}\boldsymbol{W}=\boldsymbol{I} \tag{3.93}$$

则式（3.89）可以写作

$$\boldsymbol{\tau}=\boldsymbol{J}^{\mathrm{T}}\boldsymbol{F}=\boldsymbol{J}^{\mathrm{T}}\boldsymbol{Q}^{\mathrm{T}}\boldsymbol{X}\boldsymbol{W}\boldsymbol{F} \tag{3.94}$$

结合式（3.92）与式（3.93），式（3.94）可以化简为

$$\boldsymbol{\tau}=\boldsymbol{J}_R^{\mathrm{T}}\boldsymbol{X}\boldsymbol{F}_R \tag{3.95}$$

假设

$$\boldsymbol{J}_Y^{\mathrm{T}}=\boldsymbol{J}_R^{\mathrm{T}}\boldsymbol{X} \tag{3.96}$$

则式（3.95）可以化简为

$$\boldsymbol{\tau}=\boldsymbol{J}_Y^{\mathrm{T}}\boldsymbol{F}_R \tag{3.97}$$

由式（3.97）可以明显看出，双臂末端相对作用力与关节力矩之间存在关系，将式（3.97）代入式（3.69），可得

$$\boldsymbol{H}(q)\ddot{q}+\boldsymbol{N}(q,\dot{q})+\boldsymbol{G}(q)=\boldsymbol{\tau}=\boldsymbol{J}_Y^{\mathrm{T}}\boldsymbol{F}_R \tag{3.98}$$

对式（3.98）基于最小范数进行分解，可得机械臂系统差型末端作用力动力学模型为

$$\boldsymbol{F}_R=\left(\boldsymbol{J}_Y^{\mathrm{T}}\right)^{+}[\boldsymbol{H}(q)\ddot{q}+\boldsymbol{N}(q,\dot{q})+\boldsymbol{G}(q)]+\left[\boldsymbol{I}-\left(\boldsymbol{J}_Y^{\mathrm{T}}\right)^{+}\boldsymbol{J}_Y^{\mathrm{T}}\right]\delta \tag{3.99}$$

式中，$(\boldsymbol{J}_Y^{\mathrm{T}})^{+}$ 表示 $\boldsymbol{J}_Y^{\mathrm{T}}$ 的广义逆矩阵，属于逆矩阵的一种特殊形式；$\boldsymbol{I}$ 表示六阶单位矩阵。

式（3.99）表述为双臂差型末端作用力动力学模型，此模型通过推导两机械臂末端作用力之间的关系，得到双臂之间的联系。当求解双臂末端相对作用力时，不再通过对两个单机械臂末端作用力的求解进行矢量合成，而是通过相关参数利用双臂差型末端作用力动力学模型直接求解，大大简化了求解过程。

3.5 应用实例

下面介绍两类简单的机器人系统动力学建模 MATLAB 仿真程序，供读者学习参考。

3.5.1 单臂动力学建模实例

参考图 3.10，单臂动力学建模 MATLAB 仿真程序如下。

```
% 质量集中，无惯性矩阵，连杆长度与质心位置重合
syms m1 m2 l1 l2 g
syms q1 q2 q1d q2d q1dd q2dd
syms x1(t) x1d x1dd x2(t) x2d x2dd

x1d=diff(x1,t); x2d=diff(x2,t);
x1dd=diff(x1,t,t); x2dd=diff(x2,t,t);

% 质量矩阵
M1=diag([m1,m1]);
M2=diag([m2,m2]);

% 速度
V1=[[l1*cos(x1(t)) 0];[l1*sin(x1(t)) 0]]*[x1d;x2d];
V2=[[-l1*sin(x1(t))-l2*sin(x1(t)+x2(t)) -l2*sin(x1(t)+x2(t))];
    [l1*cos(x1(t))+l2*cos(x1(t)+x2(t)) l2*cos(x1(t)+x2(t))]]*[x1d;x2d];

% 动能
K1=simplify((1/2)*V1.'*M1*V1);
K2=simplify((1/2)*V2.'*M2*V2);
```

```
K =K1+K2;

% 势能
u1=m1*g*l1*sin(q1);
u2=m2*g*(l1*sin(q1)+l2*sin(q1+q2));
u =u1+u2;

% 拉格朗日方程
L=K-u;
L=subs(L,{x1,x2,x1d,x2d,x1dd,x2dd},{q1,q2,q1d,q2d,q1dd,q2dd});

% 利用运动方程计算力矩方程
dLdqd=[diff(L,q1d); diff(L,q2d)];
dLdqd =subs(dLdqd, {q1,q2,q1d,q2d,q1dd,q2dd}, {x1,x2,x1d,x2d,x1dd,
x2dd});
ddLdqddt=diff(dLdqd,t);
ddLdqddt= subs(ddLdqddt,{x1,x2,x1d,x2d,x1dd,x2dd},{q1,q2,q1d,q2d,q1dd,
q2dd});
dLdq=[diff(L,q1); diff(L,q2)];

% 输出结果
syms f
f=simplify(ddLdqddt-dLdq)
```

3.5.2　双臂动力学建模实例

参考图 3.1，双臂动力学建模 MATLAB 仿真程序如下。

```
syms t q1 q2 q3 l2 l3 g2 G2 g3 G3 g q11 q12 q21 q22 q31 q32;
for t=0:0.1:7.5;
if t<0.75;
q12=2/9*pi;
q11=q12*t;
q1=1/2*q12*t^2;
q22=-2/9*pi;
q21=q22*t;
q2=0.75*pi+0.5*q22*t^2;
q32=2/9*pi;
q31=q32*t;
q3=-0.75*pi+0.5*q32*t^2;
elseif (0.75<=t)&(t<3);
q12=0;
```

```
q11=1/6*pi;
q1=0.0625*pi+q11*(t-0.75);
q22=0;
q21=-1/6*pi;
q2=0.6875*pi+q21*(t-0.75);
q32=0;
q31=1/6*pi;
q3=-0.6875*pi+q31*(t-0.75);
elseif (3<=t)&(t<4.5);
q12=-2/9*pi;
q11=1/6*pi+q12*(t-3);
q1=0.4375*pi+1/6*pi*(t-3)+1/2*q12*(t-3)^2;
q22=2/9*pi;
q21=-1/6*pi+q22*(t-3);
q2=0.3125*pi-1/6*pi*(t-3)+1/2*q22*(t-3)^2;
q32=-2/9*pi;
q31=1/6*pi+q32*(t-3);
q3=-0.3125*pi+1/6*pi*(t-3)+1/2*q32*(t-3)^2;
elseif (4.5<=t)&(t<6.75);
q12=0;
q11=-1/6*pi;
q1=0.4375*pi+q11*(t-4.5);
q22=0;
q21=1/6*pi;
q2=0.3125*pi+q21*(t-4.5);
q32=0;
q31=-1/6*pi;
q3=-0.3125*pi+q31*(t-4.5);
else
q12=2/9*pi;
q11=-1/6*pi+q12*(t-6.75);
q1=0.0625*pi-1/6*pi*(t-6.75)+1/2*q12*(t-6.75)^2;
q22=-2/9*pi;
q21=1/6*pi+q22*(t-6.75);
q2=0.6875*pi+1/6*pi*(t-6.75)+1/2*q22*(t-6.75)^2;
q32=2/9*pi;
q31=-1/6*pi+q32*(t-6.75);
q3=-0.6875*pi-1/6*pi*(t-6.75)+1/2*q32*(t-6.75)^2;
end
%plot(t,q12)
%hold on
%end
```

```
l2=0.42;
l3=0.48;
g2=1;
G2=2;
g3=1;
G3=3;
g=9.8;
liju1=G2*l2^2*(-2*cos(q2)*sin(q2)*q21*q11+cos(q2)^2*q12)+1/3*g2*l2^
2*(-2*cos(q2)*sin(q2)*q21*q11+cos(q2)^2*q12)+G3*(2*(l3*cos(q2+q3)+l2*cos
(q2))*(l3*sin(q2+q3)*(q21+q31)-l2*sin(q2)*q21)*q11+(l3*cos(q2+q3)+l2*cos
(q2))^2*q12)+g3*(-1/3*l3^2*2*cos(q2+q3)*sin(q2+q3)*(q21+q31)-l2^2*2*cos(q2)*
sin(q2)*q21)*q11+g3*(1/3*l3^2*cos(q2+q3)^2+l2^2*cos(q2)^2)*q12;
liju2=G2*l2^2*q22+1/3*g2*l2^2*q22+G3*(l2^2+l3^2+2*l2*l3*cos(q3))*
q22-G3*2*l2*l3*sin(q3)*q31*q21+G3*(l3^2+l2*l3*cos(q3))*q32-G3*l2*l3*sin(q3)*
q31^2+g3*(l2^2+1/3*l3^2+l2*l3*cos(q3))*q22-g3*l2*l3*sin(q3)*q31*q21+g3*
(1/3*l3^2+1/2*l2*l3*cos(q3))*q32-g3*0.5*l2*l3*sin(q3)*q31^2+G2*l2*g*cos
(q2)+1/2*g2*l2*g*cos(q2)+G3*g*(l3*cos(q2+q3)+l2*cos(q2))+g3*g*(1/2*l3*cos
(q2+q3)+l2*cos(q2))+G2*l2^2*q11^2*cos(q2)*sin(q2)+1/3*g2*l2^2*q11^2*cos(q2)*
sin(q2)+G3*q11^2*(l3*cos(q2+q3)+l2*cos(q2))*(l3*sin(q2+q3)+l2*sin(q2))+
1/2*g3*q11^2*(1/3*l3^2*2*cos(q2+q3)*sin(q2+q3)+l2^2*2*cos(q2)*sin(q2));
liju3=(G3*(l3^2+l2*l3*cos(q3))+g3*(1/3*l3^2+1/2*l2*l3*cos(q3)))*q22+
(G3*l3^2+1/3*g3*l3^2)*q32+(G3*l2*l3*sin(q3)+1/2*g3*l2*l3*sin(q3))*q21^2+
G3*g*l3*cos(q2+q3)+g3*g*0.5*l3*cos(q2+q3)+G3*q11^2*(l3*cos(q2+q3)+l2*cos
(q2))*(l3*sin(q2+q3))+1/2*g3*q11^2*(1/3*l3^2*2*cos(q2+q3)*sin(q2+q3));
%plot(t,liju1)
%hold on
%end

%T01=[0 0 1 0;1 0 0 0;0 1 0 0;0 0 0 1];
%T12=[cos(q2) -sin(q2) 0 l2*cos(q2);sin(q2) cos(q2) 0 l2*sin(q2);0 0
1 0;0 0 0 1];
%T23=[cos(q3) -sin(q3) 0 l3*cos(q3);sin(q3) cos(q3) 0 l3*sin(q3);0 0
1 0;0 0 0 1];
%T13=T12*T23;
%T03=T01*T13;
%JAA=[-T03(1,1)*T03(2,4)+T03(2,1)*T03(1,4)
-T13(1,1)*T13(2,4)+T13(2,1)*T13(1,4)
-T23(1,1)*T23(2,4)+T23(2,1)*T23(1,4);-T03(1,2)*T03(2,4)+T03(2,2)*T03(1,4)
-T13(1,2)*T13(2,4)+T13(2,2)*T13(1,4)
-T23(1,2)*T23(2,4)+T23(2,2)*T23(1,4);-T03(1,3)*T03(2,4)+T03(2,3)*T03(1,4)
-T13(1,3)*T13(2,4)+T13(2,3)*T13(1,4)
```

```
-T23(1,3)*T23(2,4)+T23(2,3)*T23(1,4);T03(3,1)  T13(3,1)  T23(3,1);T03(3,2)
T23(3,2) T23(3,2);T03(3,3) T13(3,3) T23(3,3)]

       J11=-(l2*cos(q2)+l3*cos(q2+q3))*sin(q1);
       J12=-(l2*sin(q2)+l3*sin(q2+q3))*cos(q1);
       J13=-l3*sin(q2+q3)*cos(q1);
       J21=(l2*cos(q2)+l3*cos(q2+q3))*cos(q1);
       J22=-(l2*sin(q2)+l3*sin(q2+q3))*sin(q1);
       J23=-l3*sin(q2+q3)*sin(q1);
       J31=0;
       J32=l2*cos(q2)+l3*cos(q2+q3);
       J33=l3*cos(q2+q3);
       J41=0;
       J42=sin(q1);
       J43=sin(q1);
       J51=0;
       J52=-cos(q1);
       J53=-cos(q1);
       J61=1;
       J62=0;
       J63=0;
       JA=[J11 J12 J13;J21 J22 J23;J31 J32 J33;J41 J42 J43;J51 J52 J53;J61
J62 J63];
       JAT=JA';
       JATni=pinv(JAT);

       FA=JATni*[liju1;liju2;liju3];
       %plot(t,FA)
       %hold on
       %end

       syms pRx pRy pRz lwu;
       lwu=0.2;
       pRx=cos(q3+q2)*lwu*cos(q1);
       pRy=cos(q3+q2)*lwu*sin(q1);
       pRz=sin(q3+q2)*lwu;
       SpR=[0 -pRz pRy;pRz 0 -pRx;-pRy pRx 0];
       R1=[cos(q3) -sin(q3) 0;sin(q3) cos(q3) 0;0 0 1];
       R2=[cos(q2) -sin(q2) 0;sin(q2) cos(q2) 0;0 0 1];
       R3=[1 0 0;0 0 -1;0 1 0];
       R4=[cos(q1) -sin(q1) 0;sin(q1) cos(q1) 0;0 0 1];
       Ro1a=inv(R4*R3*R2*R1);
```

```
I=[1 0 0;0 1 0;0 0 1];
juzhen0=[0 0 0;0 0 0;0 0 0];
faiR=[I -SpR;juzhen0 I];
oumiga1A=[Ro1a juzhen0;juzhen0 Ro1a];

syms q4 q5 q6 l5 l6 g5 G5 g6 G6 g q41 q42 q51 q52 q61 q62;
if t<0.75;
q42=2/9*pi;
q41=q42*t;
q4=pi+1/2*q42*t^2;
q52=-2/9*pi;
q51=q52*t;
q5=0.75*pi+0.5*q52*t^2;
q62=2/9*pi;
q61=q62*t;
q6=-0.75*pi+0.5*q62*t^2;
elseif (0.75<=t)&(t<3);
q42=0;
q41=1/6*pi;
q4=1.0625*pi+q41*(t-0.75);
q52=0;
q51=-1/6*pi;
q5=0.6875*pi+q51*(t-0.75);
q62=0;
q61=1/6*pi;
q6=-0.6875*pi+q61*(t-0.75);
elseif (3<=t)&(t<4.5);
q42=-2/9*pi;
q41=1/6*pi+q42*(t-3);
q4=1.4375*pi+1/6*pi*(t-3)+1/2*q42*(t-3)^2;
q52=2/9*pi;
q51=-1/6*pi+q52*(t-3);
q5=0.3125*pi-1/6*pi*(t-3)+1/2*q52*(t-3)^2;
q62=-2/9*pi;
q61=1/6*pi+q62*(t-3);
q6=-0.3125*pi+1/6*pi*(t-3)+1/2*q62*(t-3)^2;
elseif (4.5<=t)&(t<6.75);
q42=0;
q41=-1/6*pi;
q4=1.4375*pi+q41*(t-4.5);
q52=0;
q51=1/6*pi;
```

```
q5=0.3125*pi+q51*(t-4.5);
q62=0;
q61=-1/6*pi;
q6=-0.3125*pi+q61*(t-4.5);
else
q42=2/9*pi;
q41=-1/6*pi+q42*(t-6.75);
q4=1.0625*pi-1/6*pi*(t-6.75)+1/2*q42*(t-6.75)^2;
q52=-2/9*pi;
q51=1/6*pi+q52*(t-6.75);
q5=0.6875*pi+1/6*pi*(t-6.75)+1/2*q52*(t-6.75)^2;
q62=2/9*pi;
q61=-1/6*pi+q62*(t-6.75);
q6=-0.6875*pi-1/6*pi*(t-6.75)+1/2*q62*(t-6.75)^2;
end
%plot(t,q41)
%hold on
%end

l5=0.42;
l6=0.48;
g5=1;
G5=2;
g6=1;
G6=3;
g=9.8;
liju4=G5*l5^2*(-2*cos(q5)*sin(q5)*q51*q41+cos(q5)^2*q42)+1/3*g5*l5^
2*(-2*cos(q5)*sin(q5)*q51*q41+cos(q5)^2*q42)+G6*(2*(l6*cos(q5+q6)+l5*cos
(q5))*(l6*sin(q5+q6)*(q51+q61)-l5*sin(q5)*q51)*q41+(l6*cos(q5+q6)+l5*cos
(q5))^2*q42)+g6*(-1/3*l6^2*2*cos(q5+q6)*sin(q5+q6)*(q51+q61)-l5^2*2*cos
(q5)*sin(q5)*q51)*q41+g6*(1/3*l6^2*cos(q5+q6)^2+l5^2*cos(q5)^2)*q42;
liju5=G5*l5^2*q52+1/3*g5*l5^2*q52+G6*(l5^2+l6^2+2*l5*l6*cos(q6))*
q52-G6*2*l5*l6*sin(q6)*q61*q51+G6*(l6^2+l5*l6*cos(q6))*q62-G6*l5*l6*sin
(q6)*q61^2+g6*(l5^2+1/3*l6^2+l5*l6*cos(q6))*q52-g6*l5*l6*sin(q6)*q61*q51+
g6*(1/3*l6^2+1/2*l5*l6*cos(q6))*q62-g6*0.5*l5*l6*sin(q6)*q61^2+G5*l5*g*cos
(q5)+1/2*g5*l5*g*cos(q5)+G6*g*(l6*cos(q5+q6)+l5*cos(q5))+g6*g*(1/2*l6*cos
(q5+q6)+l5*cos(q5))+G5*l5^2*q41^2*cos(q5)*sin(q5)+1/3*g5*l2^2*q41^2*cos(q5)*
sin(q5)+G6*q41^2*(l6*cos(q5+q6)+l5*cos(q5))*(l6*sin(q5+q6)+l5*sin(q5))+1/
2*g6*q41^2*(1/3*l6^2*2*cos(q5+q6)*sin(q5+q6)+l5^2*2*cos(q5)*sin(q5));
liju6=(G6*(l6^2+l5*l6*cos(q6))+g6*(1/3*l6^2+1/2*l5*l6*cos(q6)))*q52+
(G6*l6^2+1/3*g6*l6^2)*q62+(G6*l5*l6*sin(q6)+1/2*g6*l5*l6*sin(q6))*q51^2+
G6*g*l6*cos(q5+q6)+g6*g*0.5*l6*cos(q5+q6)+G6*q41^2*(l6*cos(q5+q6)+l5*cos
```

```
(q5))*(l6*sin(q5+q6))+1/2*g6*q41^2*(1/3*l6^2*2*cos(q5+q6)*sin(q5+q6));

        %plot(t,liju6)
        %hold on
        %end

        JB11=-(l5*cos(q5)+l6*cos(q5+q6))*sin(q4);
        JB12=-(l5*sin(q5)+l6*sin(q5+q6))*cos(q4);
        JB13=-l6*sin(q5+q6)*cos(q4);
        JB21=(l5*cos(q5)+l6*cos(q5+q6))*cos(q4);
        JB22=-(l5*sin(q5)+l6*sin(q5+q6))*sin(q4);
        JB23=-l6*sin(q5+q6)*sin(q4);
        JB31=0;
        JB32=l5*cos(q5)+l6*cos(q5+q6);
        JB33=l6*cos(q5+q6);
        JB41=0;
        JB42=sin(q4);
        JB43=sin(q4);
        JB51=0;
        JB52=-cos(q4);
        JB53=-cos(q4);
        JB61=1;
        JB62=0;
        JB63=0;
        JB=[JB11 JB12 JB13;JB21 JB22 JB23;JB31 JB32 JB33;JB41 JB42 JB43;JB51
JB52 JB53;JB61 JB62 JB63];
        JBT=JB';
        JBTni=pinv(JBT);
        FB=JBTni*[liju4;liju5;liju6];

        %FAB=FB-FA;
        %plot(t,FAB)
        %hold on
        %end

        JR=[faiR*(-oumiga1A)*JA oumiga1A*JB];
        %XR=JR*[0;q21;q31;0;q51;q61];
        %plot(t,XR)
        %hold on
        %end

        JRT=JR';
```

```
JRTni=pinv(JRT);
JATni*JAT
hold on
end
I6=[1 0 0 0 0 0;0 1 0 0 0 0 0;0 0 1 0 0 0;0 0 0 1 0 0;0 0 0 0 1 0;0
0 0 0 0 1];
hold on
end
FR=JRTni*[liju1;liju2;liju3;liju4;liju5;liju6];

%plot(t,FR)
%hold on
%end
```

3.6 小　　结

本章针对机器人运动的动态过程，从动力学正问题和动力学逆问题两个方面分析了机器人动力学特性。首先介绍了求解雅可比矩阵的矢量积法、微分变换法、运动学方程求导法和矢量解析法四种方法，并对机器人进行了静力学分析，介绍和推导了虚功原理、静力学关系式及惯性矩，阐述了运动学、静力学和动力学中各变量的关系。然后介绍了机器人的动能和位能，并详细讲述了机器人动力学的建模方法——拉格朗日平衡法。最后结合单臂和双臂两类动力学建模实例，利用 MATLAB 仿真程序对机械臂动力学建模流程进行了具体分析。

参 考 文 献

陈修龙, 冯伟明, 赵永生, 2013. 五自由度并联机器人机构动力学模型[J]. 农业机械学报, 44(1): 236-243.

蒋刚, 龚迪琛, 蔡勇, 等, 2011. 工业机器人[M]. 成都: 西南交通大学出版社.

刘永信, 王玲琳, 韩晓爽, 2017. 双机械臂协调控制综述[J]. 内蒙古大学学报(自然科学版), 48(4): 471-480.

杨妍, 潘松峰, 2018. 三自由度工业机器人动力学分析[J]. 制造业自动化, 40(9): 51-53, 65.

张建华, 许晓林, 刘璇, 等, 2019. 双臂协调机器人相对动力学建模[J]. 机械工程学报, 55(3): 47-55.

张承龙, 王从庆, 2005. 空间柔性双臂机器人的动力学建模及控制[J]. 南京理工大学学报(自然科学版)(S1): 76-78.

Tsai L W, 2000. Solving the inverse dynamics of a Stewart-Gough manipulator by the principle of virtual work[J]. Journal of Mechanical Design, 122(1): 3-9.

第 4 章　工业机器人的控制

工业机器人的控制是指控制驱动系统使执行机构按照预定要求工作。其实现基于机构运动学及动力学，机器人运动状态可在各种坐标系下进行描述，应根据需要选择不同的参考坐标系，并做适当的坐标变换；对正向运动学和逆向运动学进行求解。此外，还须综合考虑惯性力、外力（包括重力）、科氏力及向心力的影响以建立动力学模型。机器人的总体结构为一个空间开链机构，其各关节的运动相互独立，需要将多个相互独立的运动伺服控制系统有机地协调起来，使其按照人的意愿运动，甚至赋予其“智能”。

4.1　工业机器人控制系统概述

工业机器人的控制系统类似于人的大脑，是工业机器人的指挥系统，控制驱动系统使执行机构按照要求工作。因此，工业机器人控制系统的性能直接影响机器人的整体性能。它将机器人动力学、运动学与所需要的运动方式联系起来。路径或轨迹规划是控制的一部分，工作人员在规定的时间内规划机器人操作手跟随的路径。路径规划可以在机器人的关节空间或笛卡儿空间进行。

4.1.1　机器人控制的目的

对自由运动机器人来说，控制的目的是控制机器人操作手的位置和姿态。其中，人们希望机器人操作手所达到的位置称为期望位置或期望轨迹。期望轨迹可以在机器人任务空间中给出，也可通过逆向运动学关系转化为机器人关节空间中的期望轨迹。期望轨迹通常有两种表现形式：一种是一个固定位置（即固定点）；另一种是一条随时间连续变化的轨迹。自由运动机器人位置控制的目的，是使机器人操作手从任意起始位置出发都能到达期望轨迹。当期望轨迹是固定点时，自由运动机器人的位置控制称为定点控制问题；当期望轨迹是一条随时间连续变化的轨迹时，自由运动机器人的控制问题称为轨迹跟踪问题，这属于控制理论中的跟踪问题。

对于运动受限机器人来说，其控制问题要复杂得多。由于机器人与环境接触，这时不仅要控制机器人操作手的位置，还要控制机器人操作手作用于环境的力。也就是说，不仅要使机器人操作手位置到达期望轨迹，还要使其作用于环境的力达到期望值。更广泛意义的运动受限机器人还应考虑多机器人协同工作的情况。这时的机器人控制还应包括各机器人之间运动的协调、负荷的分配，以及所共同夹持的负载所受内力的控制等复杂问题。

4.1.2　工业机器人控制系统的基本原理

为了使工业机器人能够按照要求完成特定的作业任务，需要以下四个过程。

① 示教过程：通过计算机可以接受的方式，告诉机器人去做什么，给机器人发布作业命令。

② 计算与控制过程：负责整个机器人系统的管理、信息获取及处理、控制策略的制订，作业轨迹的规划等任务，这是机器人控制系统的核心部分。

③ 伺服驱动过程：根据不同的控制算法，将机器人控制策略转换为驱动信号，驱动伺服电机等驱动部分，实现机器人的高速、高精度运动，以完成指定的作业。

④ 传感与检测过程：通过传感器的反馈，保证机器人正确地完成指定作业，同时将各种姿态信息反馈到机器人控制系统中，以便实时监控整个系统的运动情况。

4.1.3　工业机器人控制系统的特点

工业机器人控制系统的目的是让工业机器人的单轴或多轴可以协作完成任务，其控制系统要比一般自动机械的控制系统复杂得多。与一般伺服系统或过程控制系统相比，工业机器人控制系统有如下特点。

① 传统的自动机械是以自身的动作为重点，而工业机器人的控制系统更着重本体与操作对象的相互关系。无论以多么高的精度控制工业机器人操作手，它都必须能夹持并将物体放置到目的位置。

② 工业机器人的控制与机构运动学及动力学密切相关。机器人手足的状态可以在各种坐标下描述，且可以根据需要选用不同的基准坐标系，并做适当的坐标变换。其控制经常需要求解运动学中的正逆解问题。除此之外，还要考虑惯性、外力（包括重力）和科氏力、向心力的影响。

③ 即便一个简单的工业机器人，至少也有三个自由度。每个自由度一般包含一个伺服机构，它们必须协调起来，组成一个多变量控制系统。

④ 描述机器人状态和运动的数学模型是一个非线性模型，随着机器人状态的不同和外力的变化，其参数也在变化。各变量之间还存在耦合。因此，该模型不仅要利用位置闭环，还要利用速度甚至加速度闭环。工业机器人控制系统中常使用的方法有重力补偿、解耦和基于传感信息的控制盒最优比例积分微分（proportional integral differential，PID）控制等。

4.1.4　控制性能要求

机器人操作手是一种特殊的自动化设备，其动力学模型是一个十分复杂的多输入多输出非线性系统，具有时变、强耦合和非线性的动力学特征，对其进行精确控制是一个十分复杂且困难的任务，特别是在高速、重载情况下。实际的机器人控制系统很难得到精确的动力学模型。例如，建立动力学模型时忽略的各种高频运动特性、机器人各连杆机构的各种摩擦、齿轮等传动机构的死区特性、各种信号的检测误差等不确定因素，都会引起模型误差。因此需要根据实际要求提出控制性能指标，并研究合理的控制方法来实现机器人的动态控制。

机器人作为典型的控制对象，对机器人控制系统的要求主要体现在快速性、准确性和稳定性。一般机器人的具体控制性能要求如下。

① 保证运动的连续性与可控性。机器人的轨迹一般都是通过插值运算实现的，机器人的构型决定了机器人在运动空间中可能存在奇异点，因此控制系统需要保证插值过程连续，而且可以顺利避开奇异点，尽量使机器人操作手灵巧地在工作空间中运动。

② 稳定性（收敛性-衰减振荡）、相对稳定性（无超调）。稳定性是指系统、装置或工具运动过程中无振荡问题。一般来说，机器人伺服系统不会突然振荡，而且当手臂的姿态改变时，单独关节伺服装置上的惯性负载和重力负载也随之变化，使得振荡难以形成。但一些特殊的条件可能使关节伺服系统处于极不稳定的状态。当负载突然发生剧烈变化时，就会使各个关节的负载突变，并使控制系统设计得不好的机器人产生振荡。关节的运动也能产生有效惯性力、向心力和对其他关节的耦合向心力的各种合力。其他关节对这些力的作用对原关节产生的各种作用力也是一个潜在的振荡根源。另外，两台非常接近的机器人，在工作时也可能相互激发振荡。这种振荡可能是由公共底座或支架等机械耦合，或者两者同时夹持的工件引起的。

③ 动态响应性能。保证机器人快速到达指定的位姿并保持平衡状态。

④ 定位精度、重复定位精度、轨迹跟踪精度。重复定位精度又称重复性，指的是机器人自身重复达到原先被命令或训练位置的能力。

机器人的种类繁多，某些种类的机器人的控制要求有所不同，甚至会有一些特殊控制要求。

① 多轴运动协调控制。对于行走机器人、并联机构机器人，需要多关节运动协调控制，以按设定的步态完成步行的动作，或者协调各个杆件的运动，特别是少自由度并联机构更是如此。

② 某些情况下，机器人不要求高刚度，但要求高稳定性。对于行走机器人，控制系统最后的执行精度要求并不高，所以不需要高刚度，甚至可以是位置半闭环的刚度系统，以减缓机器人落脚时受到地面的冲击力。但却要求极高的稳定性，以保证机器人行走过程中不易摔倒。

③ 位置无超调，动态响应速度快。通常，机器人的行走或操作往往需要与外部环境产生接触，不允许有位置超调，否则运动中将发生振荡，不利于平衡。在行走机器人行走过程中，控制系统长期在短时间内频繁换向，其动态响应速度会直接影响机器人的反应速度和行走速度。加大阻尼可以降低超调，但却会牺牲系统的快速性。所以设计机器人控制系统时要很好地折中这两者。

④ 要求控制单元的处理器具备很高的处理速度。机器人控制系统是实时系统，由于在实际应用中，需要使用控制器对机器人实时监控，进行在线轨迹与运动规划，这需要处理大量的数据及复杂的运算。因此要求其处理器有着比普通伺服控制系统处理器更快的处理速度。

⑤ 要求结构紧凑。由于移动机器人质量和空间的限制，要求整个控制系统结构紧凑，质量较轻，具有很高的集成度。

4.2　工业机器人的控制系统的组成及分类

机器人系统通常由机器人本体、传感器、控制器构成，如图 4.1 所示。机器人控制器可以定义为机器人控制功能的结构实现。任务是指机器人要完成的操作，它需要用适当的程序语言来描述，并存入控制计算机中，系统不同，任务的输入可能是程序、文字、图形或声音。环境是指机器人所处的环境，包括几何条件及相对位置等。例如，对于步行机器人来说，环境即为路况、倾斜度、标志物等。

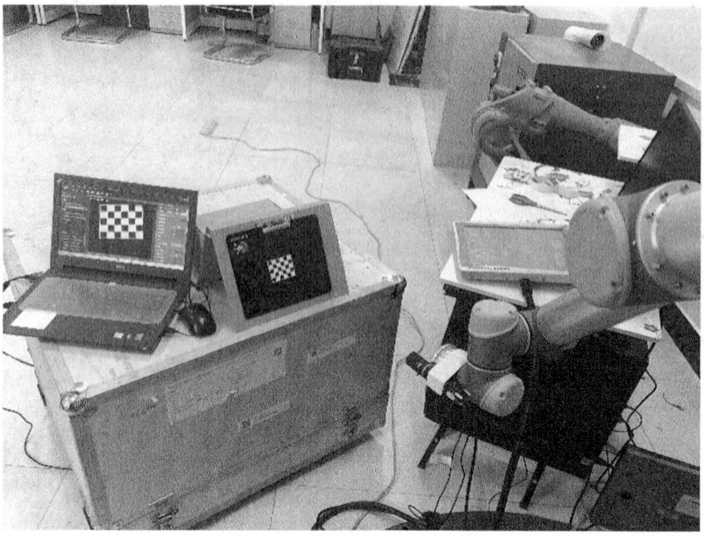

图 4.1　机器人系统

控制器的主要作用是根据用户指令（任务）对机器人本体进行操作和控制，完成作业的各种动作。控制器通过传感器获取机器人的内部信息和环境信息。例如，机器人控制器通过外部传感器获取环境信息建立环境模型，对机器人的运动和任务进行规划；通过内部传感器获取内部信息，对机器人的各个驱动进行伺服控制以实现对单轴或多轴运动的协调控制，包括高性能的计算机和相应的系统硬件、控制算法及软件。

控制器包括软件（控制策略与算法及实现算法的软件程序）和硬件两大部分，相当于机器人大脑，它以计算机或专用控制器运行程序的方式来完成给定任务。为了实现具体作业的控制运动，还需要相应的用机器人化语言开发的用户程序。

机器人控制器是控制系统的核心部分，直接影响机器人性能的优劣。几乎所有的机器人都采用微型计算机进行控制。从机器人控制角度要求计算机具有数据处理能力强、灵活可靠、易于配置、价格低廉、体积小等特性。机器人控制器既可以是采用 8 位、16 位及 32 位微处理器芯片的微机系统，也可以是采用数字信号处理器（digital signal processor，DSP）、Transputer 等高级微处理器的微机系统，可以配备大容量的存储器系统。高性能的硬件系统是保证能够对机器人复杂轨迹进行实时计算，实现准确的位置控制，以及能够根据多种传感器信息进行各种复杂操作的必要条件。

在控制器中，控制策略与算法主要是指机器人控制系统结构、控制信息生成模型与计算方法、控制信息传递方式等。根据对象和要求的不同，可采用多种不同的控制策略与算法，控制信息传递方式可以采用开环控制或 PID 伺服关节运动控制，控制信息生成模型可以基于模型或自适应等。

控制器的计算机系统结构对控制系统影响很大。一般有以下三种类型的控制方式。

① 集中控制方式。利用一台微型计算机实现系统的全部控制功能。这种方式采用单机控制机制，具有结构简单、经济的特点，但处理能力有限，难以满足高性能的控制要求。

② 主、从控制方式。用主、从两个 CPU 进行控制，主 CPU 用于坐标变换、轨迹生成、人机交互、系统自诊断等；从 CPU 用于机器人各关节的动作控制。

③ 分级控制方式。例如，机器人操作手采用多个微处理器分为两级进行控制。上位机主控微处理器负责整个系统的管理、坐标变换、轨迹生成和大间隔的插补指令值计算等。下位机由多个微处理器组成，分别控制各关节在上位机规划的轨迹段内进行小间隔的插补运算和伺服控制处理。在更复杂的机器人控制系统中，控制级数也随之增加。例如，美国国家航空航天局（National Aeronautics and Space Administration，NASA）和美国国家标准局（National Bureau of Standards，NBS）于 1987 年制定了一个用于空间站遥控机器人的控制体系结构——国家航空航天标准参考模型（national aeronautics and space standard reference model，NASREM），其控制级数多达 6 层。

由于分级控制用多台计算机并行地完成不同的控制功能，因此可大幅提高控制器的处理能力和工作速度。

第一代和第二代商品化机器人主要采用分布式多层计算机控制结构模式，以及基于 PID 伺服反馈的控制技术方法。目前，机器人控制技术与系统的研究已由专用控制系统发展到通用开放式计算机控制体系结构，并逐渐向智能控制技术及其实际应用发展。其主要特征是具有智能控制、多算法融合和性能分析的功能结构；实时多任务操作系统、多控制器和网络化的实现结构。

运动控制器是控制器的底层结构，有时也可作为一个简单的控制器。其运动控制器以数字信号处理器技术为核心，基于 PC 的开放式结构。美国矽美科（CIMETRIX）公司研制了一种用途更广泛的底层控制器——罗布林（ROBLINE）开放式结构控制器，它能够在一种基于标准的操作环境和硬件平台下控制不同类型的机器。该控制器也使用 LynxOS 操作系统。除了主处理器外，每一台控制器至少包含一个数字信号处理器用于底层伺服控制和 I/O 监督。其系统采用客户服务器结构，以 ROBLINE 控制器作为服务器，以其他控制系统、通用工具或应用程序作为客户。

4.2.1 工业机器人控制系统的组成

工业机器人控制系统的组成如下。

① 控制计算机：控制系统的调度指挥机构，一般为微型机、微处理器，有 32 位、64 位等不同规格，如奔腾系列 CPU 及其他类型 CPU。控制计算机如图 4.2 所示。

② 示教盒：示教机器人的工作轨迹和参数设定，以及所有人机交互操作的装置。其拥有独立的 CPU 及存储单元，与主计算机之间以串行通信方式实现信息交互。示教盒如图 4.3 所示。

图 4.2　控制计算机

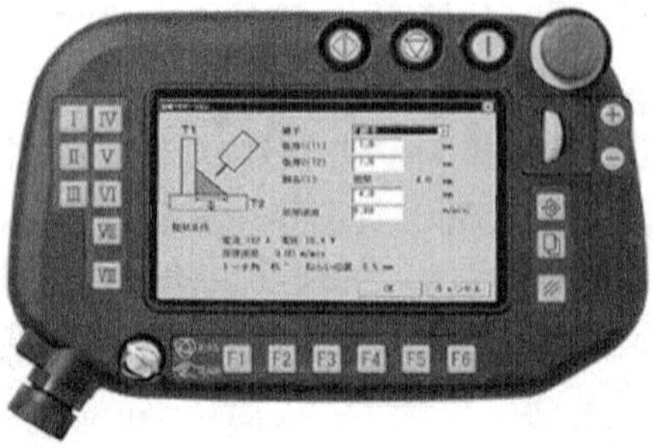

图 4.3　示教盒

③ 操作面板：由各种操作按键、状态指示灯构成，只完成基本的功能操作。

④ 硬盘和软盘存储器：存储机器人的工作程序。

⑤ 数字和模拟量输入输出：各种状态和控制命令的输入或输出装置。

⑥ 打印机接口：记录需要输出的各种信息的接口。

⑦ 传感器接口：用于信息的自动检测，实现机器人柔顺控制，一般为力觉、触觉和视觉传感器。

⑧ 轴控制器：完成机器人各关节位置、速度和加速度控制的控制器。

⑨ 辅助设备控制器：用于与机器人配合，如手爪变位器等。

⑩ 通信接口：实现机器人与其他设备的信息交换，一般有串行接口、并行接口等。

⑪ 网络接口：

- 以太网（ethernet）接口：可通过以太网实现数台或单台机器人的直接 PC 通信，数据传输速率高达 10Mbit/s，支持 TCP/IP 通信协议，可直接在 PC 上用 Windows 库函数进行应用程序编程，然后通过 ethernet 接口将数据及程序装入各个机器人控制器中。
- 现场总线（fieldbus）接口：支持多种流行的现场总线规格，如 Device Net、AB Remote I/O、Interbus-s、Profibus-DP、M-NET 等。

图 4.4 展示了工业机器人控制系统的组成。

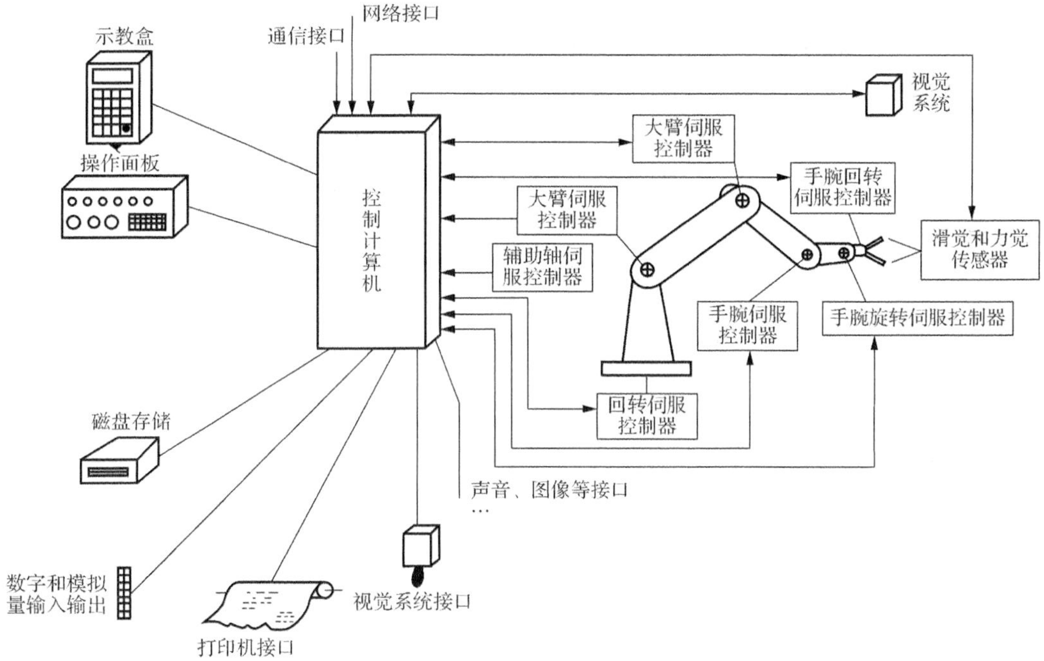

图 4.4　工业机器人控制系统的组成

4.2.2　工业机器人控制系统的分类

（1）工业机器人控制系统按其控制方式可分为以下三类。

① 程序控制系统。给每一个自由度施加一定规律的控制，机器人就可实现要求的空间轨迹。

② 自适应控制系统。这种系统的结构和参数能随时间和条件自动改变。其作用是当外界条件变化时，保证所要求的品质或随着经验的积累而自行改善控制品质。其过程是基于操作机的状态和伺服误差的观察，反复调整非线性模型的参数，直到误差消失为止。

③ 人工智能系统。事先无法编制运动程序，而是要求在运动过程中根据所获得的周围状态信息，实时确定控制作用。

（2）工业机器人控制系统按其运行方式可分为以下两类。

① 点位式控制系统。该方式要求机器人准确控制末端执行器的位姿，与路径无关。

② 轨迹式控制系统。该方式要求机器人按示教的轨迹和速度运动。

（3）工业机器人控制系统按其控制总线可分为以下两类。

① 国际标准总线控制系统。该类型采用国际标准总线作为控制系统的控制总线，如 VME、MULTI-bus、STD-bus、PC-bus。

② 自定义总线控制系统。该类型采用生产厂家自行定义使用的总线作为控制系统的控制总线。

（4）工业机器人控制系统按其编程方式可分为以下三类。

① 物理设置编程系统。由操作者设置固定的限位开关，实现起动、停车的程序操作，只能用于简单的拾起和放置作业。

② 在线编程系统。通过人的示教来完成操作信息的记忆过程编程方式，包括直接示教（即手把手示教）、模拟示教和示教盒示教。

③ 离线编程系统。不对实际作业的机器人直接示教，而是脱离实际作业环境，生成示教程序，使用高级机器人、编程语言，远程离线生成机器人作业轨迹。

（5）工业机器人控制系统按其控制方式可分为以下三类。

① 集中控制式控制系统。用一台计算机实现全部控制功能，结构简单，成本低，但实时性差，难以扩展。其构成框图如图 4.5 所示。

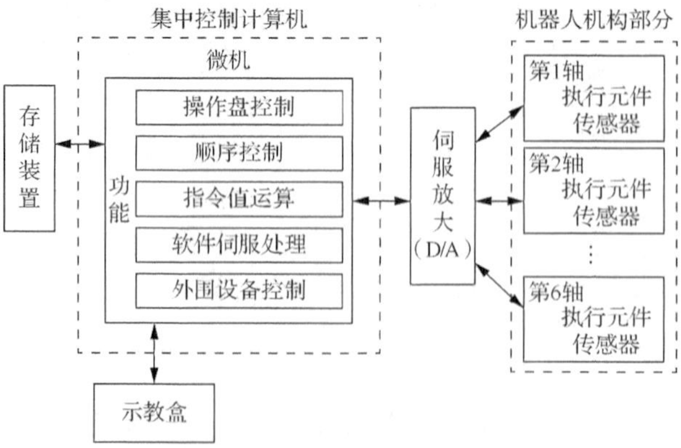

图 4.5　集中控制式控制系统的控制框图

② 主从控制式控制系统。采用主、从两级处理器实现系统的全部控制功能。主 CPU 实现管理、坐标变换、轨迹生成和系统自诊断等；从 CPU 实现所有关节的动作控制。其构成框图如图 4.6 所示。主从控制式控制系统实时性较好，适用于高精度、高速度控制，但其扩展性较差，维修困难。

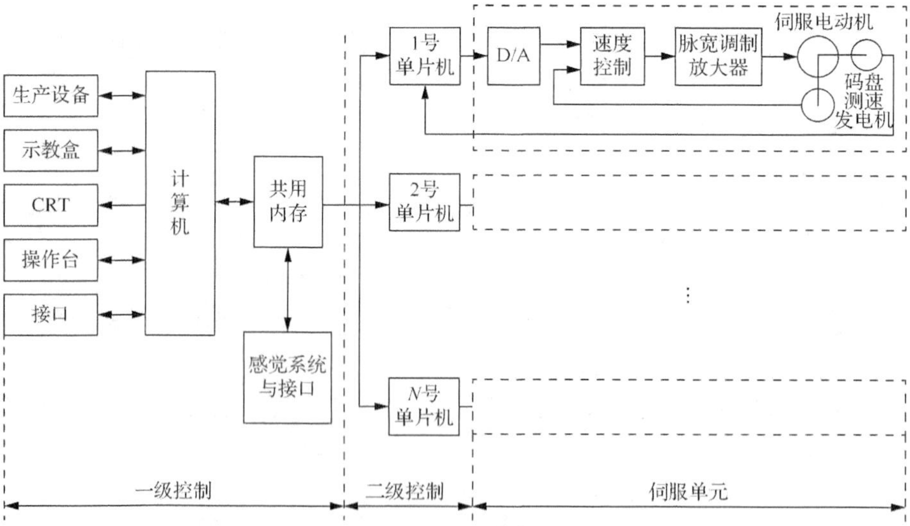

图 4.6　主从控制式控制系统的控制框图

③ 分散控制式控制系统。按照系统的性质和方式将系统控制分成多个模块，每个模块负责不同的控制任务和控制策略，各模式之间可以是主从关系，也可以是平等关系。这种类型的控制系统实时性好，易于实现高速、高精度控制，易于扩展，可实现智能控制，是目前主流的工业机器人控制系统。其控制框图如图 4.7 所示。

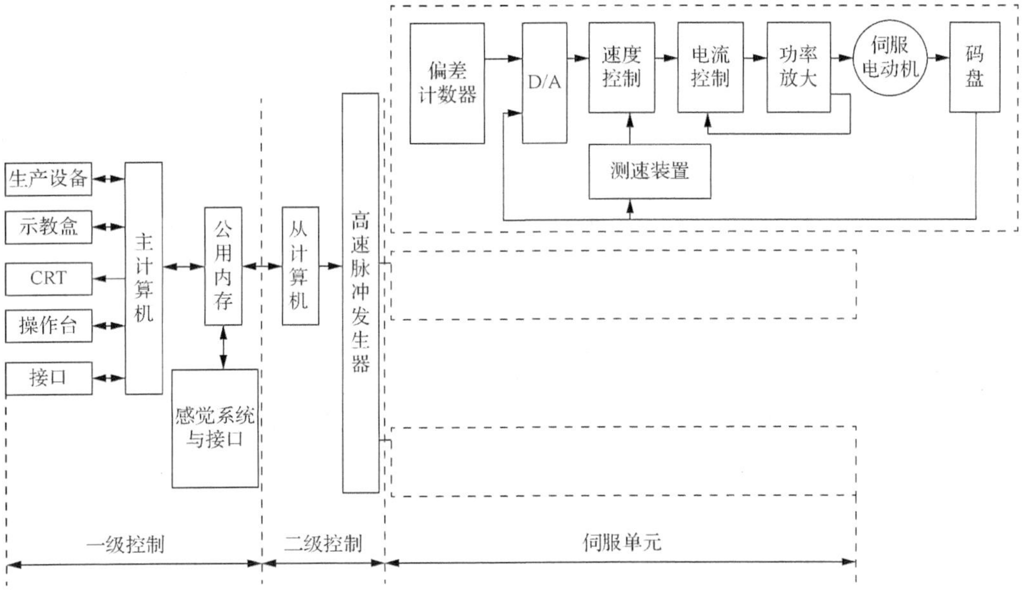

图 4.7　分散控制式控制系统的控制框图

基于以上控制系统的机器人的分类方法很多，这里仅按机器人的系统功能、驱动方式及机器人的结构形式进行分类。

1. 按系统功能分类

① 专用机器人：在固定地点以固定程序工作的机器人。其结构简单、工作对象单一、无独立控制系统、造价低廉，如附设在加工中心机床上的自动换刀机械手。

② 通用机器人：具有独立控制系统，通过改变控制程序能完成多种作业的机器人。其结构复杂，工作范围大，定位精度高，通用性强，适用于不断变换生产品种的柔性制造系统。

③ 示教再现式机器人：具有记忆功能，经操作者示教后，能按示教的顺序、位置、条件与其他信息反复重现示教作业的机器人。

④ 智能机器人：采用计算机控制，具有视觉、听觉、触觉等多种感觉功能和识别功能的机器人。其通过比较和识别，自主做出决策和规划，自动进行信息反馈，完成预定的动作。

2. 按驱动方式分类

① 气压传动机器人：以压缩空气作为动力源驱动执行机构运动的机器人。其特点是动作迅速、结构简单、成本低廉，适用于高速轻载、高温和粉尘大的环境作业。

② 液压传动机器人：采用液压元器件驱动的机器人。其特点是负载能力强、传动平稳、结构紧凑、动作灵敏，适用于重载、低速驱动场合。

③ 电气传动机器人：用交流或直流伺服电动机驱动的机器人。其特点是不需要中间转换机构，机械结构简单、响应速度快、控制精度高，因此近年来得到广泛使用。

3. 按结构形式分类

① 直角坐标型机器人：这类机器人的操作手在空间的三个相互垂直方向 x、y、z 上做移动运动，运动是独立的。其特点是控制简单、运动直观性强、重复定位精度高，但操作灵活性差、运动速度较低，且操作范围较小，占据的空间相对较大。

② 圆柱坐标型机器人：这类机器人在水平转台上装有立柱，其立柱安装在回转机座上，水平臂可以自由伸缩，并可沿立柱上下移动。其特点是工作范围较大、运动速度较高，但随着水平臂沿水平方向伸长，其线位移分辨精度越来越低。

③ 球坐标型机器人：也称极坐标型机器人，这类机器人由回转机座、俯仰铰链和伸缩臂组成，具有两个旋转轴和一个平移轴。其工作臂不仅可绕垂直轴旋转，还可绕水平轴做俯仰运动，且能沿手臂轴线做伸缩运动。其操作比圆柱坐标型更为灵活，并能扩大机器人的工作空间，但旋转关节反映在末端执行器上的线位移分辨率是一个变量。

④ 关节型机器人：这类机器人由多个关节连接的机座、大臂、小臂和手腕等构成，大小臂之间用铰链连接形成肘关节，大臂和立柱连接形成肩关节，大小臂既可在垂直于机座的平面内运动，也可绕垂直轴转动。其操作灵活性最好，运动速度较高，操作范围大，但精度受手臂位姿的影响，难以实现高精度运动。它不仅能抓取靠近机座的物件，还能绕过机体和目标间的障碍物去抓取物件，具有较高的运动速度和极好的灵活性，因此成为目前通用的机器人。

4.3　工业机器人的位置控制

工业机器人位置控制的目的是使机器人各关节实现预先规划的运动，最终保证工业机器人终端（手爪）沿预定的轨迹运行。

4.3.1　位置控制问题

图 4.8 所示的工业机器人控制系统框图展示了工业机器人本身、工业机器人控制系统和轨迹规划器之间的关系。工业机器人接受控制系统发出的关节驱动力矩矢量，安装于机器人各关节上的传感器测出关节位置矢量和关节速度矢量，再反馈到控制器上，这样就构成了机器人的闭环控制系统。

要设计这样的控制系统，核心问题是要保证所得到的闭环系统能满足一定的性能指标要求，最基本的准则是保证控制系统的稳定性。控制系统的稳定性，是指它在实现所规划的路径轨迹时，即使存在一定的干扰，其误差仍然能保持在较小的范围之内。

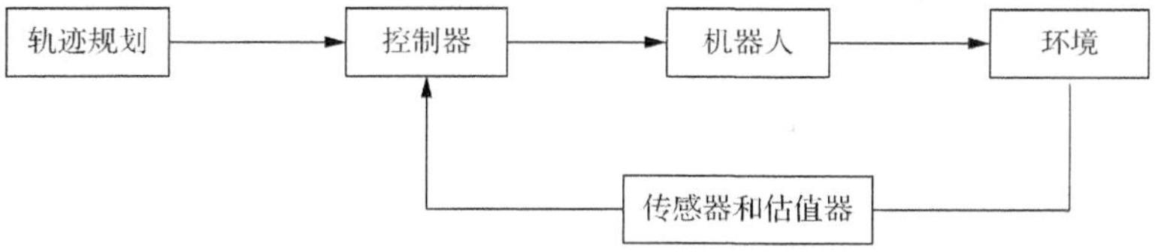

图 4.8　工业机器人控制系统框图

机器人位置控制的目的就是使机器人各关节或末端执行器的位姿能够以理想的动态品质跟踪给定轨迹或稳定在指定的位姿上。设计工业机器人控制系统的主要目标是保证其控制系统的稳定性和动态品质的性能指标。

机器人的位置控制结构主要有三种形式：关节空间控制结构、直角坐标空间控制结构和复合控制结构，分别如图 4.9（a）、图 4.9（b）和图 4.9（c）所示。

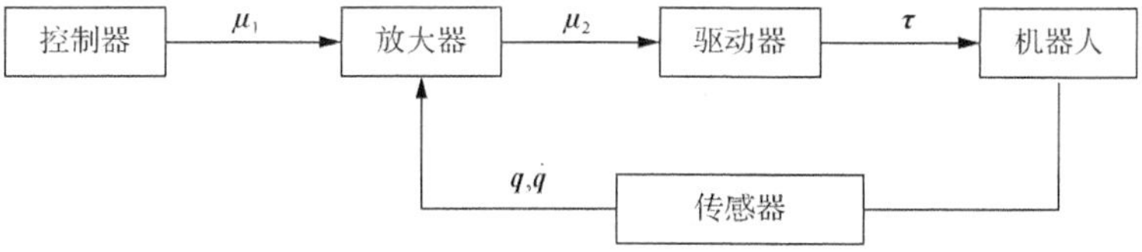

（a）关节空间控制结构

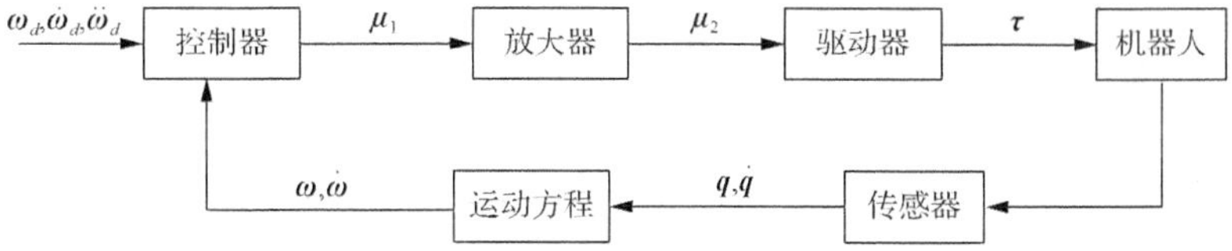

（b）直角坐标空间控制结构

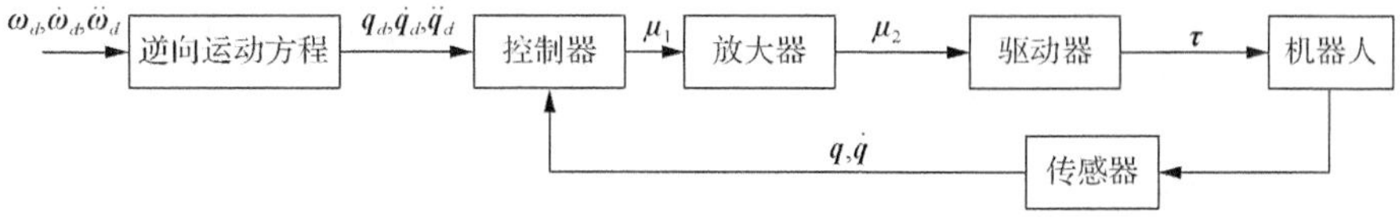

（c）复合控制结构

图 4.9　机器人控制系统方框图

在图 4.9（a）中，$\boldsymbol{q}$ 和 $\dot{\boldsymbol{q}}$ 是实际的关节位置矢量和速度矢量；$\boldsymbol{\tau}$ 是关节驱动力矩矢量；$\boldsymbol{\mu}_1$ 和 $\boldsymbol{\mu}_2$ 是相应的控制矢量。

在图 4.9（b）中，$\boldsymbol{\omega}_d=[\boldsymbol{p}_d^{\mathrm{T}}\ \ \boldsymbol{\omega}_d^{\mathrm{T}}]^{\mathrm{T}}$ 是期望的工具位姿。其中，$\boldsymbol{p}_d=[x_d\ \ y_d\ \ z_d]$ 表示期望的工具位置；$\dot{\boldsymbol{\omega}}_d$ 是期望的工具角速度，$\dot{\boldsymbol{\omega}}_d=[\boldsymbol{v}_d^{\mathrm{T}}\ \ \boldsymbol{\omega}_d^{\mathrm{T}}]^{\mathrm{T}}$，其中 $\boldsymbol{v}_d$ 是期望的工具线速度；$\ddot{\boldsymbol{\omega}}_d$ 是期望的工具加速度。$\boldsymbol{\omega}$ 和 $\dot{\boldsymbol{\omega}}$ 表示实际工具的位姿和速度。

在图 4.9（c）中，$\boldsymbol{q}_d=[q_{d1}\ q_{d2}\ \cdots\ q_{dn}]^{\mathrm{T}}$ 是期望的关节位置矢量；$\dot{\boldsymbol{q}}_d$ 和 $\ddot{\boldsymbol{q}}_d$ 是期望的关节速度矢量和加速度矢量。

运行中的工业机器人一般采用图 4.9（a）所示的控制结构。该控制结构期望轨迹是关节的位置、速度和加速度的时间历程，因而易于实现关节的伺服控制。但在实际应用中通常采用直角坐标系来规定作业路径、运动方向和速度，而不是关节坐标。这是为了跟踪期望的直角轨迹、速度和加速度，需要先将机器人末端的期望轨迹经过逆向运动学计算变换为在关节空间表示的期望轨迹，再进行关节位置控制，如图 4.9（c）所示。

4.3.2　位置控制模型

首先讨论图 4.10 所示的简单机械系统的控制问题。质量为 m 的物体做单自由度运动，假设物体运动时除了受到弹簧力作用外，还受到与速度成正比的摩擦阻力的作用。若取坐标系原点位于系统平衡的位置，则该系统的运动方程为

$$m\ddot{x}+b\dot{x}+kx=0 \tag{4.1}$$

式中，k 为弹簧的刚度系数；x 为位移。

其解依赖于初始条件，如初始位置和初始速度。一般情况下，式（4.1）表示的二阶系统的响应并不理想，难以达到临界阻尼状态。如果在系统上增加一个驱动器，利用驱动器在 x 方向给物体施加任意大小的力 f，如图 4.11 所示，则此时系统的运动方程变为

$$m\ddot{x}+b\dot{x}+kx=f \tag{4.2}$$

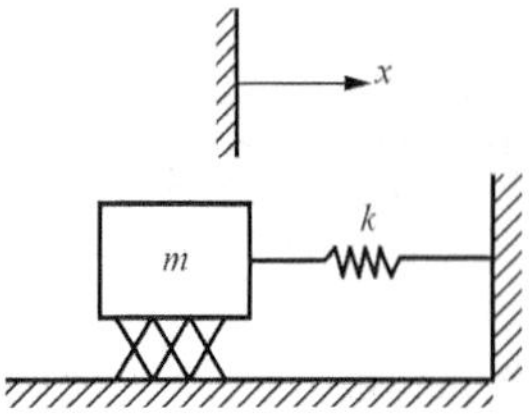

图 4.10　质量块-弹簧-阻尼系统

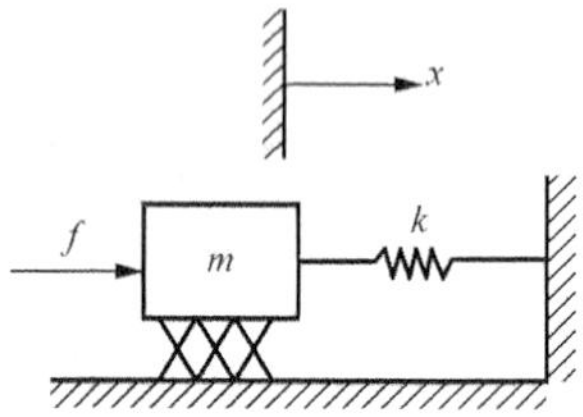

图 4.11　带驱动器的质量块-弹簧-阻尼系统

因此，位置控制问题就是建立一个合适的控制器，使物体在驱动力 f 的作用下，即使系统存在随机干扰力，也能使物体始终保持在期望位置上。

1. 定点位置控制

如果能利用传感器检测出物体的位置和运动速度，并且假设控制系统能利用这些信息，则可按下述控制规律来计算驱动器应该施加于物体上的力，即

$$f=k_p x-k_v\dot{x} \tag{4.3}$$

式中，k_p、k_v 表示控制系统的位置和速度增益（简称控制增益）。

实际上，驱动器采用式（4.3）的控制规律，加力作用在图 4.11 所示的系统上，就形成了实际的闭环系统。此时，系统的运动公式为

$$m\ddot{x}+b'\dot{x}+k'x=0 \tag{4.4}$$

式中，$b'=b+k_v$；$k'=k+k_p$。

由式（4.4）可以看出，适当地选择控制系统的增益 k_v 和 k_p，可以得到所希望的任意二阶系统的品质——抑制干扰力，并使物体保持在期望位置上。通常，系统具有指定

的刚度 k'，这时所选的增益应使系统具有临界阻尼，即

$$b' = 2\sqrt{mk'} \tag{4.5}$$

这种控制系统称为位置调节系统，它能够控制物体保持在一个固定的位置上，并具有抗干扰能力。

2. 轨迹跟踪位置控制

在工业机器人的控制中，不仅要求受控物体定位在固定位置，而且要求它能跟踪指定的目标轨迹，即控制物体沿一条由时间函数 $x_d(t)$ 所给定的轨迹运动。假设给定轨迹 $x(t)$ 充分光滑，存在一阶和二阶导数 $\dot{x}_d(t)$、$\ddot{x}_d(t)$，并且利用轨迹规划器可产生全部时间 t 内的 $x_d(t)$、$\dot{x}_d(t)$、$\ddot{x}_d(t)$。由于某一时刻物体的实际位置 $x(t)$、速度 $\dot{x}(t)$ 可以由位置传感器和速度传感器分别测得，这样，伺服误差 $e = x_d - x$，即目标轨迹与实际轨迹之差也可以计算得到，其一阶导数 $\dot{e}$ 和二阶导数 $\ddot{e}$ 分别表示速度和加速度。因此，轨迹跟踪的位置控制规律可选择如下：

$$f = \ddot{x} + k_v\dot{e} + k_p e \tag{4.6}$$

显然，将上述控制规律与无阻尼、无刚度的单位质量系统运动公式 $f = m\ddot{x} + \ddot{x}$ 联立，可得

$$\ddot{x} = \ddot{x}_d + k_v\dot{e} + k_p e \tag{4.7}$$

进而得到系统运动的误差公式为

$$\ddot{e} + k_v\dot{e} + k_p e = 0 \tag{4.8}$$

由于选择了恰当的控制规律［式（4.6)］，因此导出了系统误差空间的二阶微分方程式（4.8）。通过选择恰当的 k_v 和 k_p，可以很容易地确定系统对于误差的抑制特性。当 $k_v^2 = 4k_p$ 时，可以使这个二阶系统处于临界阻尼状态，没有超调，从而使误差得到最快的抑制。

4.4　工业机器人的力控制

工业机器人的力控制一般泛指利用力传感器作为反馈装置，将力反馈信号与位置控制（或速度控制）输入信号相结合，通过相关的力/位混合算法，实现的力/位混合控制，也称力/位混合控制技术，简称力控制。

4.4.1　引言

机器人的触觉和视觉一样，是必不可少的基本方式，本质上是对人体触觉功能的模仿。人类对外界环境的感知，70%由视觉获得，但人类的大脑功能有 2/3 用于管理触觉

信息。触觉应具备 4 种基本功能：接触觉、压觉、滑觉和力觉。力觉是作业过程中来自外部的力感知，因此是三维力和三维力矩。它与压觉的不同在于压觉力是垂直于力接触表面的一维力；与滑觉的不同在于滑觉是平行于接触表面的一维力。因此，力觉是触觉中最复杂、最综合、应用最广泛的感知形式。

机器人擦玻璃、擦黑板、转动曲柄、拧螺钉等，都属于机器人手端与环境接触而产生的同时具有位置控制和力控制的问题（图 4.12）。步行机器人在行走时，足与地面的接触力在不断变化，对腿的各关节控制是一个典型且严格的位置和力混合控制问题。腿在支撑状态时，由于机体运动，支撑点与步行机器人重心间的相对位置在不断变化，导致足与地面接触力也不断变化，需要同时对各关节的位置进行控制。在这种情况下，位置控制与力控制组成一个有机整体，力控制是在正确的位置控制基础上进一步控制的内容。智能机器的触觉基于机器与对象物体直接接触所产生的感觉，可以在光线条件很差或者工作范围受限的情况下代替视觉的功能，而且可在操作过程中实时提供确切的信息，视觉信息只能出现在操作之前或操作之后，因为视觉受光线和障碍物的限制。再者，力觉所产生的力和力矩的信息是视觉无法获取的。总之，智能机器视觉和触觉各有特点，互为补充。在实际工作中，它们经常配合使用。例如，装配过程中，可能用视觉信息来粗定位，用触觉信息来精确定位。力觉是智能机器触觉的主要内容，力控制研究是力觉研究的核心，力觉和力控制贯穿于智能机器作业全过程。力控制也称主动柔顺控制，其典型特点是力/位强耦合，是一种极其复杂的混合控制，与智能机器研究联系紧密，一直是当今世界的研究热点。

图 4.12　机器人擦黑板

力控制策略是基于检测得到的力来修改位置轨迹的一种策略。对于力反馈，主要有三种类型的传感器：腕力（wrist force）传感器、关节扭矩（joint torque）传感器、触觉（tactile）或手传感器。图 4.13 展示了一个腕力传感器，它由一个应变计阵列组成，可以测定力矢量沿传感器坐标系轴线的三个分量，以及力矩沿这些轴线的三个分量。关节扭矩传感器由位于驱动器轴的应变计组成。触觉传感器通常位于夹持器的手指部分，用于测量夹紧力及进行形状检测。对于控制末端执行器与环境之间的相互作用目的，六轴腕力传感器通常会给出最好的结果，因此本书后续部分假定机械臂中配备这样的装置。

图 4.13　腕力传感器

力觉及力控制典型的应用场景如下。

① 空间交会对接。航天飞行器交会对接（spacecraft rendezvous and docking，SRD）是未来空间站、空间平台等在轨装配、回收、补给和维修作业的先决条件，也是载人航天的关键技术之一。两飞行器的最后停靠和对接是极其复杂的主动和被动柔顺集成的过程［人们将机器人能够顺从环境的能力称为柔顺（compliance）。总的来说，机器人柔顺控制可分为被动柔顺控制和主动柔顺控制两类］。

② 高速高精仿型加工。逆向工程（reverse engineering，RE）是由模型到产品的过程。通过力觉和力控制精确理解模型，可以快速生成加工信息，直接生产产品。

③ 自动装配操作。典型作业包括插销入孔、旋拧螺钉、摇转曲柄、搬运堆放重物等。其控制效果的评价指标一般有装配间隙、受力状况和操作时间等。

④ 表面清洁和加工。典型作业包括擦洗飞机、擦玻璃、修理工件表面（去毛刺、磨削或抛光等）、跟踪焊缝、智能数控机床研制等。

⑤ 双手协调。该场景要求两个或两个以上的机械臂在相互约束的条件下能够协调地工作。通常一臂主动，另一臂在力控制下随动。双手协调是未来多臂机器人研究的基础。

⑥ 灵巧手。灵巧手是指多手指协调，控制抓拿物体（如鸡蛋、乒乓球等）力的大小。机器力控制系统需要处理力控制和位置控制二者之间的关系，也就是智能机器柔顺控制的策略，是力觉及力控制研究中的首要问题。依据实现依从运动的特点来看，其策略一般可归结为四大类：阻抗控制策略、力/位混合控制策略、自适应控制策略和智能控制策略。

按照传统机器人的概念，如果要保证机器人在自由空间操作时具有较高的位置控制精度，应使机器人尽量具有较高的位置伺服刚度和机械结构刚度。但是，当机器人在某个接触环境上操作时，无疑希望它能具有很好的柔顺性，以产生任意需要的作用力。

① 被动柔顺控制。机器人凭借一些辅助柔性机构，使其在与环境接触时能够对外

部作用力产生自然的顺从，称为被动柔顺控制。采用被动柔顺装置进行作业，存在以下问题。

- 无法根除智能机器高刚度与高柔顺性之间的矛盾。
- 被动柔顺装置的专用性强，适应能力差，使用范围受到限制；智能机器对所添加的被动柔顺装置并不具备控制能力，因此给智能机器控制带来了极大的困难，这在既需要控制作用力又需要严格控制定位的场合中更为突出。
- 无法使智能机器本身产生对力的反应动作、成功率较低。

因此，为克服被动柔顺性存在的不足，主动柔顺控制应运而生，而且已成为智能机器研究的一个主要方向。

② 主动柔顺控制。机器人利用力的反馈信息采用一定的控制策略主动控制作用力，称为主动柔顺控制。主动柔顺控制也就是力控制。

实现主动柔顺控制的方法主要有两类，一类为阻抗控制，另一类为力/位混合控制。阻抗控制不是直接控制期望的力和位置，而是通过控制力和位置之间的动态关系来实现柔顺功能。

4.4.2　力控制系统的组成

力控制的最佳方案是以独立的形式同时控制力和位置，通常采用力/位混合控制。机器人实现力控制，需要使用力传感器，多数情况下使用六维（三个力、三个力矩）力传感器。力控制系统主要有以下三种组织方案。

① 以位移控制为基础。图 4.14 展示了以位移控制为基础的力控制系统框图。这一方案的特点是，在位置闭环之外再加上一个力闭环。图中 P、Q 分别为位置和广义力给定的输入，力/位移变换的功能是将力输出误差转换为对应的位移指令。

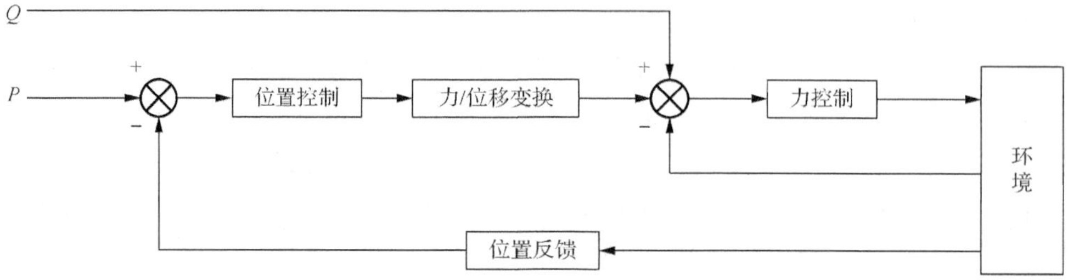

图 4.14　以位移控制为基础的力控制系统框图

在图 4.14 中，位移控制作为系统的内环，力控制作为系统的外环，因此系统的稳定性同时与位移闭环和力闭环有关。位移输出和力输出都由同一个控制器实现，往往难以同时满足两方面的控制要求。

② 以广义力控制为基础。这一方案的特点是，在力闭环的基础上添加位置闭环。与图 4.10 方案比较，该方案可以避免在位移闭环下一个增量位移引起过大的力增量，不足之处是力输出和位移输出仍然都是由同一个控制器来实现。

③ 位置和力的混合控制。该方案将在 4.4.5 节详细讲述。

4.4.3　力控制的基本原理

当工业机器人手爪与环境相接触时，会产生相互作用的力。一般情况下，在考虑接触力时，必须设计某种环境模型。这里为使概念明确，将使用类似位置控制的简化方法，以一个简单的质量-弹簧系统来表示受控物体与环境之间的接触作用，如图 4.15 所示。

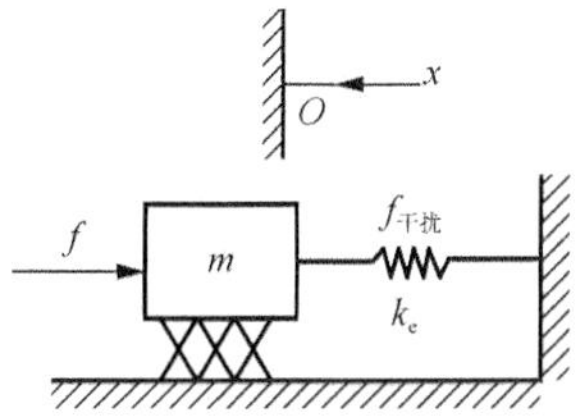

图 4.15　简单质量-弹簧系统

假设系统是刚性的，质量为 m ，环境具有的刚度为 k_e 。现在讨论这个质量-弹簧系统的力控制问题。用 $f_{干扰}$ 表示未知的干扰力，它可能是摩擦力或是机械传动的阻力。作用在弹簧上的力，也就是希望得到的作用在环境上的力，用 f_e 表示，且

$$f_e = k_e x \tag{4.9}$$

描述这一物理系统的公式为

$$f = m\ddot{x} + k_e x + f_{干扰} \tag{4.10}$$

如果用作用在环境上的控制变量 f_e 表示，则公式改写为

$$f = mk_e^{-1}\ddot{f}_e + f_e + f_{干扰} \tag{4.11}$$

得到伺服规则为

$$f = mk_e^{-1}[\ddot{f}_d + k_{vf}\dot{e}_f + k_{pf}e_f] + f_e + f_{干扰} \tag{4.12}$$

式中， $e_f = f_d - f_e$ ，为期望力 f_d 与环境中用力传感器测出的力 f_e 之间的差值（称为力误差）； k_{vf} 和 k_{pf} 为力控制系统的增益系数。

联立式（4.11）和式（4.12），可得到闭环系统误差公式为

$$\ddot{e}_f + k_{vf}\dot{e}_f + k_{pf}e_f = 0 \tag{4.13}$$

但是，由于影响 $f_{干扰}$ 的因素有很多，难以预测，因此式（4.12）表示的伺服规则并不可行。当然，在制定伺服规则时，可去掉这一项，得到简化的伺服规则，即

$$f = mk_e^{-1}[\ddot{f}_d + k_{vf}\dot{e}_f + k_{pf}e_f] + f_e \tag{4.14}$$

当环境刚度 k_e 较大时，也可以用期望力 f_d 取代式（4.12）中 $f_e + f_{干扰}$ 这一项。相关稳态误差分析表明，该伺服系统规则较优，简单实用、稳态误差也较小。

4.4.4　力控制应用的伺服规则

在实际应用中，力控制的伺服规则与式（4.14）表示的规则有些不同。在一般情况

下，力轨迹是恒定的，即要求接触力控制在某个常数值，而很少把它设置为任意的时间函数。这样，可以控制公式中的导数项 $\dot{f}_{\rm d}=\ddot{f}_{\rm d}=0$。另一个实际问题是检测出的力有时存在很大的噪声，如果根据检测到的 $f_{\rm e}$ 采用数值微分法求 $\dot{f}_{\rm e}$，会使系统噪声很大。由于 $f_{\rm e}=k_{\rm e}x$，因此可以用测得的系统质量块的速度来计算环境作用力的导数 $\dot{f}_{\rm e}=k_{\rm e}\dot{x}$。这是比较实用的做法，因为速度检测技术已经相当成熟。

在考虑了上述实际情况之后，可以把伺服规则写为

$$f=m[k_{\rm e}^{-1}k_{pf}e_f-k_{vf}\dot{x}]+f_{\rm d} \tag{4.15}$$

由式（4.15）可以看出，系统的速度信号 $\dot{x}$ 构成了一个反馈增益为 k_{vf} 的速度反馈内回路，通过调整 k_{vf} 可以改变阻尼比，从而改善系统的动态能力。同时，反馈信号 $f_{\rm e}$ 和前馈信号 $f_{\rm d}$ 也能减小系统的误差。

4.4.5 工业机器人力/位混合控制

从具有代表性的梅森（Mason）、保罗（Paul）、赖伯特（Raibert）、克雷格（Craig）和米尔斯（Mills）等的研究可以看出，力/位混合控制的提出有一个过程。智能机器人力控制的最佳方案是以独立的形式同时控制力和位置，理论上力自由空间和位置自由空间是两个互补正交子空间，因此可以在力自由空间进行力控制，而在剩余的正交方向上进行位置控制。此时的约束环境被当作不变形的几何问题考虑，因而也有人狭义地称这种力控制为约束运动控制。1979 年，梅森首先提出同时非矛盾地控制力、位置的概念和关节柔顺的思想，他的方法是根据具体任务要求，让机器人的不同关节分别独立地进行力控制和位置控制，这显然有一定局限性。1981 年，赖伯特和克雷格在梅森的基础上提出了力/位混合控制，即通过雅可比矩阵将作业空间任意方向的力和位置分配到各个关节控制器上，但这种方法计算复杂。为此，有学者提出了把操作空间的位置环用等效的关节位置环代替的改进方法，但必须根据精确的环境约束公式来实时确定雅可比矩阵并计算其坐标系，要实时地用反映任务要求的选择矩阵来决定力和位置控制方向。总之，力/位混合控制理论虽然明确但付诸实施难。

力/位混合控制将任务空间划分为两个正交互补的子空间：力控制子空间和位置控制子空间。在力控制子空间中用力控制策略进行力控制，在位置控制子空间用位置控制策略进行位置控制。

力/位混合控制策略有别于阻抗控制策略，阻抗控制是一种间接控制力的策略，其核心思想是将力误差信号变为位置环的位置调节量，即将力控制器的输入信号添加到位置控制的输入端，通过位置的调整来实现力的控制。力/位混合控制策略的核心思想是分别用不同的控制策略对位置和力直接进行控制，即先通过选择矩阵确定当前接触点的位控和力控方向，然后应用力反馈信息和位置反馈信息分别在位置环和力环中进行闭环控制，最后在受限运动中实现力和位置的同时控制。

力/位混合控制原理图如图 4.16 所示。

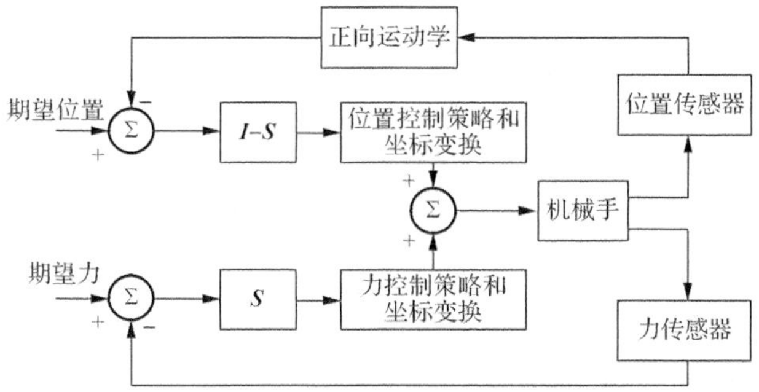

图 4.16　力/位混合控制原理图

图中，$\boldsymbol{S}$ 为选择矩阵，用来表示约束坐标系下的力控方向；$\boldsymbol{I}$ 为单位矩阵；$\boldsymbol{I-S}$ 用来表示位控方向。

根据笛卡儿坐标系下的机器人动力学模型与力/位混合控制模型，可得

$$\boldsymbol{\tau}=\boldsymbol{J}^{\mathrm{T}}\{M_x\cdot\boldsymbol{A}\cdot[(\boldsymbol{I}-\boldsymbol{S})\cdot\boldsymbol{u}_p-\dot{\boldsymbol{A}}^{-1}\dot{\boldsymbol{x}}]+C_x\dot{\boldsymbol{x}}+C_x\}+\boldsymbol{J}^{\mathrm{T}}\cdot\boldsymbol{A}\cdot\boldsymbol{S}\cdot\boldsymbol{u}_f \tag{4.16}$$

式中，$\boldsymbol{J}$ 表示雅可比矩阵；$\boldsymbol{A}$ 为约束坐标系到笛卡儿坐标系中的旋转变换矩阵；$\boldsymbol{u}_p$ 为位控矢量；$\boldsymbol{u}_f$ 为力控矢量；M_x 表示质量系数；C_x 表示约束坐标系。$\boldsymbol{u}_p$ 和 $\boldsymbol{u}_f$ 表示如下：

$$\boldsymbol{u}_p=\boldsymbol{A}^{-1}[K_p(\boldsymbol{x}_p-\boldsymbol{x})+K_d(\dot{\boldsymbol{x}}_d-\dot{\boldsymbol{x}})] \tag{4.17}$$

式中，K_p、K_d 为位控矢量的 PD 调节系数；$\boldsymbol{x}_p$ 为在笛卡儿坐标系中机械手末端期望的位置矢量；$\dot{\boldsymbol{x}}_d$ 为机械手的期望速度。

$$\boldsymbol{u}_f=\boldsymbol{A}^{-1}[\boldsymbol{F}_d+K_{pf}(\boldsymbol{F}_d-\boldsymbol{F}_c)+K_{df}\dot{\boldsymbol{x}}] \tag{4.18}$$

式中，$\boldsymbol{F}_d$ 为期望接触力；$\boldsymbol{F}_c$ 为实际接触力；K_{pf}、K_{df} 为力控矢量的 PD 调节系数。

1981 年，赖伯特和克雷格提出了机器人的力/位混合控制。其系统原理图如图 4.17 所示，其中，P 和 Q 分别为位置和广义力给定输入。

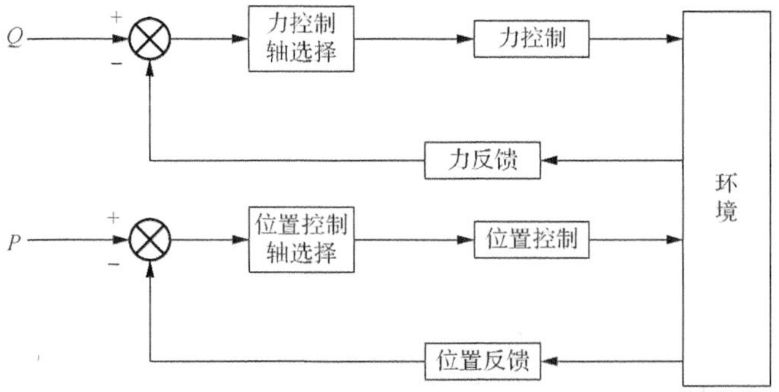

图 4.17　赖伯特和克雷格机器人力/位混合控制系统原理图

1. 位置-速度控制部分

位置-速度控制部分由位置和速度两个通道构成。位置通道以末端期望的笛卡儿空间位置 $\boldsymbol{x}_d$ 作为给定位置，位置反馈由关节位置利用运动学计算获得。利用雅可比矩阵，将笛卡儿空间的位姿偏差转换为关节空间的位置偏差，经过比例积分（proportional integral，PI）运算后作为关节控制力或力矩的一部分。速度通道以末端期望的笛卡儿空间速度 $\dot{\boldsymbol{x}}_d$ 作为给定速度，速度反馈由关节速度利用雅可比矩阵计算获得。同样，速度通道利用雅可比矩阵，将笛卡儿空间的速度偏差转换为关节空间的速度偏差。然后，经过比例计算，其结果将作为关节控制力或力矩的一部分。$\boldsymbol{C}_p$ 为位置-速度控制部分各个分量的选择矩阵，用于选择各个分量的作用大小，表现在机器人末端为各个分量的柔顺性不同。位置-速度控制部分产生的关节控制力或力矩公式为

$$\boldsymbol{\tau}_p = (K_{pp} + K_{pt} / s)\boldsymbol{J}^{-1}\boldsymbol{C}_p[\boldsymbol{x}_d - \boldsymbol{T}(\boldsymbol{q})] + K_{pd}\boldsymbol{J}^{-1}\boldsymbol{C}_p(\dot{\boldsymbol{x}}_d - \boldsymbol{J}\dot{\boldsymbol{q}}) \tag{4.19}$$

式中，$\boldsymbol{\tau}_p$ 为位置-速度控制部分产生的关节空间力或力矩；$\boldsymbol{x}_d$ 为期望位置；$\boldsymbol{T}$ 为机器人的运动学公式，即基坐标系到末端坐标系的变换矩阵；$\boldsymbol{q}$ 是关节位置矢量；$\boldsymbol{J}$ 是雅可比矩阵；K_{pp} 是位置通道的比例系数；K_{pt} 是位置通道的积分系数；$\dot{\boldsymbol{x}}_d$ 为期望速度；$\dot{\boldsymbol{q}}$ 为关节速度矢量；K_{pd} 是速度通道的比例系数；s 为选择矩阵中的元素。

2. 力控制部分

力控制部分由 PI 和力前馈两个通道构成。PI 通道以机器人末端期望的笛卡儿空间广义力 F_d 给定，力反馈由力传感器测量获得。利用雅可比矩阵，将笛卡儿空间的力偏差转换为关节空间的力偏差，经过 PI 运算后作为关节控制力或力矩的一部分。力前馈通道直接利用雅可比矩阵将 F_d 转换到关节空间，作为关节控制力或力矩的一部分。力前馈通道的作用是加快系统对期望力 F_d 的响应速度。$\boldsymbol{C}_t$ 为力控制部分各个分量的选择矩阵，用于选择各个分量的作用大小。力控制部分产生的关节空间力或力矩计算式为

$$\boldsymbol{\tau}_f = (K_{fp} + K_{ft}/\boldsymbol{s})\boldsymbol{J}^{\mathrm{T}}\boldsymbol{C}_f(F_d - K_{fb}F) + F_d\boldsymbol{J}^{\mathrm{T}}\boldsymbol{C}_f \tag{4.20}$$

式中，$\boldsymbol{\tau}_f$ 为力控制部分产生的关节控制力或力矩；F_d 为期望的机器人末端在笛卡儿空间的广义力；F 为机器人末端当前的广义力；$K_{fb}F$ 为测量得到的广义力；K_{fp} 是力通道的比例系数；K_{ft} 是力通道的积分系数。

由于机器人关节空间的力或力矩是位置-速度控制部分和力控制部分产生的力或力矩之和，则有

$$\boldsymbol{\tau} = \boldsymbol{\tau}_p + \boldsymbol{\tau}_f \tag{4.21}$$

力/位混合控制方案的缺点是自适应能力和鲁棒性较差，当机器人的参数或外界工作环境发生变化时，系统的控制性会变差。

4.5　工业机器人的速度控制

对工业机器人的运动控制来说，在位置控制的同时，还要进行速度控制。例如，在连续轨迹控制方式的情况下，工业机器人按预定的指令，控制运动部件的速度和实行加、减速，以满足运动平稳、定位准确的要求。为了实现这一要求，机器人的行程要遵循一定的速度变化曲线，如图 4.18 所示。由于工业机器人是一种工作情况（行程负载）多变、惯性负载大的运动机械，要处理好快速与平稳的矛盾，必须控制好启动加速段和停止前减速定位段这两个过渡运动区段。

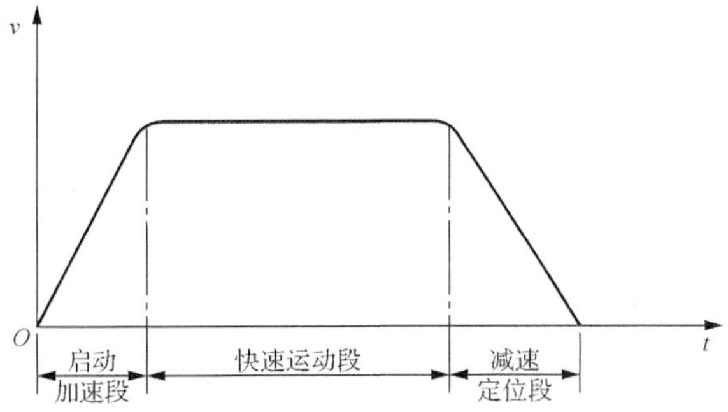

图 4.18　工业机器人的速度变化曲线

4.6　实例：PID 控制器的构建与仿真

PID 控制器具有原理简单、适用场景广泛、实用性强等特点。

4.6.1　PID 控制器的控制原理

1. 位置式 PID 控制器

传统的 PID 控制器以其出色的控制效果在机器人领域得到广泛应用。其基本控制数学模型如下：

$$u(t)=k_{\mathrm{p}}e(t)+k_{\mathrm{i}}\int_0^t e(t)\mathrm{d}t+k_{\mathrm{d}}\frac{\mathrm{d}e(t)}{\mathrm{d}t} \tag{4.22}$$

在实际工程应用中对电机的控制采样，一般通过传感器来收集反馈信息，采样得到的数据是一些离散的数据集合，需要对传统的 PID 控制模型进行离散化处理，以便进行模型运算。上式离散化后为

$$u(k)=k_{\mathrm{p}}e(k)+k_{\mathrm{i}}\sum_{j=0}^{k}e(j)+k_{\mathrm{d}}\frac{e(k)-e(k-1)}{T} \tag{4.23}$$

式中，k_{p} 为比例增益；k_{i} 为积分增益；k_{d} 为微分增益；$e(k)$ 为移动机器人编码器第 k

次采样的偏差；$e(k-1)$为移动机器人在第（k−1）次采样的真实值与期望值之间的偏差；T为电机编码器采样的周期；$u(k)$为受控对象的实际输出。

三个基本参数k_p、k_i、k_d在实际控制中的作用如下。

k_p起比例调节作用：按比例反映系统的偏差，系统一旦出现了偏差，比例调节立即产生调节作用以减少偏差。比例作用大，可以加快调节，减少误差，但是比例作用过大，会降低系统的稳定性，甚至导致系统不稳定。

k_i起积分调节作用：消除系统稳态误差，提高系统无差度。因为有误差，积分调节就进行，直至无差，积分调节停止，积分调节输出一常值。积分作用的强弱取决于积分时间常数T_i，T_i越小，积分作用就越强；反之则积分作用弱。加入积分调节可使系统稳定性下降，动态响应变慢。积分作用常与另两种调节规律结合，组成 PI 调节器或 PID 调节器。

k_d起微分调节作用：反映系统偏差信号的变化率，具有预见性，能预见偏差变化的趋势，在偏差形成之前消除偏差，从而改善系统的动态性能。在微分时间选择合适情况下，微分调节可以减少超调及调节时间。微分作用对噪声干扰有放大作用，因此过强的微分调节，对系统抗干扰不利。此外，微分反映的是变化率，而当输入没有变化时，微分作用输出为零。微分作用不能单独使用，需要与另外两种调节规律相结合，组成 PD 或 PID 控制器。

2. 增量式 PID 控制器

增量式 PID 控制器是由位置式 PID 控制器在第k次采样与第（k−1）次采样的增量的大小计算得到。位置式 PID 控制器第（k−1）次采样结果为

$$u(k-1)=k_p e(k-1)+k_i\sum_{j=0}^{k-1}e(j)+k_d\frac{e(k-1)-e(k-2)}{T} \tag{4.24}$$

增量式 PID 控制器数学模型为

$$\begin{aligned}\Delta u(k)&=u(k)-u(k-1)\\&=k_p[e(k)-e(k-1)]+k_i e(k)+k_d[e(k)-2e(k-1)+e(k-2)]\end{aligned} \tag{4.25}$$

增量式 PID 控制器相较于位置式 PID 控制器，只需要第k次、第（k−1）次和第（k−2）次的误差，避免了迭代计算，降低了运算量并节省了运算处理资源。其不足是无法直接反馈电机的位置信息。由于本章需要直接控制轮式移动机器人的位置，因此这里选择位置式 PID 控制器。

4.6.2 PID 控制器的模型构建

PID 控制器模型如图 4.19 所示。

PID 控制器是一种线性控制器，它根据给定值$Y_d(t)$与实际输出值$Y(t)$构成控制偏差$\Delta e=Y_d(t)-Y(t)$。

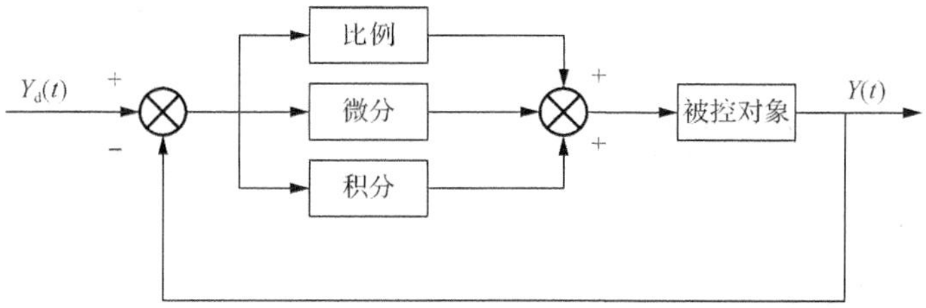

图 4.19　PID 控制器模型

4.6.3　PID 控制器 MATLAB 仿真实验

PID 控制方式结合了比例、积分、微分三种控制方式的优点和特性，更大程度上改善了系统各方面的性能，最大程度使闭环系统的阶跃响应尽可能最好（稳、快、准）。

PID 控制器的传递函数为

$$G_C(S)=\frac{k_p(k_dS^2+S+k_i)}{S} \tag{4.26}$$

式中，S 为时域中阶跃响应的拉普拉斯变换。

加上 PID 控制后的系统开环传递函数为

$$G(S)=\frac{2k_pk_dS^2+2k_pS+2k_pk_i}{S^3+3S^2+2S} \tag{4.27}$$

SIMULINK 仿真 PID 算法系统结构图如图 4.20 所示。

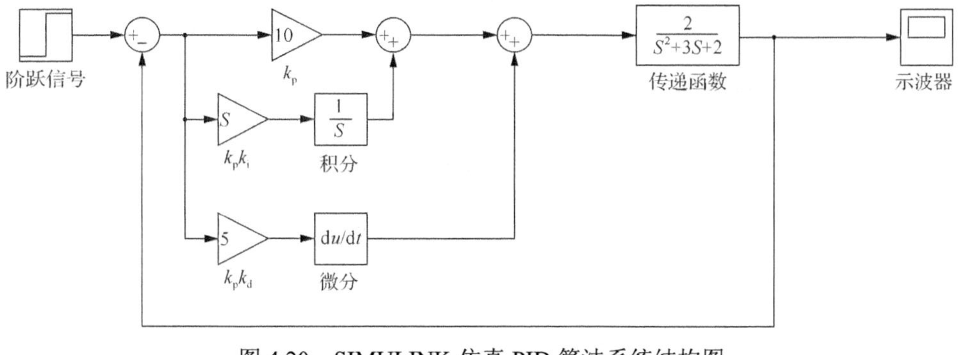

图 4.20　SIMULINK 仿真 PID 算法系统结构图

现在要调整的参数有三个：k_p、k_d、k_i。

这样，增益扫描会更加复杂，这是因为比例、微分和积分控制动作之间有更多的相互作用。一般来说，PID 控制中的 k_i 与 PID 控制器的 k_p、k_d 设计相同，但是为了满足超调量和上升时间这两个性能指标，比例增益 k_p 和微分增益 k_d 应同时调节。PID 仿真效果如图 4.21 所示。

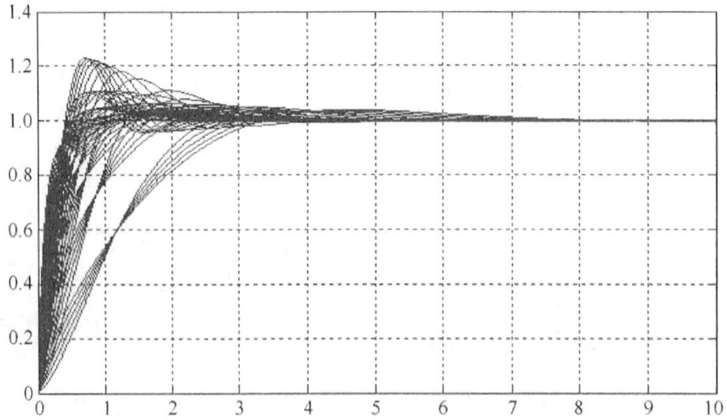

图 4.21　PID 仿真效果

4.7 小　结

本章详细介绍了工业机器人的控制系统基本原理，对工业机器人的控制系统进行了概述，包括机器人控制的目的、基本原理、控制特点及控制性能要求。然后以不同类别控制系统作为分析对象，围绕位置控制、力控制、速度控制三种不同控制类别分别阐述其原理、系统组成及应用。最后，基于 MATLAB 仿真软件及经典控制算法 PID 构建位置式控制器和增量式控制器，对 PID 控制器做了进一步说明并直观展示了控制系统对工业机器人的控制效果。

参 考 文 献

蔡自兴, 王勇, 2014. 智能系统原理、算法与应用[M]. 北京: 机械工业出版社.

彭浩, 李昕, 周立, 等, 2022. 基于三维力传感器的工业机器人力控应用[J]. 科技与创新(18): 169-172, 175.

谭辉, 2021. 移动机器人控制方法综述[J]. 科技创新与应用, 11(20): 125-127.

郁程爔, 2018. 工业机器人通用控制器系统软件开发研究[D]. 南京: 东南大学.

张国龙, 张杰, 蒋亚南, 等, 2018. 机器人力控末端执行器综述[J]. 工程设计学报, 25(6): 617-629.

Cheah C C, Wang D, 1998. Learning impedance control for robotic manipulators[J]. IEEE Transactions on Robotics and Automation, 14(3): 452-465.

Niku S B, 2013. 机器人学导论：分析、控制及应用[M]. 孙富春, 朱纪洪, 刘国栋, 等译. 2 版. 北京: 电子工业出版社.

Raibert M H, Craig J J, 1981. Hybrid position/force control of manipulators[J]. Joumal of Dynamic Systems Measurement and Control, 103(2): 126-133.

Seraji H, Colbaugh R, 1997. Force tracking in impedance control[J]. The International Journal of Robotics Research, 16(1): 97-117.

Slotine J J E, Li W P, 1988. Adaptive manipulator control: a case study[J]. IEEE Transactions on Automatic Control, 33(11): 995-1003.

第 5 章　机器人传感器

随着机器人技术的不断发展，机器人传感器也得到了极大的改进和发展。机器人传感器是机器人感知外部环境的主要工具。机器人通过传感器采集周围环境的数据，从而具备感知、识别和响应外部环境的能力。机器人传感器种类繁多，涵盖光学、声学、力学、电磁、化学等多个领域，每种传感器都有其独特的特点和适用范围。机器人传感器技术的发展不仅为机器人的应用提供了更为精确的数据和信息，也给人类社会带来了诸多变革和创新，如自动驾驶汽车、机器人医疗、智能家居等。

5.1　传感器的基础知识

传感器是一种能够将物理量转换为电信号的装置，用以实现对外部环境的感知和控制。本节介绍传感器的基础知识，包括传感器的分类、工作原理、应用范围和发展趋势，从而让读者对其有更全面、深入的了解。

5.1.1　机器人与传感器

自从 1959 年世界上诞生第一台机器人以来，机器人技术取得了长足的进步和发展，机器人技术的发展大致经历了以下三个阶段。

1. 第一代机器人——示教再现型机器人

示教再现型机器人不配备任何传感器，一般采用简单的开环控制、示教再现控制和可编程控制，机器人的作业路径或运动参数都需要示教或编程给定。在工作过程中，它无法感知环境的变化，也无法改善自身的性能和品质。其典型代表是 1962 年美国研制成功的 PUMA 通用示教再现型机器人。这种机器人通过一个计算机来控制一个多自由度的机械，通过示教存储程序和信息，工作时读取信息，然后发出指令，即可根据操作者当时的示教结果，再现其动作。示教再现型机器人对外界的环境没有感知，操作力的大小，工件存在不存在，焊接的好与坏等，它全然不知。例如，汽车的点焊机器人，在点焊的过程示教完以后，它总是重复其动作。

2. 第二代机器人——感觉型机器人

这种机器人配备了简单的内外部传感器，能感知自身运行的速度、位置、姿态等物理量，并以这些信息的反馈构成闭环控制。在 20 世纪 70 年代后期，人们开始研究第二代机器人，称为感觉型机器人。这种机器人拥有类似人具有的某种感觉，如力觉、触觉、滑觉、视觉、听觉等，它能够通过感觉来感受和识别工件的形状、大小、颜色。机器人检测自身的工作状态、探测外部工作环境和对象状态等，都需要借助传感器这一重要部件来实现。同时，传感器还能够感受规定的被测量，并按照一定的规律转换成可用的输出信号。

3. 第三代机器人——智能型机器人

20 世纪 90 年代以来，人们发明了带有多种传感器的机器人，它可以进行复杂的逻辑推理、判断及决策，在变化的内部状态与外部环境下自主决定自身的行为。

可以将传感器的功能比作人类的感觉器官：光敏传感器→视觉；声敏传感器→听觉；气敏传感器→嗅觉；化学传感器→味觉；压敏、温敏、流体传感器→触觉。与常用的传感器相比，人类的感觉能力要好得多，但也有一些传感器比人的感觉功能优越，如人类无法感知紫外线或红外线辐射，感觉不到电磁场、无色无味的气体等。

近年来传感器技术得到迅猛发展，同时也更为成熟完善，这在一定程度上推动了机器人技术的发展。传感器技术的革新和进步，势必会给机器人行业带来革新和进步，因为机器人很多功能都是依靠传感器来实现的。为了实现在复杂、动态及不确定性环境下机器人的自主性，或为了检测作业对象、环境及机器人与它们之间的关系，目前各国的科研人员逐渐将视觉、听觉、压觉、热觉、力觉传感器等多种不同功能的传感器合理地组合在一起，形成机器人的感知系统，为机器人提供更为详细的外界环境信息，进而促使机器人对外界环境变化做出实时、准确、灵活的行为响应。

不得不承认，即使是目前世界上智能化程度最高的机器人，对外部环境变化的适应能力也非常有限，还远远没有达到人们预想的目标。为了解决这一问题，机器人研究领域的学者们研发了各种传感器，以及多信息处理系统，使其具有更高的性能指标和更广的应用范围。

5.1.2 传感器的定义及特点

传感器是能感知外界信息并能按一定规律将这些信息转换成与之对应的有用输出信号的元器件或装置。简言之，传感器是将外界信号转换成电信号的装置。具体地，传感器是一种检测装置，能够感受如位移、速度、力、温度、湿度、流量、光、化学成分等非电量，并能将它们按照一定的规律转换为电压、电流等电量，或转换成电路的通断，以满足信息的传输、处理、存储、显示、记录和控制等要求。它是实现自动检测和自动控制的首要环节。

传感器的特点表现为知识密集程度高，涉及多学科知识；技术复杂，工艺要求高；功能优，性能好；品种繁多，应用广泛。

5.1.3 传感器的组成及分类

本节介绍传感器的组成及其分类方法，以帮助读者更好地理解传感器的基础知识。

1. 传感器的组成

传感器一般由敏感元件、转换元件、测量电路、辅助电路等组成，如图 5.1 所示。其中敏感元件和转换元件可以合二为一，有的传感器不需要辅助电路。

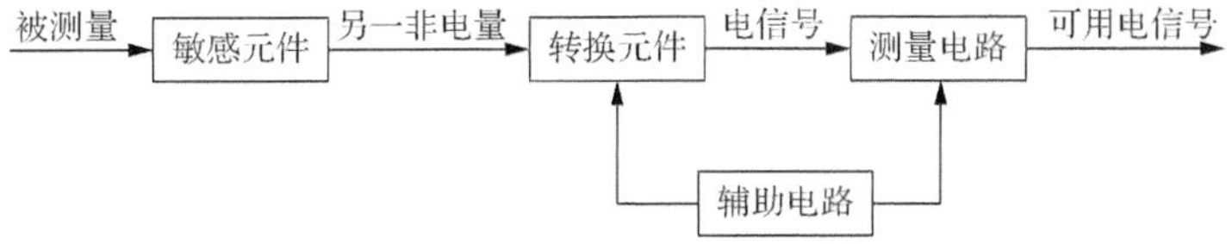

图 5.1　传感器组成框图

① 敏感元件：能直接感受与检测被测对象的非电量并按一定规律转换成与被测量有确定关系的其他量的元件。

② 转换元件：能将敏感元件感受到的与被测量呈确定关系的非电量转换成电量的元件，又称变换器。

③ 测量电路：将转换元件输出的电信号转换成便于记录、显示、处理和控制的有用电信号的电路，又称信号调理电路。常用的电路有电桥、放大器、振荡器、阻抗变换器、脉宽调制电路等。

④ 辅助电路：通常包括电源等。

2. 传感器的分类

传感器的种类很多，原理各异，检测对象门类繁多，因此其分类方法也有许多种。人们通常根据需要，从不同的角度，为突出某一方面进行分类。

1）物理传感器

物理传感器是检测物理量的传感器。它是利用某些物理效应，将被测量的物理量转换为便于处理的能量形式的信号装置。其输出的信号和输入的信号之间存在确定的关系。物理传感器主要有光电式传感器、压电式传感器、压阻式传感器、电磁式传感器、热电式传感器、光导纤维传感器等。

下面以光电式传感器为例，介绍它的工作原理。这种传感器将光信号转换为电信号，它直接检测来自物体的辐射信息，也可以将其他物理量转换为光信号。其主要原理是光电效应：当光照射到物质上的时候，物质上的电效应发生改变，这里的电效应包括电子发射、电导率和电位电流等。光电式传感器的主要工作流程就是接受相应的光的照射，首先通过类似光敏电阻器这样的器件将光能转换成电能，然后通过放大和去噪处理，得到所需要的输出电信号。这里的输出电信号和原始的光信号有一定的关系，通常是接近线性的关系，这样计算原始的光信号就不是很复杂了。其他物理传感器的工作原理与光电式传感器类似。

2）光纤传感器

近年来，传感器在朝着网络化、系统化、微型化和智能化的方向发展。在这一过程中，光纤传感器这个传感器家族的新成员备受青睐。光纤具有很多优异的性能，如抗电磁干扰和原子辐射的性能，径细、质软、重量轻的力学性能，绝缘、无感应的电气性能，耐水、耐高温、耐腐蚀的化学性能等，它能够在人无法抵达的地方（如高温区），或者对人有害的地区（如核辐射区），起到充当人的耳目的作用，而且能够超越人的生理界限，接收人的感官无法感受的外界信息。光纤传感器是近年来出现的新技术，可以用来测量多种物理量，如声场、电场、压力、温度、角速度、加速度等，还可以完成现有测量技术难以完成的测量任务。在狭小的空间里，在强电磁干扰和高电压的环境下，光纤传感器都显示出了独特的性能。目前光纤传感器已经有百余种，大致上分为光纤自身的传感器和利用光纤的传感器。

3）仿生传感器

仿生传感器是一种采用新的检测原理的新型传感器，它采用固定化的细胞、酶或者其他生物活性物质与换能器相配合组成传感器。这种传感器是近年来生物医学和电子学、工程学相互渗透而发展起来的一种新型的传感技术。这种传感器的特点是机能高、寿命长。仿生传感器按照使用的介质可以分为酶传感器、微生物传感器、细胞器传感器、组织传感器等。仿生传感器和生物学理论的方方面面都有着密切的联系，是生物学理论发展的直接成果。目前，虽然已经有了许多仿生传感器，但是仿生传感器的稳定性、再现性和可批量生产性明显不足，所以仿生传感技术尚处于“幼年期”。在开发新型仿生传感器和完善现有系列的同时，生物活性膜的固定化技术和仿生传感器的固态化也值得进一步研究。

4）电磁传感器

磁传感器是最古老的传感器，指南针是磁传感器最早的一种应用。但是作为现代传感器，为了便于信号处理，需要磁传感器能将磁信号转换为电信号输出。电磁传感器应用最早的是根据电磁感应原理制造的磁电式传感器。这种传感器曾在工业控制领域做出杰出贡献，但是目前已经被以高性能磁敏感材料为主的新型磁传感器所替代。

5）磁光效应传感器

现代电测技术日趋成熟，磁光效应传感器由于具有精度高、便于计算机相连实现自动实时处理等优点，已经广泛应用于电气量和非电气量的测量中。然而电测法容易受到干扰，在测量交流电时，其频响不够宽并对耐压、绝缘方面有一定要求，因此被磁光效应传感器所取代。磁光效应传感器是基于激光技术发展而成的高性能传感器。激光是20世纪60年代初迅速发展起来的又一新技术，它的出现标志着人们掌握和利用光波的技术进入了一个新的阶段。由于以往普通光源单色度低，因此很多重要的应用受到限制，激光的出现，使无线电技术和光学技术突飞猛进、相互渗透、相互补充。现在，磁光效应传感器已广泛应用于煤矿、石油、天然气储存等危险、易燃的场所。

6）压电式传感器

压电式传感器是工业实践中最为常见的一种传感器，其原理是压电效应。某些晶体介质，当沿着一定方向受到机械力作用发生变形时，就产生了极化效应；当机械力撤掉之后，又会重新回到不带电的状态，也就是受到压力的时候，某些晶体可能产生放电的效应，这就是所谓的极化效应。压电式传感器中主要使用的压电材料包括石英（二氧化硅）、酒石酸钾钠和磷酸二氢铵等。其中石英是一种天然晶体，压电效应就是在这种晶体中发现的，在一定的温度范围之内，压电性一直存在，但温度超过这个范围，压电性就会完全消失。由于随着应力的变化电场变化微小（也就是说压电常数比较低），其作为传感器材料对外部压力不敏感，因此石英逐渐被其他的压电晶体所替代。酒石酸钾钠虽然具有很高的压电灵敏度和压电常数，但是它只适用于室温和湿度比较低的环境。磷酸二氢铵属于人造晶体，能够承受高温和相当高的湿度，目前已得到广泛的应用。

5.2　常用的内部传感器

内部传感器是指安装在机器或设备内部的传感器，用于测量内部参数的变化。内部传感器在现代工业生产中起着非常重要的作用，可以监测设备的状态和性能，及时发现故障，从而提高生产效率和安全性。

5.2.1　位置传感器

当前机器人系统中应用的位置传感器一般为编码器。在机器人运动控制系统中，编码器的作用是将位置和角度等参数转换为数字量。由于工作机理的不同，编码器种类非常多，常见的是光电编码器。根据光电编码器的结构形式又可将其分为旋转光电编码器（光电码盘）和直线光电编码器（光栅尺），常用于机器人的旋转关节或直线运动关节的位置检测。光电编码器的特征参数是编码器的分辨率，如 800 线/转、1200 线/转、2500 线/转、3600 线/转，甚至更高的分辨率。当然编码器的价格也随分辨率的提高而增加。

图 5.2 所示为透射式旋转光电编码器的结构及其光电转换电路。在与被测轴同心的码盘上刻制了按一定编码规则形成的遮光和透光部分的组合。码盘的一边是发光管，另一边是光敏器件。码盘随着被测轴的转动使透过码盘的光束产生间断，通过光电器件的

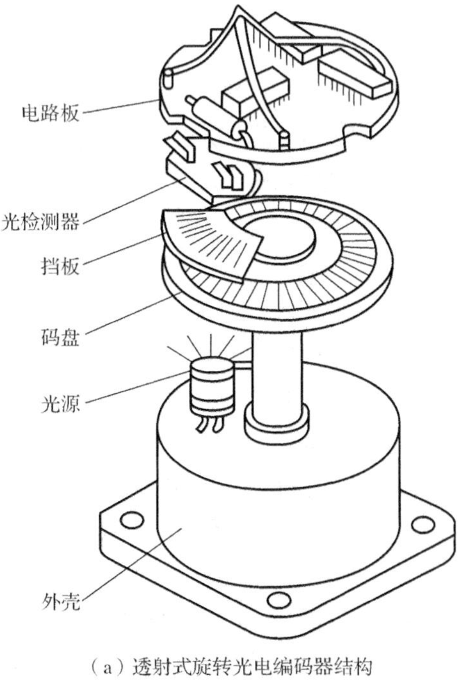

（a）透射式旋转光电编码器结构

图 5.2　透射式旋转光电编码器结构及其光电转换电路

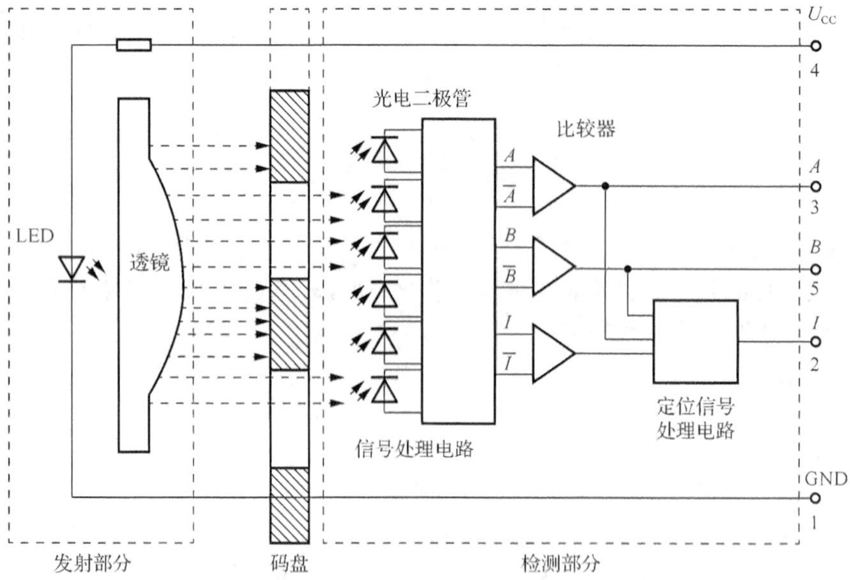

（b）透射式旋转光电编码器光电转换电路

图 5.2（续）

接收和电子线路的处理，产生特定电信号的输出，再经过数字处理即可计算出位置和速度信息。光电编码器根据检测角度位置的方式又分为绝对型光电编码器、增量型光电编码器和直线式光电编码器（光栅尺）。

1. 绝对型光电编码器

绝对型光电编码器具备绝对位置的记忆装置，能测量旋转轴或移动轴的绝对位置，因此在机器人系统中得到广泛应用。对于移动轴或旋转轴，当编码器的安装位置确定后，绝对参考零位的位置就确定了。一般情况下，绝对型光电编码器的绝对零位的记忆依赖不间断的供电电源，目前一般使用高效的锂离子电池进行供电。

绝对型光电编码器的码盘由多个同心的码道（track）组成，这些码道沿径向顺序具有各自不同的二进制权值。每个码道上按照其权值划分为遮光段和投射段，分别代表二进制的 0 和 1。与码道个数相同的光电器件分别与各自对应的码道对准，并沿码盘的半径直线排列。通过这些光电器件的检测可以生成绝对位置的二进制编码。绝对型光电编码器对于旋转轴的每个位置均生成唯一的二进制编码，因此可用于确定绝对位置。绝对位置的分辨率取决于二进制编码的位数，即码道的个数。例如，一个 10 码道编码器可以产生 1024 个位置，角度的分辨率为 21′6″，目前绝对型光电编码器最高有 17 个码道。

如图 5.3 所示，这里以 4 位绝对码盘来说明旋转式绝对型光电编码器的工作原理。图 5.3（a）所示的码盘采用标准二进制编码，其优点是可以直接用于绝对位置的换算，其缺点是当它在两个位置的边缘交替或来回摆动时，由于码盘制作或光电器件排列的误差会产生编码数据大幅度跳动，从而导致位置显示和控制失常，因此这种码盘在实际中很少使用。例如，在位置 0111 与 1000 的交界处，可能会出现 1111、1110、1011、0101 等数据。因此绝对型光电编码器一般采用图 5.3（b）所示的循环二进制码盘，即格雷码盘。

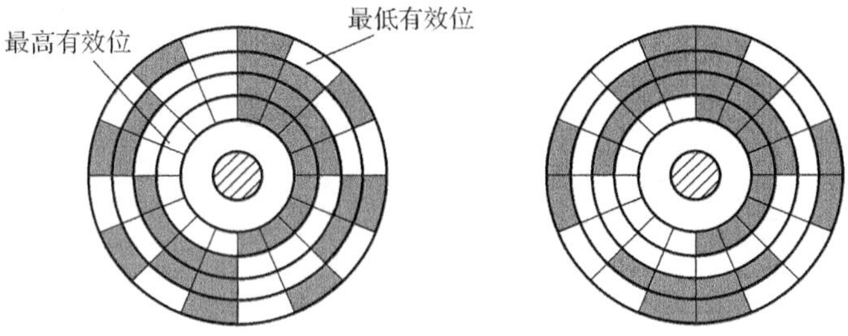

（a）二进制码盘　　（b）格雷码盘

图 5.3　绝对型光电编码器的码盘

格雷码的特点是相邻两个数据之间只有一位数据变化，因此在测量过程中不会产生数据的大幅度跳动（即通常所说的不确定或模糊现象）。格雷码在本质上是一种对二进制的加密处理，其每位不再具有固定的权值，必须经过一个解码过程转换为二进制码，才能得到位置信息。这个解码过程可通过硬件解码器或软件来实现。

绝对型光电编码器的优点是即使静止或关闭后再打开，也可得到位置信息；缺点是结构复杂、造价较高。此外其信号引出线随着分辨率的提高而增多。例如，18 位的绝对型光电编码器的输出至少需要 19 根信号线。但是随着集成电路技术的发展，已经有可能将检测机构与信号处理电路、解码电路乃至通信接口组合在一起，形成数字化、智能化或网络化的位置传感器。例如，已有集成化的绝对编码器产品将检测机构与数字处理电路集成在一起，其输出信号线数量减少为只有数根，输出的可以是分辨率为 12 位的模拟信号，也可以是串行数据。

2. 增量型旋转光电编码器

增量型旋转光电编码器在一般机电系统中的应用非常广泛。对于一般的伺服电机，为了实现闭环控制，与电机同轴安装有光电编码器，用于实现对电机的精确运动控制。增量型旋转光电编码器能记录旋转轴或移动轴的相对位置变化量，却不能给出运动轴的绝对位置，因此这种光电编码器通常用于定位精度不高的机器人，如喷涂机器人、搬运机器人、码垛机器人等。

增量型旋转光电编码器的码盘和挡板如图 5.4 所示。在现代高分辨率码盘上，透射和遮光部分都是很细的窄缝和线条，因此也被称为圆光栅。相邻的窄缝之间的夹角称为栅距角，透射窄缝和遮光部分大约各占栅距角的 1/2。码盘的分辨率以每转脉冲数表示，即码盘旋转一周在光电检测部分可产生的脉冲数。在码盘上往往还会安排一个（或一组）特殊的窄缝，用于产生定位（index）或零位（zero）信号。测量装置或运动控制系统可以利用这个信号产生回零或复位操作。

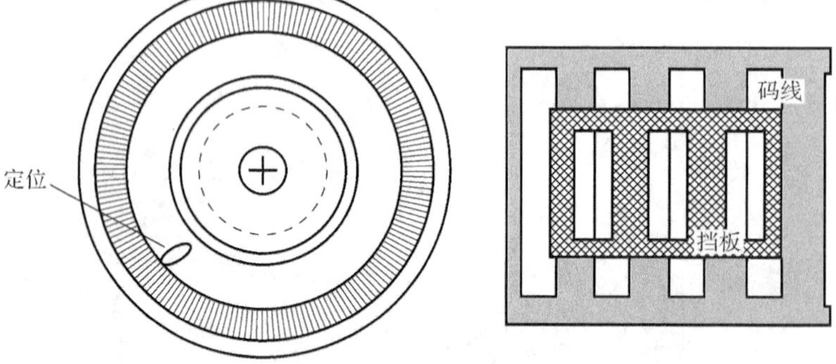

（a）码盘　　（b）挡板

图 5.4　增量型旋转光电编码器的码盘与挡板

3. 直线式光电编码器（光栅尺）

直线式光电编码器的工作原理与增量型旋转光电编码器非常类似，甚至可以将直线式光电编码器理解为增量型旋转光电编码器的编码部分由环形拉直而演变成直尺形。直线式光电编码器同样可以制作为增量式和绝对式。这里只简单介绍直线增量式光电编码器，它与增量型旋转光电编码器的区别是直线式光电编码器的分辨率以栅距表示，而不是每转脉冲数。

直线增量式光电编码器的工作原理如图 5.5 所示。从图中可以看到，光源经透镜形成平行光束，经过指示光栅（又称扫描光栅、定位光栅）照射到标尺光栅（又称主动光栅、动光栅）上。这里的指示光栅与增量型旋转光电编码器中挡板的作用相同，可以制作为一个整体。透过光栅组合的光线可在对应的光电器件上产生 A、B、$\overline{A}$、$\overline{B}$ 和零位 5 个信号。

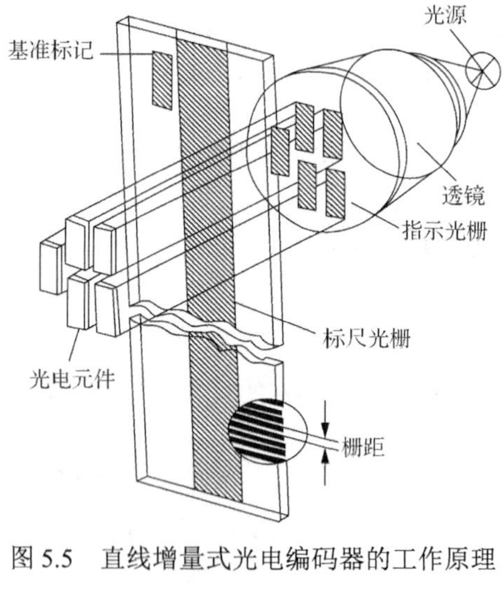

图 5.5　直线增量式光电编码器的工作原理

5.2.2　速度传感器

速度传感器是机器人内部传感器之一，是闭环控制系统中不可缺少的重要组成部分，用于测量机器人关节的运动速度。可以进行速度测量的传感器有很多，进行位置测量的传感器大多可同时获得速度信息。但是应用广泛，能直接得到代表转速的电压且具有良好的实时性的速度测量传感器是测速发电机。在机器人控制系统中，以速度为首要目标进行伺服控制并不常见，更常见的是机器人的位置控制。当然如果需要考虑机器人运动过程的品质，速度传感器甚至加速度传感器都是有必要的。这里仅介绍在机器人控制中普遍采用的几种速度测量传感器，这些速度传感器根据输出信号的形式可分为模拟式和数字式两种类型。

1. 模拟式速度传感器

测速发电机是最常用的一种模拟式速度测量传感器，是一种小型永磁式直流发电机。其工作原理是当励磁磁通恒定时，其输出电压和转子转速成正比，即

$$U = kn \tag{5.1}$$

式中，U 为测速发电机输出电压；n 为测速发电机转速；k 为比例系数。

当测速发电机有负载时，电流流过电枢绕组，由于电枢反应而使输出电压降低。若负载较大，或者测量过程中负载发生变化，则会破坏线性特性而产生误差。为减少误差，必须使负载尽可能地小而且性质不变。测速发电机总是与驱动电动机同轴连接，这样就测出了驱动电动机的瞬时速度。测速发电机在机器人控制系统中的应用如图 5.6 所示。

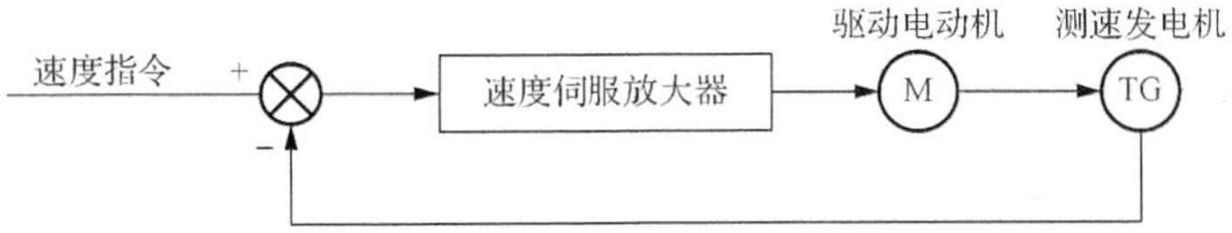

图 5.6　测速发电机在机器人控制系统中的应用

2. 数字式速度传感器

在机器人控制系统中，增量型光电编码器一般用作位置传感器，但也可以用作速度传感器。当把一个增量型光电编码器用作速度检测元件时，有以下两种使用方法。

1）模拟式方法

使用模拟式方法，关键是需要一个频率/电压（F/V）转换器，它必须有尽量小的温度漂移和良好的零输入输出特性，用于将编码器的脉冲频率输出转换成与转速成正比的

模拟电压。F/V 转换器检测的是电动机轴上的瞬时速度。增量型光电编码器用作速度传感器的示意图如图 5.7 所示。

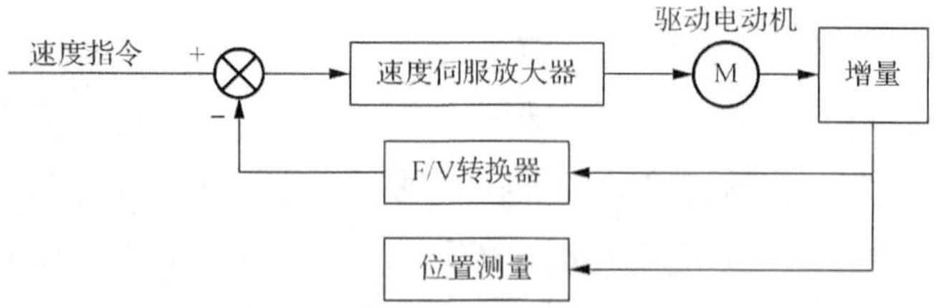

图 5.7　增量型光电编码器用作速度传感器示意图（模拟式）

2）数字式方法

编码器是数字元件，其脉冲个数代表其位置，单位时间内的脉冲个数代表这段时间内的平均速度。显然单位时间越短，越能代表瞬时速度，但若时间过短，只能记录几个编码器脉冲，反而降低了速度分辨率。目前在技术上有多种办法能够解决这个问题。例如，可以采用两个编码器脉冲为一个时间间隔，然后用计数器记录在这段时间内高频脉冲源发出的脉冲数。其示意图如图 5.8 所示。

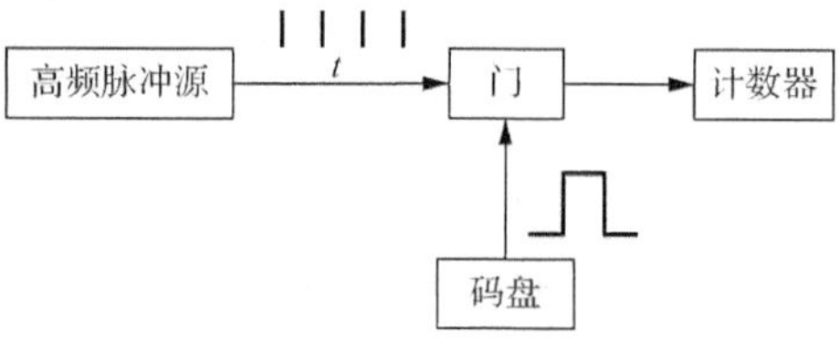

图 5.8　增量型光电编码器用作速度传感器示意图（数字式）

5.2.3　加速度传感器

随着机器人的高速化、高精度化，由机械运动部分刚性不足所引起的振动问题开始得到关注。作为抑制振动问题的对策，有时在机器人的各杆件上安装加速度传感器，测量振动加速度，并将它反馈到杆件底部的驱动器上；有时将加速度传感器安装在机器人末端执行器上，并将测得的加速度数值积分后加到反馈环节中，以改善机器人的性能。从测量振动的目的出发，加速度传感器日趋受到重视。

机器人的动作是三维的，而且活动范围很广，因此可在连杆等部位直接安装接触式振动传感器。虽然机器人的振动频率仅为数十赫兹，但是因为共振特性容易改变，所以要求传感器具有低频高灵敏度的特性。

1. 应变片加速度传感器

Ni-Cu 或 Ni-Cr 等金属电阻应变片加速度传感器是一个由板簧支承重锤所构成的振动系统，如图 5.9 所示，板簧上下两面分别贴有两个应变片。应变片受振动产生应变，其电阻值的变化通过电桥电路的输出电压检测得出。除了金属电阻外，Si 或 Ge 半导体压阻元件也可用于加速度传感器。

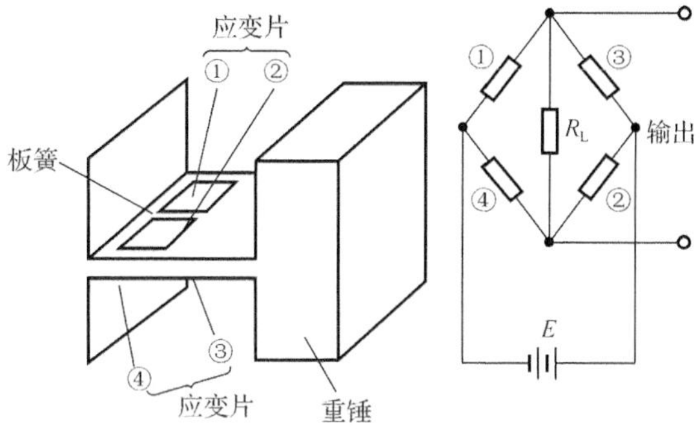

图 5.9　应变片加速度传感器

半导体应变片的应变系数大小是金属电阻应变片的 50～100 倍，灵敏度很高，但温度特性差，需要加补偿电路。目前，研究者已研究成功充硅油耐冲击的高精度悬臂结构（重锤的支承部分），包含信号处理电路的超小型芯片式悬臂机构也正在研制中。

2. 伺服加速度传感器

伺服加速度传感器通过检测出与上述振动系统重锤位移成比例的电流，将电流反馈到恒定磁场中的线圈，使重锤返回到原来的零位移状态。由于重锤没有几何位移，因此这种传感器与前一种相比，更适用于较大加速度的系统。

首先产生与加速度成比例的惯性力 F，它与电流 i 产生的复原力保持平衡。然后根据弗莱明左手定则，F 和 i 成正比（比例系数为 K），即 $F=ma=Ki$（m 为重锤的质量），就可求出加速度。

3. 压电加速度传感器

压电加速度传感器通常利用具有压电效应的物质，将产生加速度的力转换为电压。具有压电效应的物质，受到外力发生机械形变时，能产生电压；反之，受到外加电压时，也能产生机械形变。压电元件大多由具有高介电系数的铬钛酸铅材料制成。

设压电常数为 d，加在元件上的应力 F 和产生的电荷 Q 的关系为 $Q=dF$。设压电元件的电容为 C，输出电压为 U，则 $U=Q/C=dF/C$，其中 U 和 F 在很大动态范围内保持线性关系。

压电元件的形变有三种基本模式：压缩形变、剪切形变和弯曲形变，如图 5.10 所示。图 5.11 是剪切形变模式的加速度传感器结构图。这种传感器中一对平板形或圆筒形压电元件在轴对称位置上垂直固定，压电元件的剪切压电常数大于压电常数，而且不受横向加速度的影响，在一定高温下仍能保持稳定的输出。

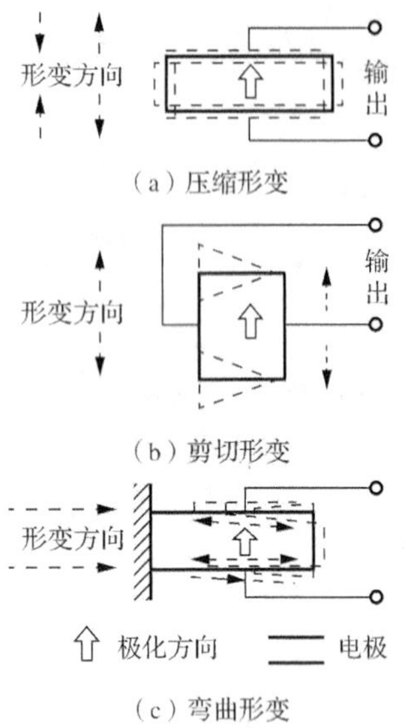

图 5.10　压电元件形变的三种基本模式

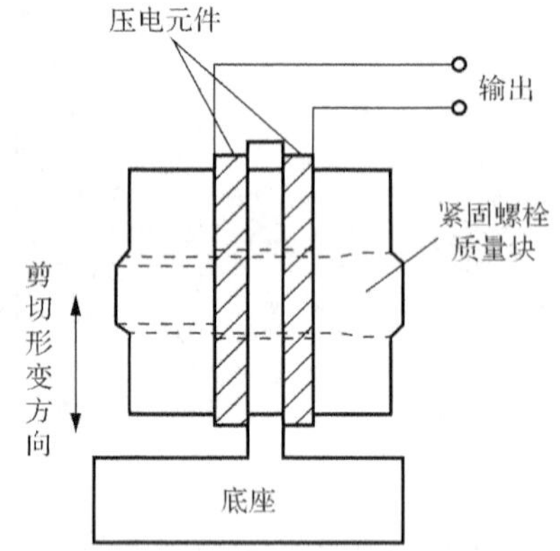

图 5.11　剪切形变模式的加速度传感器

5.2.4　力觉传感器

力觉是指对机器人的指、肢和关节等运动中所受力的感知，主要包括腕力觉、关节力觉和支座力觉等。根据被测对象的负载，可以将力觉传感器分为测力传感器（单轴力传感器）、力矩表（单轴力矩传感器）、手指传感器（检测机器人手指作用力的超小型单轴力传感器）和六轴力觉传感器等。根据传感器的安装设置，可以将力觉传感器分为腕力传感器、关节力传感器、握力传感器等。

1. 筒式腕力传感器

图 5.12 所示为一种筒式六自由度腕力传感器，其主体为铝圆筒，外侧由 8 根梁支撑，其中 4 根为水平梁，4 根为垂直梁。水平梁的应变片贴于上、下两侧，设各应变片所受到的应变量分别为 Q_x^+、Q_y^+、Q_x^-、Q_y^-；垂直梁的应变片贴于左右两侧，设各应变片所受到的应变量分别为 P_x^+、P_y^+、P_x^-、P_y^-。那么，施加于传感器上的六维力，即 x、y、z 方向的力 F_x、F_y、F_z，以及 x、y、z 方向的转矩 M_x、M_y、M_z 可以用下列关系式计算：

$$\begin{cases} F_x = K_1\left(P_y^+ + P_y^-\right) \\ F_y = K_1\left(P_x^+ + P_x^-\right) \\ F_z = K_3\left(Q_x^- + Q_x^+ + Q_y^- + Q_y^+\right) \\ M_x = K_4\left(Q_y^+ - Q_y^-\right) \\ M_y = K_5\left(-Q_x^+ - Q_x^-\right) \\ M_z = K_6\left(P_x^+ - P_x^- - P_y^+ + P_y^-\right) \end{cases} \tag{5.2}$$

式中，K_1、K_2、K_3、K_4、K_5、K_6 为比例系数，与各梁所贴应变片的应变灵敏度有关，应变量由贴在每根梁两侧的应变片构成的半桥电路测量。

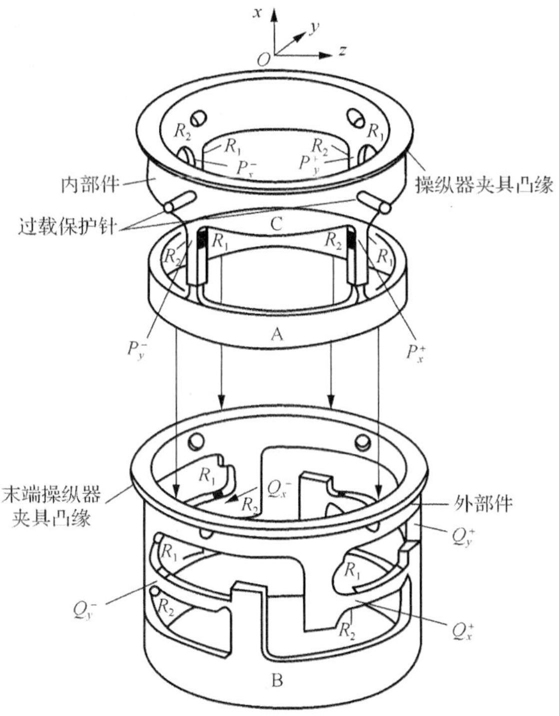

图 5.12　筒式六自由度腕力传感器

2. 十字腕力传感器

图 5.13 所示为挠性十字梁式腕力传感器，其用铝材切成十字框架，各悬梁外端插入圆形手腕框架的内侧孔中，悬梁端部与腕框架的接合部装有尼龙球，目的是使悬梁易于伸缩。此外，为了增加其灵敏性，在与梁相接处的腕框架上还切出了窄缝。十字形悬梁实际上是一整体，其中央固定在手腕轴向。

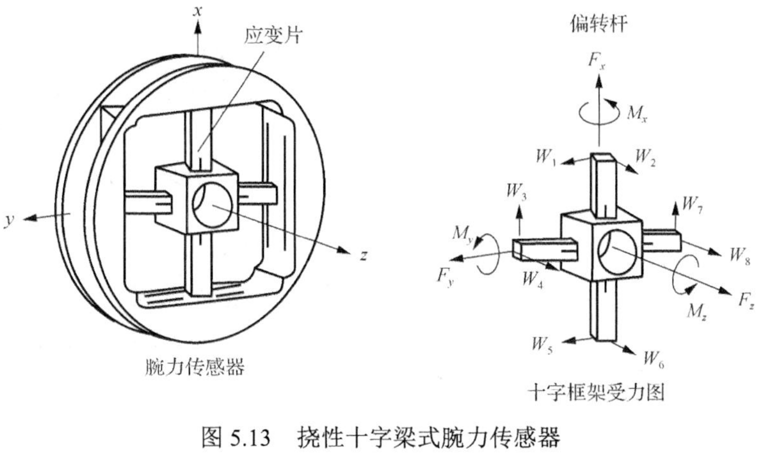

图 5.13　挠性十字梁式腕力传感器

应变片贴在十字梁上，每根梁的上下左右侧面各贴一片应变片。相对面上的两片应变片构成一组半桥，通过测量一个半桥的输出，即可检测一个参数。整个手腕通过应变片可检测出 8 个参数：f_{x1}、f_{x3}、f_{y1}、f_{y2}、f_{y3}、f_{y4}、f_{z2}、f_{z4}，利用这些参数可计算出手腕顶端 x、y、z 方向的力 F_x、F_y、F_z 及 x、y、z 方向的转矩 M_x、M_y、M_z，公式如下：

$$\begin{cases} F_x = f_{x1} - f_{x3} \\ F_y = f_{y1} - f_{y2} - f_{y3} - f_{y4} \\ F_z = -f_{z2} - f_{z4} \\ M_x = a\left(f_{z2} + f_{z4}\right) + b\left(f_{y1} - f_{y4}\right) \\ M_y = -b\left(f_{x1} - f_{x3} - f_{z2} + f_{z4}\right) \\ M_z = -a\left(f_{x1} + f_{x3} + f_{z2} - f_{z4}\right) \end{cases} \tag{5.3}$$

式中，a、b 表示待定系数。

5.3 常用的外部传感器

外部传感器是指安装在机器或设备外部的传感器，用于感知外部环境参数的变化。外部传感器在现代生产和生活中有着广泛的应用，能够感知温度、湿度、气压、光照、声音等多种参数，并将其转换为电信号供系统处理。

5.3.1 视觉传感器

视觉传感器是一种能够模拟人类视觉系统进行感知和识别的传感器，它可以感知并分析图像中的特征信息，识别目标物体的位置、形状、大小、颜色等属性，并通过图像处理算法进行处理和分析。视觉传感器在机器人、自动化生产、安防监控、智能交通等领域有着十分广泛的应用，可以实现自主导航、自动检测、自动分拣、目标跟踪等功能，极大地提高了生产效率和安全性。

1. 光电转换器件

人工视觉系统中，相当于眼睛视觉细胞的光电转换器件有光电二极管、光电三极管和电荷耦合器件（charge coupled device，CCD）图像传感器等。过去使用的管球形光电转换器件，由于工作电压高、耗电量多、体积大等缺点，随着半导体技术的发展，已逐渐被固态器件所取代。

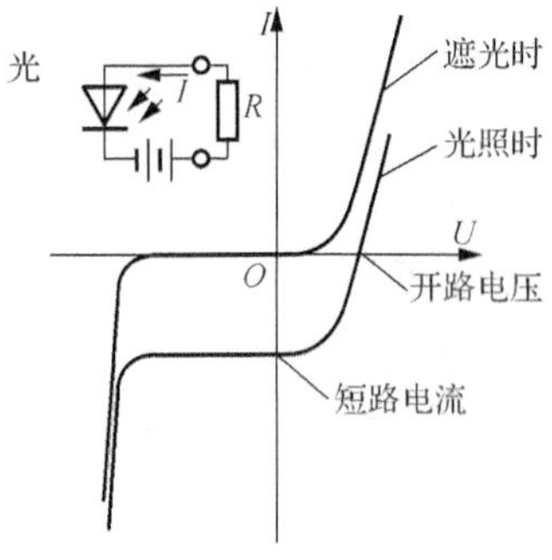

图 5.14 光电二极管的特性

1）光电二极管

半导体 PN 结受光照射时，若光子能量大于半导体材料的禁带宽度，则吸收光子，形成电子空穴对，产生电位差，输出与入射光量相应的电流或电压。光电二极管是利用光伏效应的光传感器，图 5.14 展示了它的伏安特性。光电二极管使用时一般会加反向偏置电压，当然不加也能使用。零偏置时，PN 结电容变大，频率响应下降，但线性度好。如果加反向偏置电压，没有载流子的耗尽层增大，响应特性提高。根据电路结构，光检出的响应时间可在 1ns 以下。

为了用激光雷达提高测量距离的分辨率，需要响应特性好的光电转换元件。雪崩光电二极管（avalanche photodiode，APD）是基于在强电场的作用下载流子运动加速，与原子相撞产生电子雪崩的放大原理研制的。它是检测微弱光的光电转换元件传感器，其响应特性好。光电二极管作为位置检测元件，可以连续检测光束的入射位置，也可用于二维平面上的光点位置检测。它的电极不是导体，而是均匀的电阻膜。

2）光电三极管

PNP 或 NPN 型光电三极管的集电极 C 和基极 B 之间构成光电二极管。当其被光照射时，反向偏置的基极和集电极之间产生电流，放大的电流流过集电极和发射极。因为光电三极管具有放大功能，所以产生的光电流是光电二极管的 100～1000 倍，其响应时间可达微秒级。

3）CCD 图像传感器

CCD 是一种通过势阱存储、传输电荷的元件。CCD 图像传感器采用 MOS 结构，如图 5.15 所示，内部无 PN 结，P 型硅衬底上有一层二氧化硅绝缘层，其上排列着多个金属电极。在金属电极上加正电压，其下将产生势阱，势阱的深度随电压而变化。如果依次改变加在电极上的电压，则势阱将随着电压的变化而移动，使注入势阱中的电荷发生转移。根据金属电极的配置和驱动电压相位的变化，CCD 又可分为二相时钟驱动型和三相时钟驱动型。

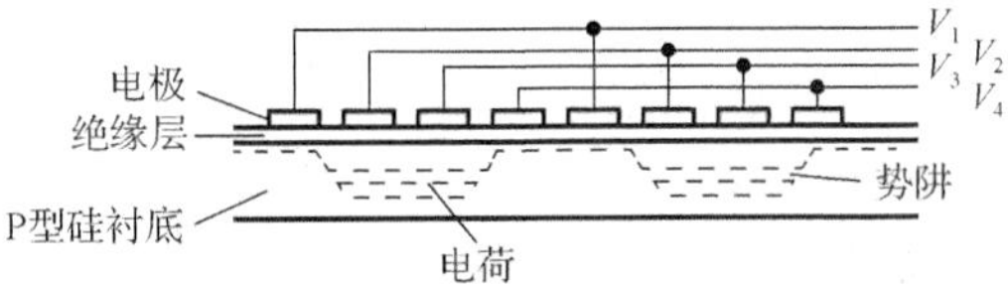

（a）CCD剖面

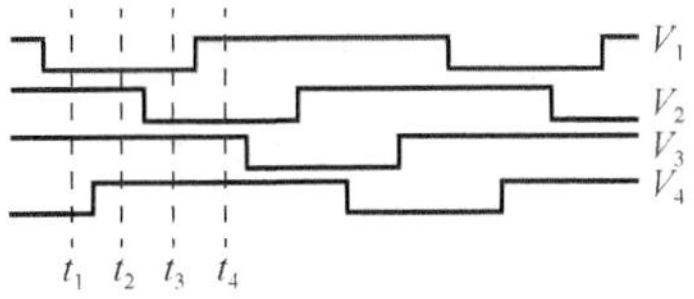

（b）电极电压波形

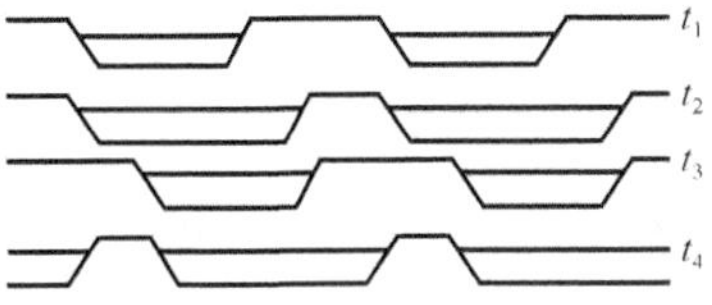

（c）电位

图 5.15　CCD 图像传感器结构

4）MOS 图像传感器

光电二极管和 MOS 场效晶体管成对地排列在硅衬底上，构成 MOS 图像传感器。其工作原理是，通过选择水平扫描线和垂直扫描线来确定像素的位置，使两个扫描线的交点上的 MOS 场效应管导通，然后从与之成对的光电二极管中取出像素信息。扫描是分时按序进行的。

5）工业电视摄像机

工业电视摄像机由二维平面形式的图像传感器和扫描电路等外围电路组成。只要接上电源，摄像机就能输出被摄图像的标准电视信号。大多数摄像机镜头可以通过一个称为 C 透镜接头的 0.5in（1in=2.54cm）的螺纹来更换。为了实现透镜的自动聚焦，多数摄影透镜带有自动光圈的驱动端子。目前市场上出售的摄像机中，有的带有外部同步信号输入端子，用于控制垂直扫描或水平垂直扫描；有的可以改变 CCD 的电荷积累时间，以缩短曝光时间。市面上的彩色摄像机多数是在图像传感器上镶嵌配置红（R）、绿（G）、蓝（B）色滤色器以提取颜色信号的单板式摄像机。光源不同而需要调整色彩时，方法很简单，可直接手动切换颜色。

2. 二维视觉传感器

视觉传感器分为二维视觉传感器和三维视觉传感器两大类。二维视觉传感器可以获取景物的图形信息。其多采用二值图像处理、灰度图像处理和彩色图像处理等方法，通过输入的二维图像来识别对象。图像由摄像机获取，如果物体在传送带上以一定速度通过固定位置，也可用一维线型传感器获取二维图像的输入信号。

对于操作对象限定、工作环境可调的生产线，一般使用廉价、处理时间短的二值图像视觉系统。图像处理中，首先要区分作为物体像的图和作为背景像的底两大部分。图和底的区分很容易处理。图形识别中，还会用到图的面积、周长、中心位置等数据。为了减少图像处理的工作量，必须注意以下几点。

① 照明方向：由于环境中不仅有照明光源，还有其他光，因此要使物体的亮度、光照方向的变化尽量小，需要注意物体表面的反射光、物体的阴影等。

② 背景的反差：黑色物体放在白色背景中，图和底的反差大，容易区分。有时也可将光源放在物体背后，让光线穿过漫射面照射物体，以获取轮廓图像。

③ 视觉传感器的位置：改变视觉传感器和物体间的距离，成像大小也会相应地发生变化。获取立体图像时若改变了观察方向，图像的形状也会随之相应改变。以垂直方向观察物体，可得到稳定的图像。

④ 物体的放置：物体若重叠放置，则难以进行图像处理。将各个物体分开放置，可缩短图像处理的时间。

3. 三维视觉传感器

三维视觉传感器可以获取景物的立体信息或空间信息。立体图像可以根据物体表面的倾斜方向、凹凸高度分布的数据获取，也可以根据从观察点到物体的距离分布情况，即距离图像获取。空间信息则可以基于距离图像获取。视觉观测法主要有以下几种。

1）单眼观测法

人看一张照片就可以了解景物的景深、物体的凹凸状态。可见，物体表面的状态（纹理分析）、反光强度分布、轮廓形状、影子等都是一张图像中存在的立体信息的线索。

2）莫尔条纹法

莫尔条纹法利用条纹状的光照射物体表面，然后在另一个位置上透过同样形状的遮光条纹进行摄像。一旦物体上的条纹像和遮光像产生偏移，形成等高线图形，即莫尔条纹。这样传感器就可以根据莫尔条纹的形状得到物体表面凹凸的信息。此外，根据条纹数还可测得距离，但有时很难确定条纹数。

3）主动立体视觉法

以光束照射目标物体表面，在与基线相隔一定距离的位置上摄取物体的图像，从中检测出光点的位置，然后根据三角测量原理求出光点的距离。这种获得立体信息的方法称为主动立体视觉法。

4）被动立体视觉法

模拟人的两只眼睛，从不同视线获取的两幅图像中，找到同一个物点的像的位置，利用三角测量原理得到距离图像。这种获取立体信息的方法称为被动立体视觉法。该方法虽然原理简单，但是在两幅图像中检出同一物点的对应点非常困难。

5）激光雷达法

激光雷达法是指用激光代替雷达电波，在视野范围内扫描，通过测量反射光的返回时间得到距离图像。根据光束的不同，它又分为两种形式：一种发射脉冲光束，用光电倍增管接收反射光，直接测量光的返回时间；另一种发射调幅激光，测量反射光调制波形相位的滞后。为了提高距离分辨率，必须提高反射光检测的时间分辨率，因此该方法需要尖端电子技术。

5.3.2　触觉传感器

人的触觉包括接触觉、压觉、冷热觉、滑动觉、痛觉等，这些感知能力对于人类非常重要，是其他感知能力（如视觉）所不能完全替代的。其中接触觉用于感知是否与其他物体接触。在机器人中使用触觉传感器主要有三个方面的作用。第一，使操作动作适宜，如感知手指同对象物体之间的作用力，便可判定动作是否适当；还可以用这种力作为反馈信号，通过调整使给定的作业程序实现灵活的动作控制。这一作用是视觉无法代替的。第二，识别操作对象的属性，如大小、质量、硬度等。有时也可以代替视觉进行一定程度的形状识别，在视觉无法起作用的场合，这一点很重要。第三，用以躲避危险、障碍物等以防止事故，相当于人的痛觉。

最简单也是最早使用的触觉传感器是微动开关。其应用广泛，不受电、磁干扰，简单、易用、成本低。单个微动开关通常工作在开、关状态，可以二位方式（即打开、关闭两种状态方式）表示是否接触。如果仅仅需要检测是否与对象物体接触，这种二位微动开关还能满足要求。但是如果需要检测对象物体的形状，由于需要在接触面上高密度地安装敏感元件，二位微动开关就不适用了。

导电合成橡胶是一种常用的触觉传感器敏感元件，是一种在硅橡胶中添加导电颗粒或半导体材料（如银或碳）构成的导电材料。这种材料价格低廉、使用方便、有柔性，可用于机器人多指灵巧手的手指表面。导电合成橡胶有多种工业等级，这类材料变压时体电阻变化很小，但是接触面积和反向接触电阻会随外力的变化而发生较大变化。利用这一原理制作的触觉传感器可实现在 1cm^2 面积内有 256 个触觉敏感单元，敏感范围达到 1～100g。

图 5.16 所示是一种采用 D-截面导电合成橡胶线的压阻触觉传感器，通过相互垂直的两层导电合成橡胶线实现行、列交叉定位。当增加正压力时，D-截面导电合成橡胶发生变形，接触面积增大，接触电阻降低，从而实现触觉传感。

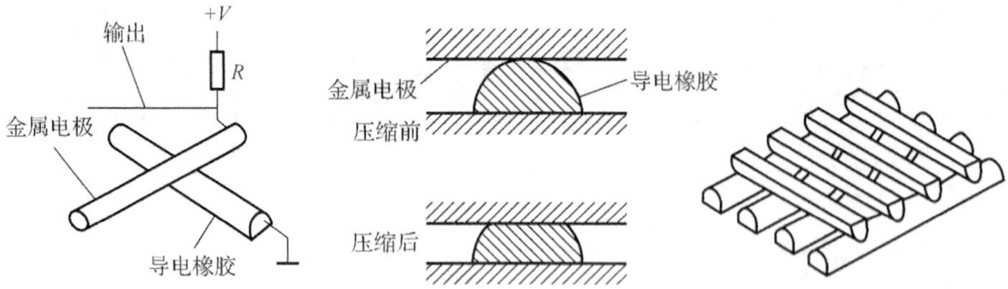

图 5.16　D-截面导电合成橡胶线的压阻触觉传感器原理图

另一类常用的触觉敏感元件是半导体应变计。金属和半导体的压阻元件都已被用于构建触觉传感器阵列。其中应用最多的是金属箔应变计，由于它们与变形元件粘贴在一起可将外力变换成应力应变，因此多用于测量。利用半导体技术可在硅等半导体上制作应变元件，甚至集成信号调节电路。硅触觉传感器的优点是线性度好，滞后和蠕变小，可集成多路调制、线性化和温度补偿电路；缺点是容易发生过载。另外，硅集成电路的平面导电性也限制了它在机器人灵巧手指尖形状传感器中的应用。

某些晶体具有压电效应，因此也可作为触觉敏感元件，但是晶体一般有脆性，难以直接制作成触觉或其他传感器。1969 年，人们发现聚偏二氟乙烯（PVDF）等聚合物拥有良好的压电性，特别是柔性好，因此它们成为理想的触觉传感器材料。当然制作机器人触觉传感器的原理还有很多，如基于光学、磁、电容、超声、化学等原理研发机器人触觉传感器。

1. 压电传感器

常用的压电晶体是石英晶体，它受到压力后会产生一定的电信号。石英晶体输出的电信号强弱取决于它所受到的压力，因此通过检测这些电信号的强弱，能够检测出被测物体所受到的力。压电式力传感器不但可以测量物体受到的压力，还可以测量拉力。在测量拉力时，需要给压电晶体一定的预紧力。因为压电晶体不能承受过大的应变，所以它的测量范围较小。在机器人应用中，一般不会出现过大的力，因此，采用压电式力传感器比较适合。压电式传感器安装时，与传感器表面接触的零件应具有良好的平行度和较低的表面粗糙度，其硬度也应低于传感器接触表面的硬度，以保证预紧力垂直于传感器表面，使石英晶体上产生均匀分布的压力。图 5.17 所示为一种三分力压电传感器。它由三对石英晶片组成，能够同时测量三个方向上的作用力。其中上、下两对晶片利用晶体的剪切效应，分别测量 x 方向和 y 方向的作用力；中间一对晶片利用晶体的纵向压电效应，测量 z 方向的作用力。

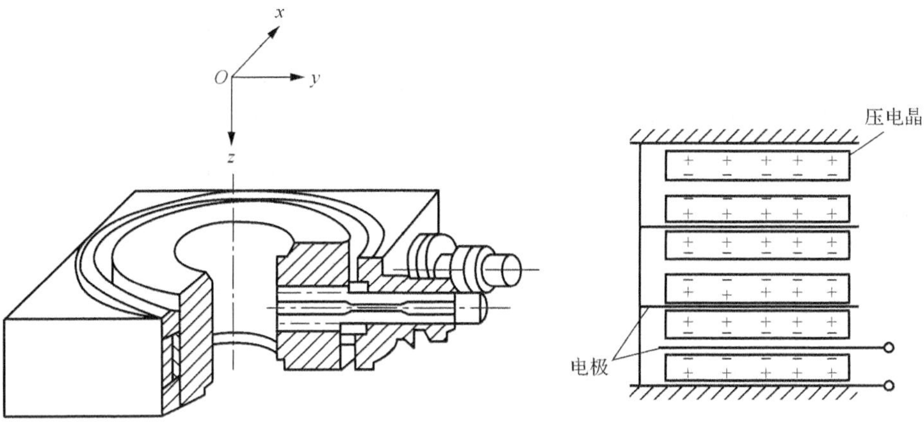

图 5.17　三分力压电传感器

2. 光纤压力传感器

如图 5.18 所示，光纤压力传感器单元基于全内反射破坏原理，是实现光强度调制的高灵敏度光纤传感器。该传感器的发送光纤与接收光纤由一个直角棱镜连接，棱镜斜面与位移膜片之间的气隙约为 0.3μm。在膜片的下表面镀有光吸收层，膜片受压力向下移动时，棱镜斜面与光吸收层间的气隙发生改变，从而引起棱镜界面内全内反射的局部破坏，使部分光离开上界面进入吸收层并被吸收，因而接收光纤中的光强相应发生变化。光吸收层通常采用镀膜的玻璃材料或镀膜的可塑性好的有机硅橡胶。

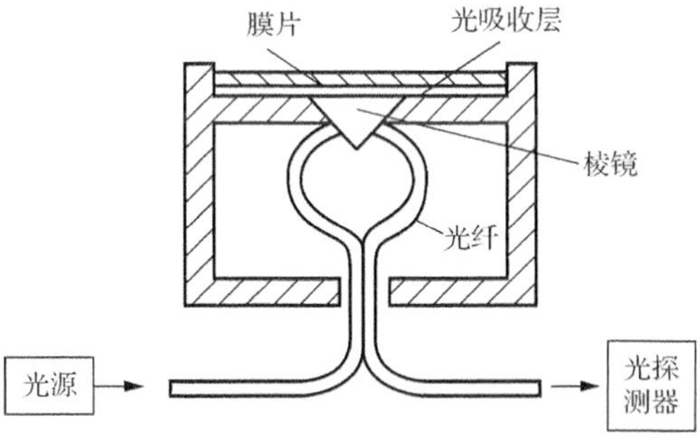

图 5.18　光纤压力传感器单元

当膜片受压时，便产生弯曲变形，对于周边固定的膜片，在小挠度时（$W \leqslant 0.5t$），膜片中心挠度计算式为

$$W = \frac{3\left(1-\mu^2\right)a^4 p}{16Et^3} \tag{5.4}$$

式中，W 为膜片中心挠度；E 为弹性模量；t 为膜片厚度；μ为泊松比；p 为压力；a 为膜片有效半径。

式（5.4）表明，在轻载荷条件下，膜片中心位移与所受压力成正比。

3. 滑觉传感器

机器人在抓取未知属性的物体时，其自身应能确定最佳握紧力的给定值。当握紧力不够时，要检测被握紧物体的滑动，利用该检测信号，在不损坏物体的前提下，考虑最可靠的夹持方法。实现此功能的传感器称为滑觉传感器。

滑觉传感器又分为滚动式滑觉传感器、球式滑觉传感器和振动式滑觉传感器。物体在传感器表面上滑动时，与滚轮或环相接触，将滑动变成转动。图 5.19 所示为贝尔格莱德大学研制的球式滑觉传感器，它由一个金属球和触针组成。金属球表面分成多个相间排列的导电和绝缘格子，触针头部细小，每次只能触及一个方格。当工件滑动时，金属球也随之转动，在触针上输出脉冲信号，脉冲信号的频率反映了滑移速度，脉冲信号的个数对应滑移距离。

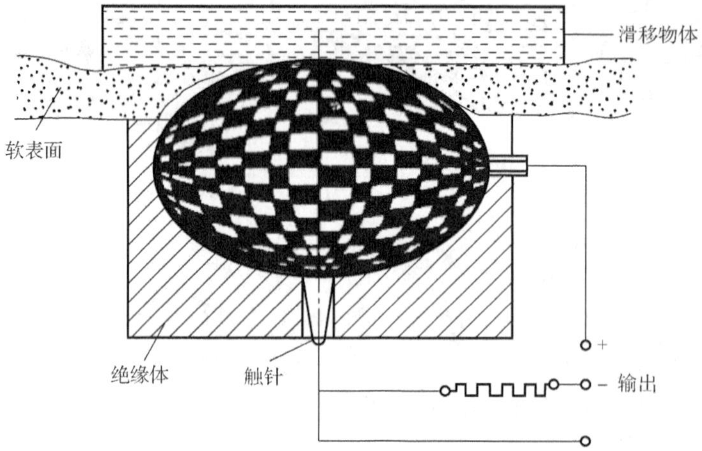

图 5.19　球式滑觉传感器

图 5.20 所示为振动式滑觉传感器，其钢球指针伸出传感器与物体接触。当工件运动时，钢球指针振动，线圈输出信号。使用橡胶和油作为阻尼器，可降低传感器对机械手本身振动的敏感度。

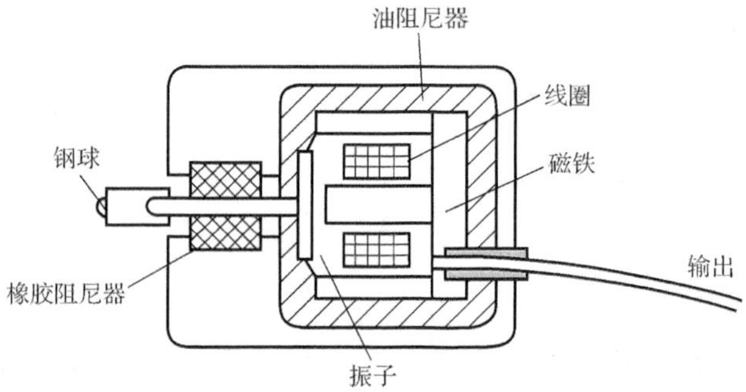

图 5.20　振动式滑觉传感器

5.3.3　接近传感器

接近传感器是机器人用以探测自身与周围物体之间相对位置和距离的传感器，它的使用对机器人工作过程中适时地进行轨迹规划与防止事故发生具有重要意义。根据感知范围（或距离），接近传感器大致可分为 3 类：感知近距离物体（毫米级）的有磁力式（感应式）、气压式、电容式等；感知中距离（30cm 以内）物体的有红外式；感知远距离（30cm 以外）物体的有超声波式和激光式。此外，视觉传感器也可作为接近传感器。

1. 磁力式接近传感器

图 5.21 所示为磁力式接近传感器的结构。它由励磁线圈 C_0 和检测线圈 C_1、C_2 组成，其中 C_1、C_2 的圈数相同，接成差动式。当未接近物体时由于构造上的对称性，输出为 0；当接近物体（金属）时，由于金属产生涡流而使磁通发生变化，从而使检测线圈输出产生相应变化。这种传感器受光、热、物体表面特征影响较小，可小型化与轻量化，但只能用于探测金属对象。

2. 气压式接近传感器

图 5.22 所示为气压式接近传感器的基本原理与特性图。其基于喷嘴-挡板作用原理，气压源 p_V 经过节流孔进入背压腔，又经喷嘴射出，气流碰到被测物体后形成背压输出 p_A。合理地选择 p_V 值、喷嘴尺寸及节流孔大小，便可得出输出 p_A 与距离 x 之间的对应关系。其关系一般不是线性的，但可以做到局部近似线性输出。这种传感器具有较强的防火、防磁、防辐射能力，但要求气源保持一定程度的净化。

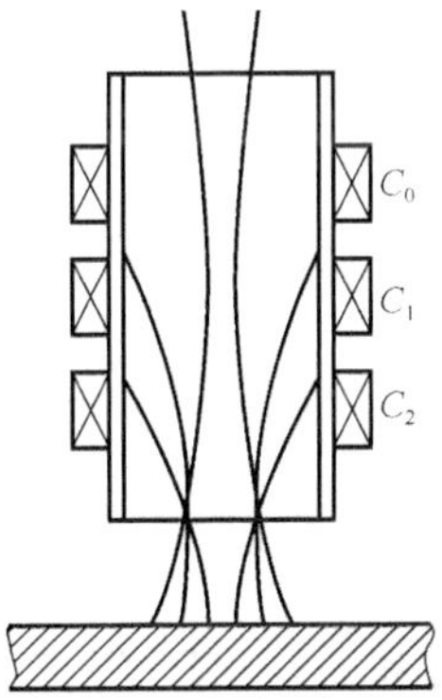

图 5.21　磁力式接近传感器结构

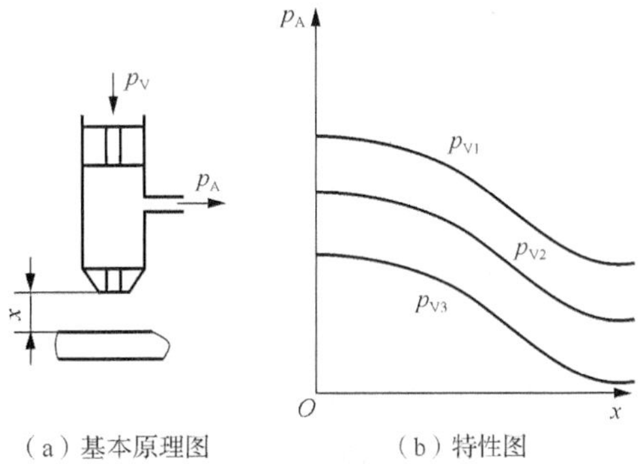

（a）基本原理图　（b）特性图

图 5.22　气压式接近传感器基本原理及特性图

3. 红外式接近传感器

红外式接近传感器是一种比较有效的接近传感器，采用短波长的电磁波。它是一种辐射能转换器，主要用于将接收到的红外辐射能转换为便于测量或观察的电能、热能等其他形式的能量。根据能量转换方式，红外式接近传感器可分为热接近传感器和光子接近传感器两大类。红外式接近传感器具有不受电磁波干扰、非噪声源、可实现非接触测量等特点。另外，红外线（指中远红外线）不受周围可见光的影响，故可实现全天候的测量。

同声呐传感器相似，红外式接近传感器工作时处于发射/接收状态。这种传感器由同一发射源发射红外线，并用两个光检测器测量反射回的光量。由于这些仪器测量光的差异，它们受环境的影响非常大，物体的颜色、方向、周围的光线都能导致测量误差。但由于其发射的是光而不是声音，可以在相当短的时间内获得较多的红外线测量值，因此测距范围较近。

下面介绍基于三角测量原理的红外式接近传感器测距原理。如图 5.23 所示，红外线发射器按照一定的角度发射红外光束，当遇到物体以后，光束会反射回来，反射回来的红外线被 CCD 检测器检测到后，会获得一个偏移距 L，在知道了发射角度 α、偏移距 L、中心距 X，以及滤镜的焦距 f 以后，传感器到物体的距离 D 就可以通过几何关系计算得到。

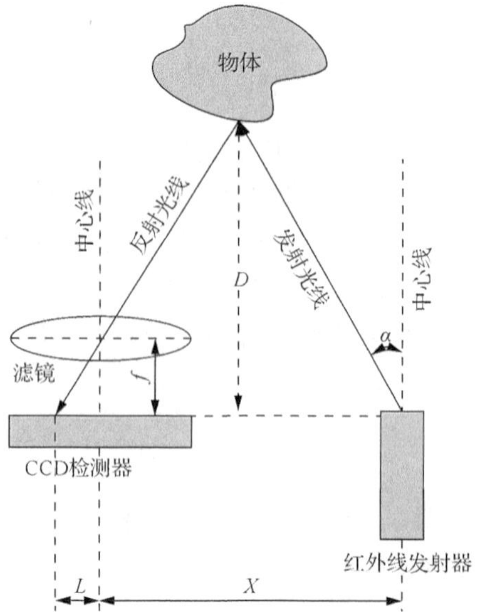

图 5.23　红外式接近传感器测距原理图

由图 5.23 可知，当 D 足够近时，L 值会相当大，超过 CCD 的探测范围，这时虽然物体很近，但是传感器反而看不到了。当 D 很大时，L 值会很小，这时 CCD 检测器能否分辨出这个很小的 L 值就成为关键。也就是说，CCD 的分辨率决定了能否获取足够精确的 L 值。检测的物体的距离越远，CCD 的分辨率要求就越高。

该传感器的输出是非线性的。从图 5.24 中可以看到，当被探测物体的距离小于 10cm 时，输出电压急剧下降，也就是说，从电压读数来看，物体的距离应该是越来越远了。但是实际上并不是这样，如果机器人本来正在慢慢地靠近障碍物，突然探测不到障碍物，这时控制程序通常会让机器人以全速移动，结果就是机器人撞到障碍物。解决这个问题的方法是改变传感器的安装位置，使它到机器人外围的距离大于最小探测距离，如图 5.25 所示。受器件特性的影响，红外式接近传感器抗干扰性差，容易受各种热源和环境光线影响。被探测物体的颜色、表面光滑程度不同，反射回的红外线强弱也不同，并且受传感器功率因素的影响，其探测距离一般只有 10～500cm。

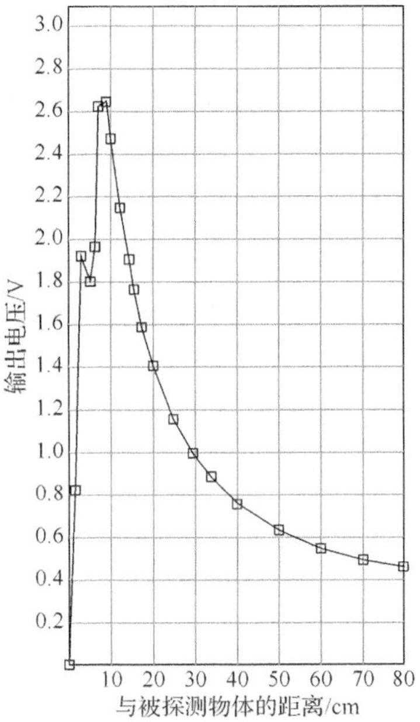

图 5.24　红外式接近传感器非线性输出图

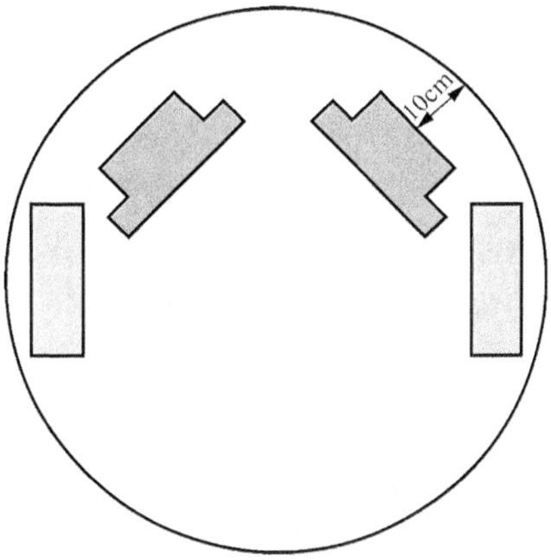

图 5.25　红外式接近传感器的安装位置

4. 超声波接近传感器

超声波接近传感器常用于探测机器人周围的物体及其距离。尤其是移动式机器人，安装这种传感器可随时探测前进道路上是否有障碍物，以免发生碰撞。超声波是人耳听不见的一种机械波，其频率在 20kHz 以上，波长较短，绕射小，能够作为射线定向传播。超声波接近传感器由超声波发生器和接收器组成。超声波发生器又分为压电式、电磁式及磁滞伸缩式等，最常用的是压电式。压电式超声波接近传感器利用的是压电材料的压电效应原理：逆压电效应将高频电振动转换为高频机械振动，以产生超声波，可作为“发射”探头；正压电效应将接收的超声波振动转换为电信号，可作为“接收”探头。

由于用途不同，压电式超声波接近传感器有多种结构形式。图 5.26 所示为双探头（一个探头发射，另一个探头接收）压电式超声波接近传感器的结构。该传感器中，带有晶片座的压电晶片装入金属壳体内，压电晶片两面镀有银层，作为电极板，底面接地，上面接引出线。阻尼块（或称吸收块）的作用是降低压电片的机械品质因素，吸收声能量，防止电脉冲振荡停止时，压电片因惯性作用而继续振动。阻尼块的声阻抗等于压电片声阻抗时，传感器声能量吸收效果最好。

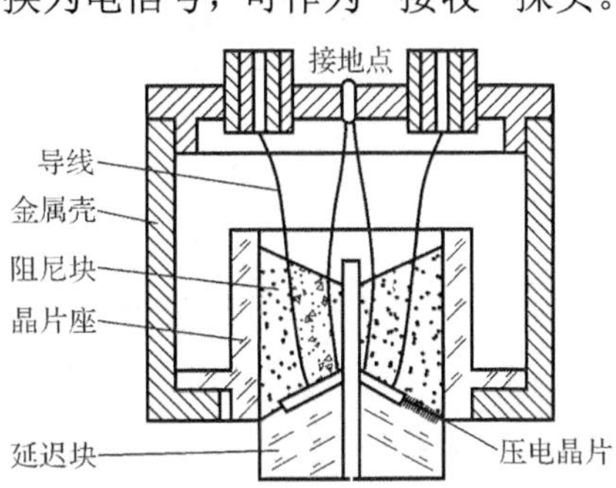

图 5.26　双探头压电式超声波接近传感器的结构

5.3.4 激光传感器

激光传感器是指利用激光技术进行测量的传感器，它由激光器、激光检测器和测量电路组成。其中，激光器是产生激光的装置。激光器的种类很多，按激光器的工作物质可分为固体激光器、气体激光器、液体激光器及半导体激光器。激光传感器是一种新型的测量仪器，能实现无接触远距离测量，具有速度快、精度高、量程大、抗光电干扰能力强等优点。激光传感器能够测量很多物理量，如长度、速度、距离等。激光测距传感器种类很多，下面介绍几种常用激光测距传感器的原理。

① 脉冲激光测距传感器的原理。由脉冲激光器发出持续时间极短的脉冲激光，经过待测距离后照射到被测目标，此时有一部分能量会被反射回来。被反射回来的脉冲激光称为回波。回波返回到测距仪，由光电探测器接收。根据主波信号和回波信号之间的间隔，即激光脉冲从激光器到被测目标之间的往返时间，就可以算出待测目标的距离。

② 相位激光测距传感器的原理。对发射的激光进行光强调制，利用激光空间传播时调制信号的相位变化量，根据调制波的波长，计算出该相位延迟所代表的距离。也就是说，用间接的相位延迟测量代替直接测量激光往返所需的时间，从而实现距离的测量。这种方法的精度可达到毫米级。

③ 三角法激光测距传感器的原理。由激光器发出光线，该光线经会聚透镜聚焦后入射到被测物体表面，接收透镜接收来自入射光点处的散射光，并将其成像在光电位置探测器敏感面上。当物体移动时，通过光点在成像面上的位移计算出物体移动的相对距离。三角法激光测距法的分辨率很高，可以达到微米级。

5.4 实例：基于单目相机-IMU 多传感融合的位姿估计

本节介绍基于单目相机-IMU 多传感融合的位姿估计方法，并深入探讨其中的关键技术，包括特征提取、运动模型、状态估计和误差补偿等。此外，还通过实验验证该方法在机器人导航、自主驾驶等应用中的性能表现，并对未来的研究方向进行展望。

5.4.1 多传感融合模型构建

本节使用一台相机和一个低成本惯性测量单元（inertial measurement unit，IMU）构建多传感器融合的定位建图系统（visual inertial navigation systems，VINS）。本节介绍一种单目视觉惯性系统（monocular visual inertial navigation systems，VINS-Mono），使用一种紧密耦合的方式，基于非线性优化的方法通过融合预先集成的 IMU 测量值和特征观测值来获得高度精确的视觉惯性里程计。VINS 算法整体框架如图 5.27所示。

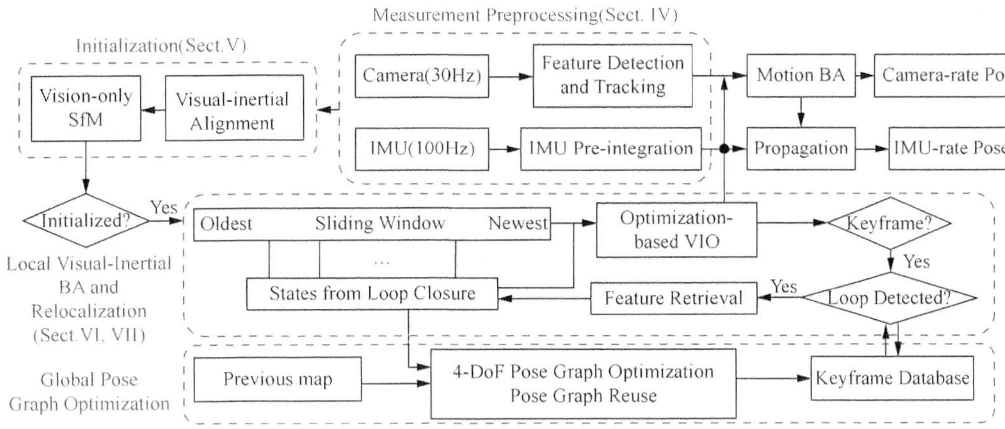

图 5.27　VINS 算法整体框架

VINS 代码主要包含在两个文件中，分别是 feature_tracker 和 vins_estimate。feature_tracker 就像文件的名称一样，总体作用是接收图像，使用 KanadeLucas-Tomasi（KLT）光流算法跟踪；vins_estimate 包含相机和 IMU 数据的前端预处理（也就是预积分过程）、单目惯性联合初始化（在线的标定过程）、基于滑动窗口的光束法平差（bundle adjustment，BA）联合优化、全局的图优化和回环检测等。本节主要结合论文中的理论知识和两个文件中的代码进行详细的探讨。第一部分是 Measuremen Preprocessing：观测值数据预处理，包含图像数据跟踪 IMU 数据预积分；第二部分是 Initialization：初始化，包含单纯的视觉初始化和视觉惯性联合初始化；第三部分是 Local Visual-Inertia BA and Relocalization：局部 BA 联合优化和重定位，包含一个基于滑动窗口的 BA 优化模型；第四部分是 Global Pose Graph Optimization：全局图优化，只对全局的位姿进行优化。

1. Feature_tracker 功能

每当进入新的图像，都会使用 KLT 稀疏光流法进行跟踪，同时提取 100～300 个角点信息来构建图像，光流跟踪用来快速定位。同时在这里还进行关键帧的选取，主要有两个剔除关键帧的策略，分别是平均视差法和跟踪质量法。平均视差法的原理如下，如果当前帧和上一个关键帧跟踪点的平均视差超出了一个设定的阈值，就将当前帧设为关键帧。这里有一个问题，就是旋转和平移都会产生视差（不只是平移），当出现纯旋转的时候特征点无法被三角化，无法计算出旋转值，也就无法计算跟踪点间的平均视差。为了解决这一问题，通常采用短时的陀螺仪观测值来补偿旋转，从而计算出视差，这一过程只应用到平均视差的计算，不会影响真实的旋转结果。

2. IMU 预积分

IMU 预积分的作用是计算出 IMU 数据的观测值（即 IMU 预积分值）及残差的协方

差矩阵和雅可比矩阵，具体来说，这三个量为后面的联合初始化提供初值，为后端优化提供 IMU 的约束关系。加速度计和原始陀螺仪的观测值数据为

$$\hat{a}_t = a_t + b_{at} + R_w^t g^w + n_a \tag{5.5}$$

$$\hat{w}_t = w_t + b_{wt} + n_w \tag{5.6}$$

式（5.5）中，$\hat{a}_t$ 是加速度测量值；b_{at} 是加速度真实值；$R_w^t g^w$ 是加速度计的偏置；n_a 是重力加速度和加速度噪声项。式（5.6）中，$\hat{w}_t$ 是陀螺仪测量值；w_t 是陀螺仪真实值；b_{wt} 是陀螺仪偏置；n_w 是陀螺仪噪声项。这里的值都是 IMU（body）帧坐标系下的值。这里假设噪声服从高斯正态分布，偏置服从随机游走模型。

3．视觉跟踪过程

初始化过程从仅视觉的运动恢复结构开始，以估计最大比例的相机姿态和特征位置的图形。为了限制计算复杂性，这里在滑动窗口中维护了几帧。首先，检查最新帧和所有先前帧之间的特征对应关系。如果可以找到稳定的特征跟踪（跟踪的特征超过 30 个），并且在滑动窗口中的最新帧与任何其他帧之间有足够的视差（超过 20 个像素），就使用 5 点算法恢复这两个帧之间的相对旋转和比例缩放。然后，任意设置比例，并对在这两个帧中观察到的所有特征进行三角剖分，并基于这些三角特征，使用 PnP 方法（一种求解 3D-2D 点对运动的方法）来估计窗口中所有其他帧的姿势。最后，应用全局全束调整来使所有特征观测的总重投影误差最小。

4．多传感器对齐

在多传感器融合过程中，需要对多传感器数据进行对齐处理。这是因为不同类型的传感器在处理频率上存在较大的差别，且容易出现尺度不一的现象。因此，通过对齐初始化的方式，不仅可以解决不同传感器之间频率不同的问题，还可以保证多传感器在测量结果上的尺寸一致性。视觉惯性对准的图示如图 5.28 所示。其基本思想是将视觉结构与 IMU 预集成相匹配。

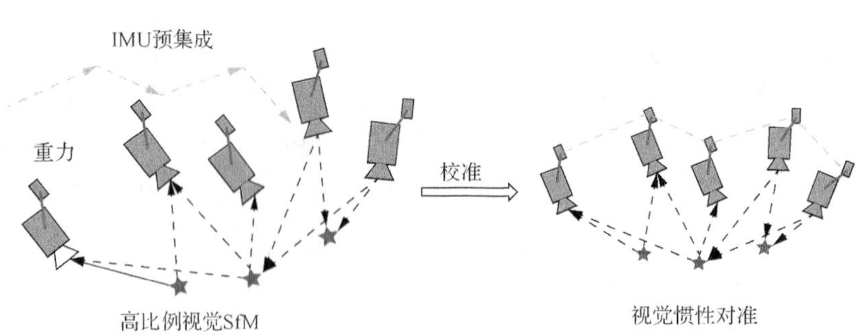

图 5.28　对齐初始化

$$\min\sum_{k\in\beta}\hat{z}^{b_k}_{b_{k+1}}-H^{b_k}_{b_{k+1}}\chi_I{}^2,\ \min\sum\nolimits_{k\in\beta}\hat{z}^{b_k}_{b_{k+1}}-H^{b_k}_{b_{k+1}}\chi_I{}^2 \tag{5.7}$$

对上式求解，即可得到两个传感器相对应的尺寸大小。

$$\min\left\{r_p-H_p\chi^2+\sum_{k\in\beta}r\beta\left(\hat{z}^{b_k}_{b_{k+1}},\chi\right)^2_{P^{bk}_{b_{k+1}}}+\sum\nolimits_{(l,j)\in C}\rho\left(r_C\left(\hat{z}^{C_j}_l,\chi\right)^2_{P^{C_j}_l}\right)\right\} \tag{5.8}$$

式中，H 表示信息矩阵；r 表示残差；β 是所有 IMU 测量值的集合；C 是当前滑动窗口中至少观察到两次特征的集合；χ 表示状态向量；ρ 表示鲁棒核函数；$P^{b_k}_{b_{k+1}}$、$P^{C_j}_l$ 分别表示 IMU 因子和视觉因子的信息矩阵；$\hat{z}^{b_k}_{b_{k+1}}$、$\hat{z}^{C_j}_l$ 分别表示 IMU 预积分和视觉的观测量。

在对齐尺寸之后，需要对前后帧及相应时刻 IMU 测量单元的误差进行最小化，进而求得基于该误差情况下的位姿情况。IMU-视觉融合过程如图 5.29 所示。图中，$\boldsymbol{q}$ 表示姿态向量；$\boldsymbol{p}$ 表示平移向量；f 表示特征点 3D 坐标；c_i 表示第 i 个相机坐标系；$z^{c_i}_{f_j}$ 表示 c_i 对 f_j 的观测。

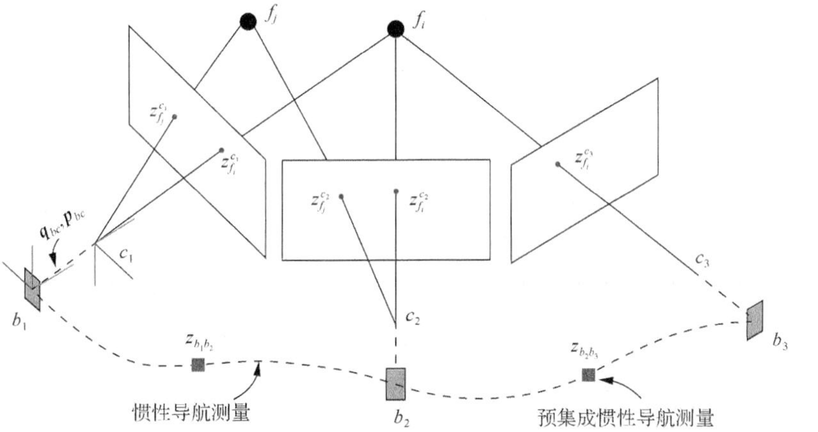

图 5.29　IMU-视觉融合过程

5.4.2　基于位姿估计的仿真实验

本节执行数据集和真实世界实验以及两个应用程序来评估 VINS-Mono 系统。

1. 数据集实验

本实验使用 EuRoC MAV 视觉惯性数据集 VINS-Mono 系统。数据集是在微型飞行器（micro air vehicle，MAV）上收集的图像（20fps），同步 IMU 测量（ADIS16448、200Hz）。

由于在同一地点的不同开始位置和不同时间收集了 5 个 MH 序列，因此可以将这 5 个 MH 序列合并到一个全局姿态图中。然后在每个序列中基于相似的摄像机视图进行重新定位和姿势图优化。只将第一序列中的第一帧固定，其位置和偏航角设置为零。然后，将新序列一一合并到先前的图谱中。航空飞行器的轨迹如图 5.30 所示。将整个轨迹与地面真实情况进行比较后发现，绝对轨迹误差（absolute trajectory error，ATE）的均方根误差（root mean square error，RMSE）为 0.21m，定位效果非常不错。该实验表明，通过逐渐合并在不同时间捕获的新传感器数据，地图可以随时间“演变”，并且可以保留整个姿态图的一致性。

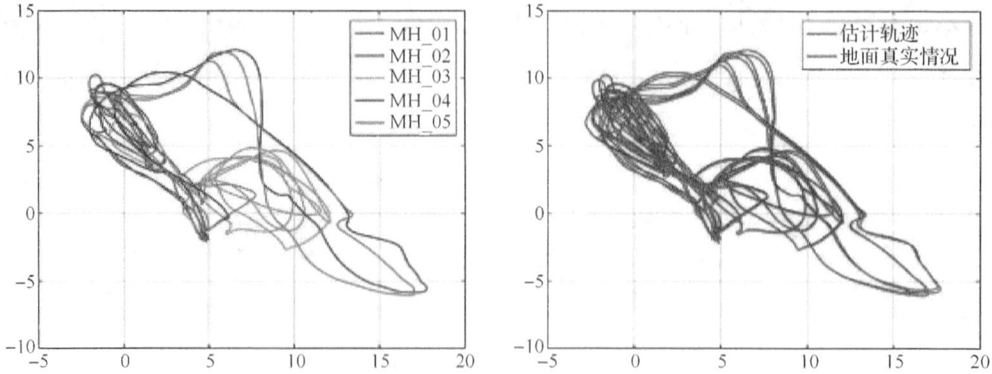

（a）MH序列　　　　（b）航空飞行器估计轨迹与地面测量值比较

图 5.30　VINS 估计位姿

2. 真实场景实验

该数据集涵盖了长 710m、宽 240m、高 60m 的区域，总路径长度为 5.62km。数据包含持续 1 小时 34 分钟的 25Hz 图像数据和 200Hz IMU 数据。

在该大规模测试中，设置关键帧数据库的大小为 2000，以便提供足够的循环信息并实现实时性能。数据集运行在安装 Windows 系统的计算机上。估计的轨迹与图 5.31 中的 Google 地图对齐，结果几乎没有漂移。

图 5.31　VINS 在超大规模环境下的估计轨迹

5.5 小　　结

本章通过机器人的视觉、嗅觉、触觉等不同感知方式，多角度地介绍了机器人的常用传感器；概述了各类传感器的基础知识，包括机器人与传感器之间的联系和传感器的定义、特点、组成、分类；归纳总结了一些机器人常用的内部传感器和外部传感器；最后以真实场景为依托，利用单目相机和惯性测量单元，直观展示并实现了机器人视觉跟踪及位姿估计过程。

参 考 文 献

吴宏杰, 张跃辉, 迟晓丽, 等, 2013. 中国机器人的发展状况[J]. 电子制作, (9): 243.

Petriu E M, Whalen T E, Abielmona R, et al, 2004. Robotic sensor agents: a new generation of intelligent agents for complex environment monitoring[J]. IEEE Instrumentation & Measurement Magazine, 7(3): 46-51.

第 6 章　机器人视觉

机器人视觉是指机器人利用摄像机等视觉传感器获取环境信息，并将其转换为可供机器人理解和利用的数字信号的过程。随着机器人技术的不断发展和应用领域的扩大，机器人视觉已成为机器人领域中的热门研究方向之一。

6.1　机器人视觉系统的组成

机器人视觉应用正在扩展到越来越多的行业，包括 3D 打印、农业、装配、建筑、电子、物流、仓储、生产制造、医药、采矿及运输等行业都能看到机器人的身影。在以智能制造为核心的工业 4.0 时代背景下，随着中国制造 2025 战略的深入，工业智能机器人产业市场呈现爆炸式增长势头，其中充当工业机器人“火眼金睛”角色的机器视觉功不可没。机器人视觉系统具有高效率、高度自动化、高安全性的特点，可以实现很高的分辨率精度与速度。国外机器人视觉系统已在很多领域得到广泛应用，如海洋石油开采、海底勘查、外科手术、探索宇宙空间、有限核空间作业等。虽然我国在机器视觉方面的发展与世界先进水平相比还有一定差距，但是机器视觉系统的研制工作也取得了一定的成果。我国视觉机器人应用主要有以下目的：用以代替人类从事危险、有害和恶劣环境、超净环境下的工作；把人从肮脏、繁重的劳动中解放出来；提高劳动生产率，改善产品质量，快速响应市场要求，加强在国际市场的竞争能力。

机器人视觉系统可以通过机器视觉产品（即图像摄取装置），将被摄取目标转换成图像信号传送给专用的图像处理系统，得到被摄目标的形态信息，并根据像素分布和亮度、颜色等信息，将目标形态信息转换成数字信号，图像系统对这些信号进行各种运算以抽取目标的特征，进而根据判别结果控制现场的设备动作。

机器人视觉系统按其发展可分为三代。第一代机器人视觉系统一般由普通数字电路构成，按规定流程对图像进行处理并输出结果，主要用于平板材料的缺陷检测。第二代机器人视觉系统一般由一台计算机、一台图像输入设备和结果输出硬件构成，视觉信息在机内以串行方式流动，有一定学习能力以适应各种新情况。第三代机器人视觉系统是目前国际上正在开发使用的系统，采用高速图像处理芯片、并行算法，具有高度的智能和一般适应性，能模拟人的高度视觉功能。

目前的机器人视觉存在以下问题。

① 如何准确、高速（实时）地识别目标。

② 如何有效地构造和组织可靠的识别算法，并顺利实现。这有待于高速阵列处理

单元及算法（如神经网络算法、小波变换算法等）的新突破，这样就可以用极少的计算量高度地并行实现功能。

③ 实时性是一个难以解决的重要问题。图像采集速度较低及图像处理需要较长时间给系统带来了明显的时滞。此外，视觉信息的引入也明显增大了系统的计算量，如计算图像雅可比矩阵、估计深度信息等。因此图像处理速度是影响视觉系统实时性的主要瓶颈之一。

④ 稳定性是所有控制系统首要考虑的问题，对于视觉控制系统，无论是基于位置、还是基于图像或者混合的视觉伺服方法都面临着如下问题：当初始点远离目标点时，如何保证系统的稳定性，即增大稳定区域和保证全局收敛；为了避免伺服失败，如何保证特征点始终处在视场内。

根据目前情况，机器人视觉应在以下几个方面进一步加强研究。

① 图像特征的选择问题。视觉伺服的性能密切依赖所用的图像特征，特征的选择不仅要考虑识别的指标，还要考虑控制指标。从控制的角度看，使用冗余特征可抑制噪声的影响，提高视觉伺服的性能，但又会给图像处理增加难度。因此，如何选择性能最优的特征、如何处理特征及如何评价特征，都是需要进一步研究的问题。针对任务有时可能需要从一套特征切换到另一套特征，可以考虑将全局特征与局部特征结合起来。

② 结合计算机视觉及图像处理的研究成果，建立机器人视觉系统的专用软件库。

③ 加强系统的动态性能研究。目前的研究多集中于根据图像信息确定期望的机器人运动这一环节上，而对整个视觉伺服系统的动态性能缺乏研究。

④ 利用智能技术的成果。

⑤ 利用主动视觉的成果。主动视觉是当今计算机视觉和机器人视觉研究领域中的一个热门课题。它强调的是视觉系统与其所处环境之间的交互作用能力。与传统的通用视觉不同，主动视觉强调两点：一是视觉系统应具有主动感知能力，二是视觉系统应基于一定的任务或目的。主动视觉认为在视觉信息获取过程中，应更主动调整摄像机的参数（如方向、焦距、孔径等），并能使摄像机迅速对准感兴趣的物体。更一般的，它强调注视机制，强调对分布于不同空间范围和时间段上的信号采用不同的分辨率有选择性地感知，这种主动感知既可在硬件层上通过摄像机物理参数的调整实现，也可在基于被动摄像机的前提下，在算法和表示层上通过对已获得的数据有选择性地处理实现。同时，主动视觉认为不基于任何目的的视觉过程是毫无意义的，必须将视觉系统与具体的目的（如导航、识别、操作等）联系起来，从而形成感知/作用环。

⑥ 多传感器融合问题。视觉传感器具有一定的使用范围，如能有效地结合其他传感器，利用它们之间性能互补的优势，便可以消除不确定性，取得更加可靠、准确的结果。

机器人视觉系统主要由软件和硬件两部分组成，硬件方面主要包括视觉传感器（组）、图像采集卡、计算机（主处理机）、机器人及其附属通信和控制模块等；软件方面主要包括图像处理软件和机器人控制软件等。机器人视觉系统的组成如图 6.1 所示。

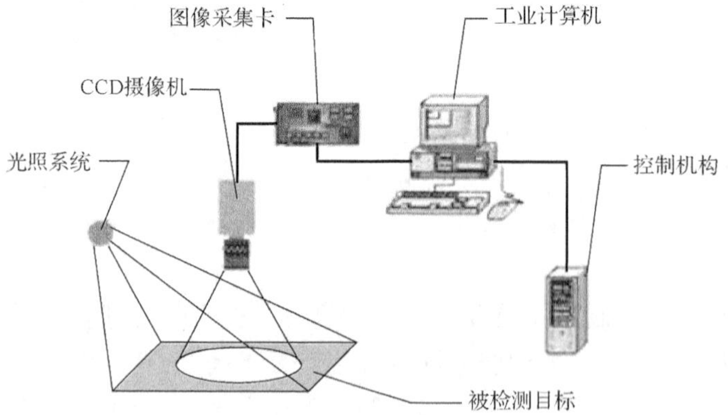

图 6.1　机器人视觉系统的组成

要搭建一套完整的机器人视觉设备，图像采集硬件的选型显然是必不可少的。本节将从照明（illumination）、镜头（lenses）、摄像机（cameras）、摄像机与计算机接口（cameras-computer interface）展开介绍。

1．照明

1）光的类型区分

光是一定波长范围内的电磁辐射。光按其波长可分为以下几类。

（1）可见光：人眼可见的光，波长为 380～780nm。

（2）紫外光：波长为 100～380nm。

（3）红外线：波长为 780nm～1.5μm。

（4）其他光：如比紫外光波长更短的 X 射线和伽马射线，比红外线波长更长的微波和无线电波。

2）光源类型

常用的光源类型有白炽灯、氙灯、荧光灯、发光二极管等。

（1）白炽灯：通过细细的灯丝发热产生光。

优点：相对较亮，而且可以产生色温为 3000～4000K 的连续光谱；可以工作在低电压场景。

缺点：发热严重，只有 5%左右的能量转换为光，能量损失较大；寿命短，不能作为闪光灯。

色温是光线中所包含颜色成分的一个计量单位。从理论上讲，色温是指绝对黑体从绝对零度（−273℃）开始加温后呈现的颜色。黑体受热后，逐渐由黑变红，转黄，发白，最后发蓝。加热到一定的温度后，黑体发出的光所包含的光谱成分，就称为这一温度下的色温，计量单位为 K（开尔文）。如果某一光源发出的光，其光谱成分与某一温度下黑体发出的光所含的光谱成分相同，即称为某 K 色温，如 100W 灯泡发出的光的颜色，与绝对黑体在 2527K 时呈现的颜色相同，那么灯泡所发出的光的色温就是 2527K+273K=2800K。

（2）氙灯：在密闭的玻璃灯泡中充入氙气，氙气被电离后产生色温在 5500～12000K 的非常亮的白光。目前氙灯常分为连续发光的短弧灯、长弧灯及闪光灯等。

优点：制作的闪光灯，每次亮的时间可以短至 1～20μs。

缺点：供电复杂且昂贵，几百万次闪光后易老化。

（3）荧光灯：也是一类气体放电光源，通过电流激发在氩、氖等惰性气体环境下的水银蒸气，产生紫外光辐射。

优点：使用不同的涂层，可以产生色温 3000～6000K 的可见光；价格便宜，照明面积大。

缺点：寿命短，老化快，光谱分布不均匀，在有些频率下有尖峰，而且不能做闪光灯；由交流电供电，会产生与交流电一样频率的闪烁。

（4）发光二极管（LED 灯）：一种通过电极发光的半导体，能产生类似单色光的窄光谱光。发光二极管是机器视觉中最常见的一种光源。

优点：寿命长，功耗小，发热小，可作为闪光灯，响应速度快，由于采用直流供电，亮度控制十分容易。

缺点：其性能与环境温度有关，环境温度越高，其性能越差，寿命越短。

3）使用光源时的一些注意事项

（1）光与被测物体之间的相互作用。当光源照射到被测物体上时，由于被测物体本身的粗糙程度不同，会发生镜面反射、漫反射、偏振光等物理反应。设计机器视觉图像采集设备时，需要考虑这些因素，以获得更好的图像效果。

（2）光的光谱特性。不同元件对不同颜色光的吸收程度不同，采用不同的色光的光源，有利于增强所需要的特征。

（3）光照的方向性。采用不同的光照方向可以得到不同的效果。

2. 镜头

镜头（lenses）是一种光学设备，用于聚集光线在摄像机内部成像。镜头的作用是产生锐利的图像，以得到被测图像的细节，从而便于在后面的图像处理中获得更显著的特征，进而更好地完成工程目的。

对于镜头，有几个概念需要读者理解。

1）针孔摄像机

针孔摄像机的成像原理：像平面相当于一个方盒子的一个面，在这个面的对面是针孔所在的面，针孔相当于投影的中心，针孔摄像机所成的像为物体的倒像，也就是小孔成像的原理。

2）高斯光学

由于针孔太小，只有极少量的光线能够通过小孔到达像平面，因此必须长时间曝光以得到亮度足够的图像。真正的摄像机使用镜头收集光线。镜头通常由一定形状的玻璃或塑料构成。玻璃和塑料的形状决定了镜头可以使光线发散还是汇聚。但是，当光线透过玻璃或塑料时会产生折射现象，而折射是一个非线性过程。因此，镜头的成像也是一个非线性过程。也就是说，同心光束通过镜头后将不能完全汇聚在一点。

高斯光学，又称近轴光学，是几何光学的分支，由高斯于 1841 年建立，主要研究理想光学系统的几何光学理论。高斯光学适用于任何结构的光学系统，但所研究的光线必须满足近轴条件。为什么需要满足近轴条件呢？

吐尔逊·买买提在他的论文《几何光学中引入“近轴条件”概念的物理意义》中描述得很清楚“为了满足光的单心性”。文中证明了当入射角 α 很小时，同一个物点所发出的不同光线经球面反射后会交于一点。光束的单心性得以保持。一个物体将有一个确定像点与之对应。如果物点在垂轴平面上移动时，其完善像点也在垂轴平面上做线性移动，则称此光学系统成像是理想的。可以证明，离光轴很近的细小物体，其每个物点都以很细的、离光轴很近的单色光束被光学系统成像时，像是完善的。这表明，任何实际的光学系统（包括单个球面、单个透镜）的近轴区都具有理想成像的性质。

因此，光学系统的设计是为了使镜头的结构在满足高斯光学的基础上使入射角足够大，以满足实际应用。其中，满足高斯光学是为了让被拍摄物体更好地成像，大入射角是为了让足够的光线进入像平面，以减少曝光时间。

3）景深

景深是指在摄影机镜头或其他成像器前沿能够取得清晰图像的成像所测定的被摄物体前后距离范围。光圈、镜头及拍摄物的距离是影响景深的重要因素。景深原理图如图 6.2 所示。

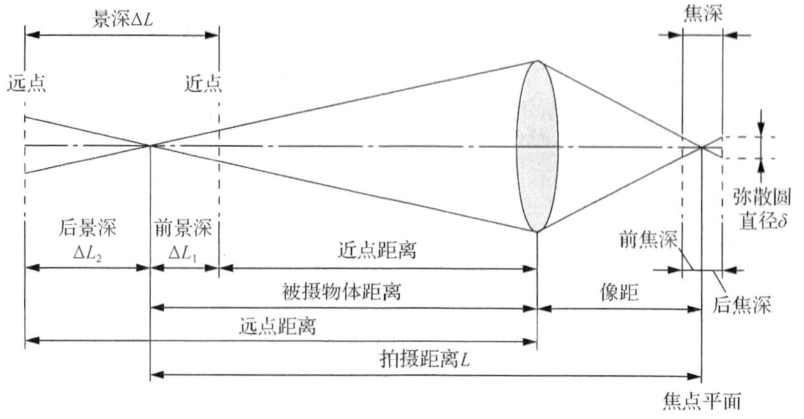

图 6.2　景深原理图

在聚焦完成后，焦点前后的范围内所呈现的清晰图像，这一前一后的距离范围，称为景深。在镜头前方（调焦点的前、后）有一段一定长度的空间，当被摄物体位于这段空间内时，其在底片上的成像恰位于焦点前后这两个弥散圆之间。被摄物体所在的这段空间的长度，就称为景深。换言之，在这段空间内的被摄物体，其呈现在底片面的影像模糊度，都在容许弥散圆的限定范围内，这段空间的长度就是景深。

4）镜头的像差

像差（全称色像差），是指实际光学系统中，由非近轴光线追迹所得的结果和由近轴光线追迹所得的结果不一致，与高斯光学（一级近似理论或近轴光线）的理想状况的偏差。像差主要分为球差、彗差、场曲、像散、畸变、色差及波像差。

像差一般分两大类：色像差和单色像差。色像差简称色差，是由于透镜材料的折射率是波长的函数，由此而产生的像差。它又分为位置色差和放大率色差两种。单色像差是指即使在高度单色光时也会产生的像差。按产生的效果，单色像差分为使像模糊和使像变形，前者又可分为球面像差、彗形像差和像散，后者又可分为像场弯曲和畸变。

3. 摄像机

目前，市面上的摄像机主要有两种类型：CCD 摄像机和 CMOS 摄像机。其中，又以 CCD 传感器制成的相机居多。以下介绍 CCD 和 CMOS 传感器的区别。

CCD 与 CMOS 传感器是当前被普遍应用的两种图像传感器，两者都是利用感光二极管进行光电转换，将图像转换为数字数据，区别在于两者的数字数据传输方式有所不同。

在 CCD 传感器中，每一行中每一个像素的电荷数据都会依次传输到下一个像素中，由最底端部分输出，再经由传感器边缘的放大器进行放大输出；在 CMOS 传感器中，每个像素都会邻接一个放大器及 A/D 转换电路，采用类似内存电路的方式将数据输出。

造成这种差异的原因在于 CCD 的特殊工艺可保证数据在传输时不会失真，因此各个像素的数据可汇聚至边缘再进行放大处理；CMOS 工艺的数据在传输距离较长时会产生噪声，因此必须先放大，再整合各个像素的数据。

由于数据传输方式不同，因此 CCD 与 CMOS 传感器在效能与应用上也有诸多差异。

（1）灵敏度差异。由于 CMOS 传感器的每个像素由 4 个晶体管和 1 个感光二极管构成（含放大器与 A/D 转换电路），使得每个像素的感光区域远小于像素本身的表面积，因此在像素尺寸相同的情况下，CMOS 传感器的灵敏度要低于 CCD 传感器。

（2）成本差异。由于 CMOS 传感器采用一般半导体电路最常用的 CMOS 工艺，可以轻易地将周边电路自动增益控制（automatic gain control，AGC）、相关双取样电路（correlated double sampling，CDS）、定时发生器（timing generator）、数字信号处理器（digital signal processor，DSP）集成到传感器芯片中，因此可以节省外围芯片的成本；除此之外，由于 CCD 采用电荷传递方式传输数据，只要其中有一个像素不能正常运行，就会导致一整排的数据无法传输，因此控制 CCD 传感器的成品率比 CMOS 传感器困难得多，即使有经验的厂商也很难在产品问世的半年内突破 50%的水平。因此，CCD 传感器的成本高于 CMOS 传感器的成本。

（3）分辨率差异。如上所述，CMOS 传感器的每个像素都比 CCD 传感器复杂，其像素尺寸很难达到 CCD 传感器的水平，因此，相同尺寸下，CCD 传感器的分辨率通常会优于 CMOS 传感器。

（4）噪声差异：由于 CMOS 传感器的每个感光二极管都需搭配一个放大器，而放大器属于模拟电路，很难让每个放大器所得到的结果保持一致，因此与只有一个放大器的 CCD 传感器相比，CMOS 传感器的噪声要大得多，影响图像品质。

（5）功耗差异。CMOS 传感器的图像采集方式为主动式，感光二极管所产生的电荷会直接由晶体管放大输出，但 CCD 传感器采集方式为被动式，需要外加一个 12～18V 的电压让每个像素中的电荷移动，因此 CCD 传感器除了在电源管理电路设计上的难度更高之外［外加电源管理器（power IC）］，其功耗也远高于 CMOS 传感器。

综上所述，CCD 传感器在灵敏度、分辨率、噪声控制等方面都优于 CMOS 传感器，CMOS 传感器具有低成本、低功耗及高整合度的特点。不过，随着 CCD 传感器与 CMOS 传感器技术的进步，两者的差异有逐渐缩小的态势。例如，CCD 传感器一直在功耗上进行改进，以应用于移动通信市场［这方面的代表公司为三洋（Sanyo）］；CMOS 传感器也一直在改善其在分辨率与灵敏度方面的不足，以应用于更高端的图像产品。

4. 摄像机与计算机接口

摄像机采集图像主要有两种模式：同步采集和异步采集。摄像机捕获图像后会将其输出为模拟视频信号或者数字视频信号。

1）模拟视频信号

输出模拟视频信号，需要在计算机中安装一块带有图像采集卡的专用接口卡。对于机器视觉来说，其中 4 种制式的图像采集卡比较重要。

EIA-170（美国）和 CCIR（欧洲）是黑白视频标准；PAL（欧洲）和 NTSC（美国）是彩色视频标准。其中，EIA-170 和 NTSC 的帧率为 30Hz，每幅图像有 525 行；CCIR 和 PAL 帧率为 25Hz，每幅图像有 625 行。

2）数字视频信号

模拟视频信号的同步信息包含在信号中，与其相反，数字视频信号的同步信息是分离的。为了生成数字信号，摄像机会对传感器输出的电压进行数模转换，然后将产生的数值串行或并行地传输到图像采集卡。

（1）Camera Link：Camera Link 标准规范了数字摄像机和图像采集卡之间的接口，采用统一的物理接插件和线缆定义。只要是符合 Camera Link 标准的摄像机和图像采集卡就可以物理上互连。Camera Link 标准中包含基本（Base）、中等（Medium）、完全（Full）三个规范，但都使用统一的线缆和接插件。Camera Link Base 使用 4 条数据通道，Medium 使用 8 条数据通道，Full 使用 12 条数据通道。Camera Link 标准支持的最高数据传输率可达 680bps。Camera Link 标准中还提供了一个双向的串行通信连接。图像采集卡和摄像机可以通过它进行通信，用户可以通过从图像采集卡发送相应的控制指令来完成摄像机的硬件参数设置和更改，方便用户直接编程控制摄像机。从 Camera Link 标准推出之后，得到了各个图像采集卡生产商的大力支持，目前已成为市场的主流标准。

（2）IEEE 高性能串行总线标准（IEEE 1394-2008）：该标准是由苹果公司开发的串行总线标准，俗称火线（firewire）标准。同 USB 标准一样，IEEE 1394 标准也支持外设热插拔，可为外设提供电源，能连接多台不同设备，支持同步数据传输。IEEE 1394

标准分为两种传输方式：Backplane 模式和 Cable 模式。Backplane 模式最小的传输速率也比 USB 1.1 的最高传输速率高，分别为 12.5Mbps、25Mbps、50Mbps，可以应用于大多数的高带宽应用。Cable 模式是高速模式，可分为 100Mbps、200Mbps 和 400Mbps 3 种传输速率，在 200Mbps 下可以传输不经压缩的高质量数据电影。

（3）USB 2.0：通用串行总线 2.0（universal serial bus 2.0，USB 2.0）是一种应用在计算机领域的新型接口技术。USB 接口具有传输速率更快，支持热插拔及连接多台设备的特点，目前已被广泛应用于在各类外设。USB 接口有三种标准：USB 1.1、USB 2.0 和 USB 3.0。理论上，USB 1.1 的传输速率可以达到 12Mbps，USB 2.0 可达到 480Mbps，并且可以向下兼容 USB 1.1。早在 1995 年，就已经有 PC 机带有 USB 接口，但由于缺乏软件及硬件设备的支持，这些 PC 机的 USB 接口都处于闲置状态。1998 年后，随着微软在 Windows 98 中内置了 USB 接口的支持模块，加上 USB 设备的日渐增多，USB 接口才逐步走进了实用阶段。目前，USB 接口已广泛应用于各类产品中，成为主流设备的标准接口之一。

（4）千兆网：一种由 *IEEE Standard for Ethernet*（IEEE 802.3—2022）以太网标准定义的接口标准以吉比特每秒的传输速率进行以太网帧传输，该标准允许通过集线器实现半双工吉比特连接，但是在市场上利用交换机的全双工连接才是标准。

6.2　机器人视觉系统的工作原理

机器视觉系统采用 CCD 摄像机将被测目标对象的信息转换成图像信号，传输给专用的图像处理系统进行处理，处理后的像素分布和亮度、颜色等信息转换成数字化信号，图像处理系统对这些信号进行各种运算来获取目标的特征，如面积、数量、位置、长度等，再根据预设的允许度和其他条件输出结果，包括尺寸、角度、个数、合格/不合格、有/无等，实现自动识别功能。

一个完整的机器视觉系统的主要工作过程如下。

① 工件定位检测器探测到物体已经运动至接近摄像系统的视野中心，向图像采集部分发送触发脉冲。

② 图像采集部分按照事先设定的程序和延时，分别向摄像机和照明系统发出启动脉冲。

③ 摄像机停止扫描，重新开始新的一帧扫描；如果摄像机在启动脉冲到来之前处于等待状态，则启动脉冲到来后启动一帧扫描。

④ 摄像机开始新的一帧扫描之前打开曝光机构，曝光时间可以事先设定。

⑤ 另一个启动脉冲打开灯光照明，灯光的开启时间应与摄像机的曝光时间相匹配。

⑥ 摄像机曝光后，正式开始一帧图像的扫描和输出。

⑦ 图像采集部分接收模拟视频信号后通过 A/D 转换器将其数字化，或者直接接收摄像机数字化后的数字视频数据。

⑧ 图像采集部分将数字图像存放在处理器或计算机内存中。

⑨ 处理器对图像进行处理、分析、识别，获得测量结果或逻辑控制值。

⑩ 处理结果控制流水线的动作、进行定位、纠正运动的误差等。

从上述的工作流程可以看出，机器视觉是一种比较复杂的系统。因为大多数系统监控对象都是运动物体，系统与运动物体的匹配和协调动作尤为重要，所以对系统各部分的动作时间和处理速度有着严格的要求。在某些应用领域，如机器人、飞行器制导等领域，还会对整个系统或者系统的一部分的重量、体积和功耗有严格要求。

由此可见，在机器人视觉应用中，图像的采集与处理是其关键技术，接下来对此进行详细介绍。

6.2.1 标定

在机器人视觉应用中，计算机视觉的基本任务之一是根据摄像机获取的图像信息计算三维空间中物体的几何信息，并由此重建和识别物体。确定空间物体表面某点的三维几何位置与其在图像中对应点之间的相互关系，必须建立相机成像几何模型，这些模型的参数就是相机参数。在大多数条件下，这些参数必须通过实验与计算才能得到，这个求解参数的过程称为相机标定（或摄像机标定）。通常通过相机镜头，一个三维空间中的物体会被映射为一个倒立缩小的像，然后被成像传感器感知到。理想情况下，镜头的光轴（就是通过镜头中心垂直于传感器平面的直线）应该是穿过图像正中央的，但是实际由于安装精度的问题，会存在误差，即光轴偏移，这种误差需要用内参来描述。

理想情况下，相机在 x 方向和 y 方向的尺寸缩小比例是一样的，但实际上，镜头如果不是完美的圆，传感器上的像素如果不是完美的紧密排列的正方形，都有可能导致两个方向上的缩小比例不一致。内参中包含两个参数，用于描述这两个方向的缩放比例，不仅可以将用像素数量来衡量的长度转换成三维空间中用其他单位（如米）来衡量的长度，而且可以表示在 x 方向和 y 方向的尺度变换的不一致性。

理想情况下，镜头会将一个三维空间中的直线也映射成直线（即射影变换），但实际上，镜头无法这么完美，通过镜头映射之后，直线会变弯，所以需要相机的畸变参数来描述这种变形效果。图 6.3（a）所示为枕形畸变，又称鞍形形变，视野中边缘区域的放大率远大于光轴中心区域的放大率，常用在远摄镜头中；图 6.3（b）所示为桶形畸变，与枕形畸变相反，视野中光轴中心区域的放大率远大于边缘区域的放大率，常出现在广角镜头和鱼眼镜头中；图 6.3（c）所示为线性畸变，光轴与相机所拍摄的如建筑物之类的物体的垂平面不正交，导致原本应该平行的远端一侧和近端一侧，以不同的角度汇聚而产生畸变。这种畸变本质上是一种透视变换，即在某一特定角度，任何镜头都会产生相似的畸变。

无论是在图像测量还是在机器视觉应用中，相机参数的标定都是非常关键的环节，其标定结果的精度及算法的稳定性直接影响相机工作结果的准确性。因此，做好相机标定是做好后续工作的前提，提高标定精度是科研工作的重点所在。

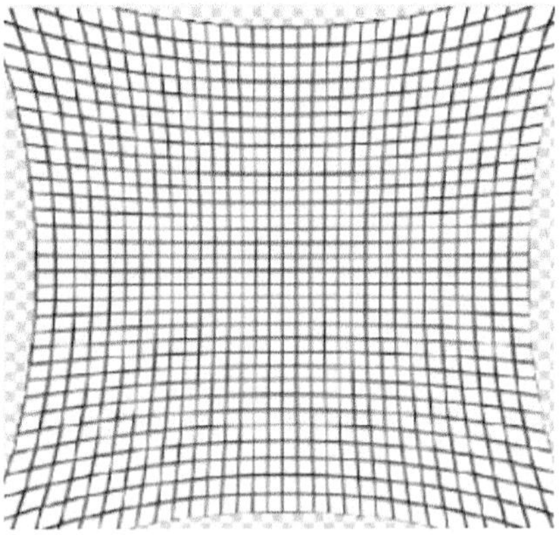

（a）枕形畸变

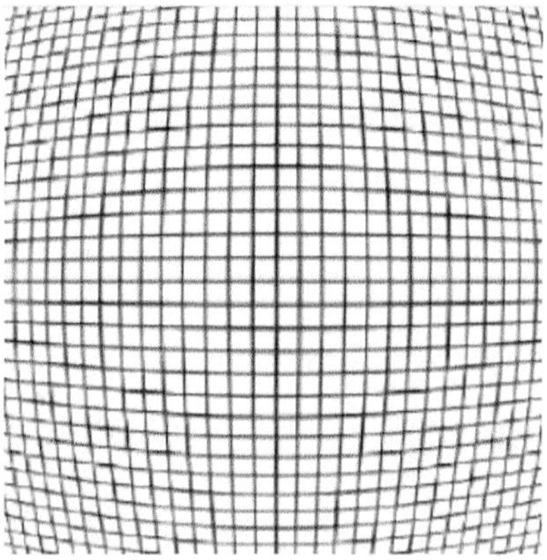

（b）桶形畸变

（c）线性畸变

图 6.3　相机的三种畸变

1．相机标定基础原理

相机标定中所要确定的几何模型参数分为内参和外参两种类型。相机内参的作用是确定相机从三维空间到二维图像的投影关系。相机外参的作用是确定相机坐标系与世界坐标系之间的相对位置关系。

在进行相机标定之前，首先要了解相关概念及数学原理。在机器人视觉中，一共有四个坐标系，分别为世界坐标系、相机坐标系、图像坐标系、像素坐标系，如图 6.4 所示，P 点所在的坐标系为世界坐标系，其坐标轴可以任意指定；图中 $X_cY_cZ_c$ 所在坐标系为相机坐标系，其原点位于相机镜头的光心，Z_c 轴与光轴重合；图中 xyz 所在坐标系为图像坐标系，其原点位于光轴和投影面的交点；从小孔向投影方向看，投影面的左上角为像素坐标系的原点，该坐标系与图像坐标系处于同一平面，但原点不同，即图中的 uv 坐标系。

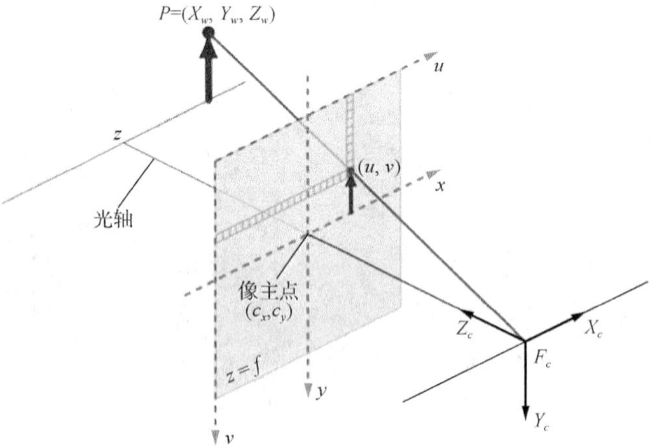

图 6.4　四坐标系关系示意图

如图 6.5 所示，世界坐标系与相机坐标系之间存在着平移和三个坐标轴间的旋转。设相机坐标系的坐标轴 Z_c 与世界坐标系的坐标轴 Z_w、X_c 与 X_w、Y_c 与 Y_w 间的角度分别为θ、φ、γ。

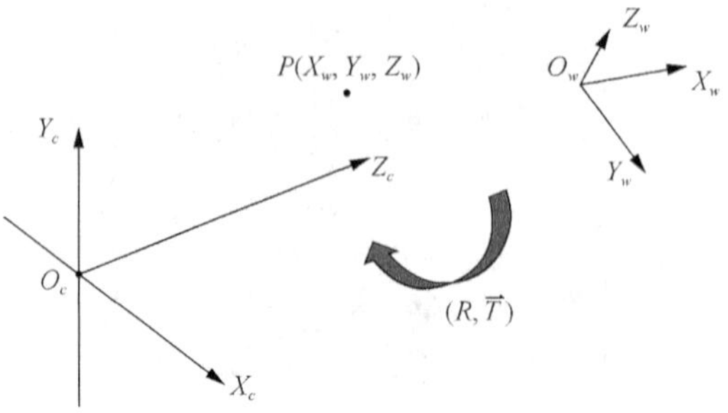

图 6.5　世界坐标系与相机坐标系关系图

为了得到两坐标系之间的关系，先将相机坐标系绕 Z_c 轴旋转 θ 角，则有

$$\begin{cases} X_c = X_w\cos\theta - Y_w\sin\theta \\ Y_c = X_w\sin\theta + Y_w\cos\theta \\ Z_c = Z_w \end{cases} \tag{6.1}$$

将上式转换成矩阵形式，则有

$$\begin{bmatrix} X_c \\ Y_c \\ Z_c \end{bmatrix} = \begin{bmatrix} \cos\theta & -\sin\theta & 0 \\ \sin\theta & \cos\theta & 0 \\ 0 & 0 & 1 \end{bmatrix} \begin{bmatrix} X_w \\ Y_w \\ Z_w \end{bmatrix} = \boldsymbol{R}_1 \begin{bmatrix} X_w \\ Y_w \\ Z_w \end{bmatrix} \tag{6.2}$$

同理，将相机坐标系分别绕 X_c 轴和 Y_c 轴旋转 φ、γ 角，得到

$$\begin{bmatrix} X_c \\ Y_c \\ Z_c \end{bmatrix} = \begin{bmatrix} 1 & 0 & 0 \\ 0 & \cos\varphi & \sin\varphi \\ 0 & -\sin\varphi & \cos\varphi \end{bmatrix} \begin{bmatrix} X_w \\ Y_w \\ Z_w \end{bmatrix} = \boldsymbol{R}_2 \begin{bmatrix} X_w \\ Y_w \\ Z_w \end{bmatrix} \tag{6.3}$$

$$\begin{bmatrix} X_c \\ Y_c \\ Z_c \end{bmatrix} = \begin{bmatrix} \cos\gamma & 0 & -\sin\gamma \\ 0 & 1 & 0 \\ \sin\gamma & 0 & \cos\gamma \end{bmatrix} \begin{bmatrix} X_w \\ Y_w \\ Z_w \end{bmatrix} = \boldsymbol{R}_3 \begin{bmatrix} X_w \\ Y_w \\ Z_w \end{bmatrix} \tag{6.4}$$

因此，相机坐标系相对于世界坐标系的旋转矩阵 $\boldsymbol{R} = \boldsymbol{R}_1\boldsymbol{R}_2\boldsymbol{R}_3$ 。相机坐标系和世界坐标系之间不仅存在旋转关系，还存在平移关系，因此，还需要加上一个平移矩阵 $\boldsymbol{T}$，则相机坐标系和世界坐标系之间的关系为

$$\begin{bmatrix} X_c \\ Y_c \\ Z_c \end{bmatrix} = \boldsymbol{R} \begin{bmatrix} X_w \\ Y_w \\ Z_w \end{bmatrix} + \boldsymbol{T} \tag{6.5}$$

为了方便后续的标定计算，上式可转换为

$$\begin{bmatrix} X_c \\ Y_c \\ Z_c \\ I \end{bmatrix} = \begin{bmatrix} \boldsymbol{R} & \boldsymbol{T} \\ \boldsymbol{0} & \boldsymbol{I} \end{bmatrix} \begin{bmatrix} X_w \\ Y_w \\ Z_w \\ I \end{bmatrix} \tag{6.6}$$

如图 6.6 所示，相机坐标系的原点位于相机镜头的光心，Z_c 轴与光轴重合；图像坐标系的原点位于光轴和投影面的交点。

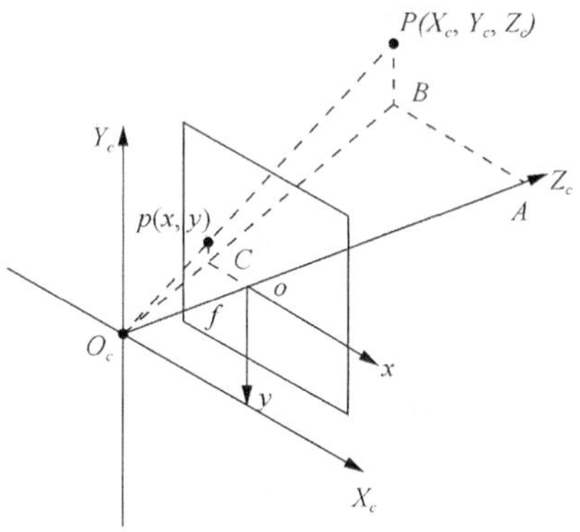

图 6.6　相机坐标系和图像坐标系关系示意图

相机坐标系和图像坐标系的关系可以参考小孔成像的原理，利用三角形相似关系计算得到。

$$\begin{cases} \dfrac{x}{f} = \dfrac{X_c}{Z_c} \\ \dfrac{y}{f} = \dfrac{Y_c}{Z_c} \end{cases} \Rightarrow \begin{cases} Z_c \cdot x = f \cdot X_c \\ Z_c \cdot y = f \cdot Y_c \end{cases} \tag{6.7}$$

式中，f 为相机焦距。

用矩阵形式表示相机坐标系和图像坐标系的关系，则有

$$Z_c\begin{bmatrix}x\\y\\1\end{bmatrix}=\begin{bmatrix}f&0&0\\0&f&0\\0&0&1\end{bmatrix}\begin{bmatrix}X_c\\Y_c\\Z_c\end{bmatrix}\tag{6.8}$$

如图 6.7 所示，图像坐标系和像素坐标系处在同一个平面，只有原点和坐标轴不同。

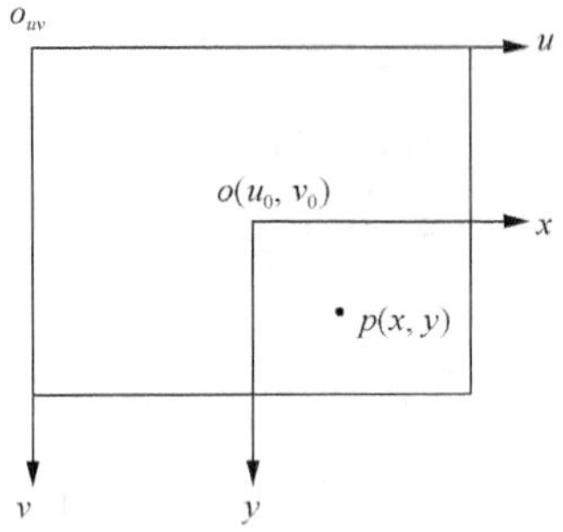

图 6.7　图像坐标系和像素坐标系关系示意图

假设每一个像素在 u 轴和 v 轴方向上的实际物理尺寸为 $\mathrm{d}x$ 和 $\mathrm{d}y$，则有

$$\begin{cases}u=\dfrac{x}{\mathrm{d}x}+u_0\\[2mm] v=\dfrac{y}{\mathrm{d}y}+v_0\end{cases}\tag{6.9}$$

用矩阵形式表示图像坐标系和像素坐标系之间的关系，则有

$$\begin{bmatrix}u\\v\\1\end{bmatrix}=\begin{bmatrix}\dfrac{1}{\mathrm{d}x}&0&u_0\\0&\dfrac{1}{\mathrm{d}y}&v_0\\0&0&1\end{bmatrix}\begin{bmatrix}x\\y\\1\end{bmatrix}\tag{6.10}$$

综上所述，世界坐标系、相机坐标系、图像坐标系和像素坐标系与相机参数之间的关系为

$$\begin{aligned}Z_c\begin{bmatrix}u\\v\\1\end{bmatrix}&=\begin{bmatrix}\dfrac{1}{\mathrm{d}x}&0&u_0\\0&\dfrac{1}{\mathrm{d}y}&v_0\\0&0&1\end{bmatrix}\begin{bmatrix}f&0&0&0\\0&f&0&0\\0&0&1&0\end{bmatrix}\begin{bmatrix}\boldsymbol{R}&\boldsymbol{T}\\\boldsymbol{0}&\boldsymbol{I}\end{bmatrix}\begin{bmatrix}X_w\\Y_w\\Z_w\\I\end{bmatrix}\\&=\underbrace{\begin{bmatrix}f_x&0&u_0&0\\0&f_y&v_0&0\\0&0&1&0\end{bmatrix}}_{\text{相机内参}}\underbrace{\begin{bmatrix}\boldsymbol{R}&\boldsymbol{T}\\\boldsymbol{0}&\boldsymbol{I}\end{bmatrix}}_{\text{相机外参}}\begin{bmatrix}X_w\\Y_w\\Z_w\\I\end{bmatrix}\end{aligned}\tag{6.11}$$

式中，$f_x = f / \mathrm{d}x$；$f_y = f / \mathrm{d}y$；u_0为像素坐标系原点和图像坐标系原点在x轴方向上的距离；v_0为像素坐标系原点和图像坐标系原点在y轴方向上的距离；$\boldsymbol{R}$为相机坐标系相对于世界坐标系的旋转矩阵；$\boldsymbol{T}$为相机坐标系相对于世界坐标系的平移矩阵。f_x, f_y, u_0, v_0即为相机内参，$\boldsymbol{R}$、$\boldsymbol{T}$即为相机的外参。下面详细讲解求解相机内外参的数学模型。

针孔相机的成像过程其实就是利用投影将真实的三维世界坐标转换到二维的相机坐标上去，如图 6.8 所示。

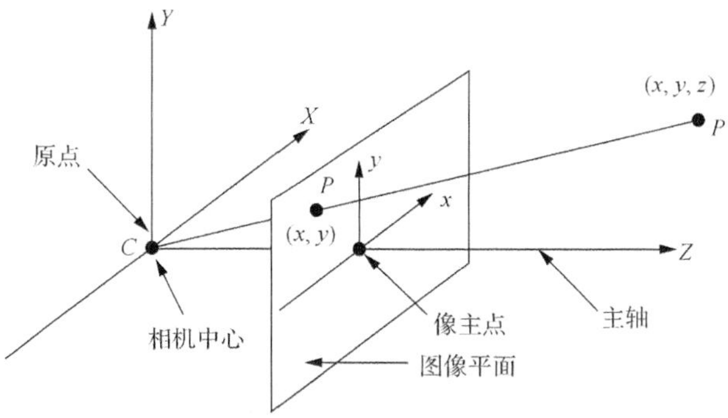

图 6.8　针孔相机成像原理示意图

从图 6.8 中可以看出，世界坐标系中一条直线上的所有点在相机上只呈现为一个点，其中发生了非常大的变化，同时也损失了很多重要的信息，这正是 3D 重建、目标检测与识别领域的重点和难点。实际中，镜头并非理想的透视成像，它往往带有不同程度的畸变。理论上镜头的畸变包括径向畸变和切向畸变，由于切向畸变影响较小，因此通常只考虑径向畸变。

镜头畸变的公式为

$$\boldsymbol{x} \sim \boldsymbol{K}[\boldsymbol{R} \mid \boldsymbol{t}]\boldsymbol{X}$$

$$\begin{bmatrix} x \\ y \\ 1 \end{bmatrix} \sim \begin{bmatrix} f\alpha & s & x_0 \\ 0 & f & y_0 \\ 0 & 0 & 1 \end{bmatrix} [\boldsymbol{R} \mid \boldsymbol{t}] \begin{bmatrix} X \\ Y \\ Z \\ I \end{bmatrix} = \begin{bmatrix} a & b & c & d \\ e & f & g & h \\ i & j & k & l \end{bmatrix} \begin{bmatrix} X \\ Y \\ Z \\ I \end{bmatrix} \tag{6.12}$$

式中，$\boldsymbol{x}$为相机中的坐标；$\boldsymbol{X}$为真实的世界坐标；$\boldsymbol{K}$为内参矩阵，由相机内部参数组成的一个 3×3 矩阵；$[\boldsymbol{R} \mid \boldsymbol{t}]$为外参矩阵，$\boldsymbol{R}$是描述相机方向的旋转矩阵，$\boldsymbol{t}$是描述相机中心位置的三维平移向量；$\alpha$为纵横比例参数；$s$为畸变参数中心点坐标；矩阵$[a\ b\ c\ d \cdots]$表示相机坐标与真实世界坐标的转换矩阵，由$\boldsymbol{K}$、$\boldsymbol{R}$、$\boldsymbol{t}$所有参数计算得到。

相机内参共有 6 个参数f、κ、S_x、S_y、C_x、C_y。其中，f为相机焦距；κ表示

径向畸变量级，如果κ为负值，畸变为桶型畸变，如果κ为正值，畸变为枕型畸变；S_x、S_y为缩放比例因子，一般情况下相机成像单元不是严格矩形的，其在水平和垂直方向上的大小是不一致的，这就导致在x方向和y方向上的缩放因子不一样，所以需要分别定义两个缩放因子，对针孔摄像机来说，表示图像传感器上水平方向和垂直方向上相邻像素之间的距离；C_x、C_y为图像的主点，即过镜头轴心垂直于成像平面与图像平面的交点。对针孔摄像机来说，这个点是投影中心在成像平面上的垂直投影，同时也是径向畸变的中心。

相机外参共有 6 个参数α、β、γ、T_x、T_y、T_z，相机坐标与世界坐标的关系可以表述为

$$P_c = \boldsymbol{R}P_w + \boldsymbol{T} \tag{6.13}$$

式中，P_w为世界坐标，P_c为相机坐标；$\boldsymbol{T}=\left(T_x,T_y,T_z\right)$为平移向量；$\boldsymbol{R}=[\alpha\ \ \beta\ \ \gamma]$为旋转矩阵，$\alpha$为绕相机坐标系$x$轴的旋转角度，$\beta$为绕相机坐标系$y$轴的旋转角度，$\gamma$为绕相机坐标系$z$轴的旋转角度。

2. 张正友棋盘格标定法

相机标定方法主要有传统相机标定法、主动视觉相机标定方法和相机自标定法三种。传统相机标定法需要使用尺寸已知的标定物，通过建立标定物上坐标已知的点与其图像点之间的对应，利用一定的算法获取相机模型的内外参数。标定物的制作精度会影响其标定结果，同时某些场合不适合放置标定物也限制了传统相机标定法的应用。目前现有的相机自标定算法中主要是利用相机运动的约束获取相机模型的内外参数，但相机的运动约束条件太强，使得其在实际中并不实用。基于主动视觉的相机标定法基于相机的某些已知运动信息对相机进行标定，该方法不需要标定物，但需要控制相机做某些特殊运动，利用这种运动的特殊性计算相机内部的参数。主动视觉相机标定法的优点是算法简单，往往能够获得线性解，故鲁棒性较高；缺点是系统的成本高、实验设备昂贵、实验条件要求高，而且不适合运动参数未知或无法控制的场合。

张正友的平面标定方法是介于传统标定方法和自标定方法之间的一种方法。它既避免了传统方法设备要求高，操作烦琐等缺点，又比自标定方法精度高，因此此标定法被广泛应用于计算机视觉方面。

张正友标定法利用图 6.9 所示的棋盘格标定板，在得到一张标定板的图像之后，通过相应的图像检测算法得到每一个角点的像素坐标(u,v)。张正友标定法将世界坐标系固定于棋盘格上，则棋盘格上任一点的物理坐标$Z=0$，由于标定板的世界坐标系是人为事先定义好的，标定板上每一个格子的大小是固定已知的，可以方便地计算得到每一个角点在世界坐标系下的物理坐标。

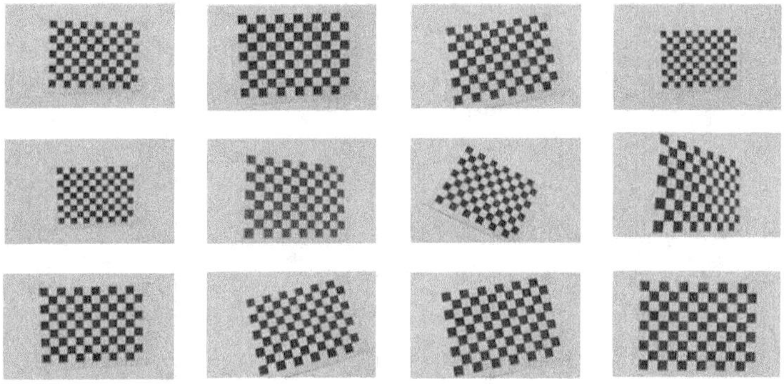

图 6.9　棋盘格标定板图像

利用每一个角点的像素坐标(u,v)和每一个角点在世界坐标系下的物理坐标信息来进行相机的标定，即可获得相机的内外参矩阵及畸变参数。

将世界坐标系固定于棋盘格上，则棋盘格上任一点的物理坐标$z=0$，因此原成像模型可以改写为

$$z\begin{bmatrix}u\\v\\1\end{bmatrix}=\begin{pmatrix}\dfrac{f}{\mathrm{d}x} & -\dfrac{f\cot\theta}{\mathrm{d}x} & u_0\\ 0 & \dfrac{f}{\mathrm{d}y\sin\theta} & v_0\\ 0 & 0 & 1\end{pmatrix}\begin{bmatrix}\boldsymbol{R}_1 & \boldsymbol{R}_2 & \boldsymbol{T}\end{bmatrix}\begin{bmatrix}\boldsymbol{X}\\\boldsymbol{Y}\\\boldsymbol{I}\end{bmatrix}=\boldsymbol{A}\begin{bmatrix}\boldsymbol{R}_1 & \boldsymbol{R}_2 & \boldsymbol{T}\end{bmatrix}\begin{bmatrix}\boldsymbol{X}\\\boldsymbol{Y}\\\boldsymbol{I}\end{bmatrix} \tag{6.14}$$

式中，$\boldsymbol{R}_1$、$\boldsymbol{R}_2$为旋转矩阵$\boldsymbol{R}$的前两列，这里为了简便，将内参矩阵记为$\boldsymbol{A}$。将$\dfrac{1}{z}(\boldsymbol{R}_1 \quad \boldsymbol{R}_2 \quad \boldsymbol{T})$记为矩阵$\boldsymbol{H}$，$\boldsymbol{H}$即为内参矩阵和外参矩阵的积再除以尺度因子$z$，记矩阵$\boldsymbol{H}$的三列分别为$\boldsymbol{H}_1$、$\boldsymbol{H}_2$、$\boldsymbol{H}_3$，则有

$$\begin{bmatrix}u\\v\\1\end{bmatrix}=\boldsymbol{H}\begin{bmatrix}\boldsymbol{X}\\\boldsymbol{Y}\\\boldsymbol{I}\end{bmatrix}=\begin{bmatrix}\boldsymbol{H}_1 & \boldsymbol{H}_2 & \boldsymbol{H}_3\end{bmatrix}\begin{bmatrix}\boldsymbol{X}\\\boldsymbol{Y}\\\boldsymbol{I}\end{bmatrix} \tag{6.15}$$

像素坐标系下的标定板角点坐标(u,v)和世界坐标系下的标定板角点坐标(X,Y)均为可以获取的已知信息。$\boldsymbol{H}$是齐次矩阵，拥有 8 个独立的未知元素，每一个标定板角点可以提供两个约束方程。因此，当一张图片上的标定板角点数量等于 4 时，即可求得该图片对应的矩阵$\boldsymbol{H}$。当一张图片的标定板角点数量大于 4 时，利用最小二乘法回归最佳的矩阵$\boldsymbol{H}$。

已知$\boldsymbol{H}$后，需要求解相机的内参矩阵$\boldsymbol{A}$。$\boldsymbol{R}$矩阵的两列$\boldsymbol{R}_1$和$\boldsymbol{R}_2$存在单位正交的关系，满足

$$\boldsymbol{R}_1^{\mathrm{T}}\boldsymbol{R}_2=0 \tag{6.16}$$

$$\boldsymbol{R}_1^{\mathrm{T}}\boldsymbol{R}_1=\boldsymbol{R}_2^{\mathrm{T}}\boldsymbol{R}_2=0 \tag{6.17}$$

由 $\boldsymbol{H}$ 和 $\boldsymbol{R}_1$、$\boldsymbol{R}_2$ 的关系，可知

$$\boldsymbol{R}_1=z\boldsymbol{A}^{-1}\boldsymbol{H}_1 \tag{6.18}$$

$$\boldsymbol{R}_2=z\boldsymbol{A}^{-1}\boldsymbol{H}_2 \tag{6.19}$$

式中，z 是尺度因子。

将式（6.18）和式（6.19）代入式（6.16）和式（6.17），则有

$$\boldsymbol{H}_1^{\mathrm{T}}z^2\boldsymbol{A}^{-\mathrm{T}}\boldsymbol{A}^{-1}\boldsymbol{H}_2=0 \tag{6.20}$$

$$\boldsymbol{H}_1^{\mathrm{T}}z^2\boldsymbol{A}^{-\mathrm{T}}\boldsymbol{A}^{-1}\boldsymbol{H}_1=\boldsymbol{H}_2^{\mathrm{T}}z^2\boldsymbol{A}^{-\mathrm{T}}\boldsymbol{A}^{-1}\boldsymbol{H}_2=1 \tag{6.21}$$

此时，上述两个约束方程中均存在矩阵 $z^2\boldsymbol{A}^{-\mathrm{T}}\boldsymbol{A}^{-1}$，将其记为 $\boldsymbol{B}$。$\boldsymbol{B}$ 为对称矩阵，可以先求解出矩阵 $\boldsymbol{B}$，再通过矩阵 $\boldsymbol{B}$ 求解相机的内参矩阵 $\boldsymbol{A}$。这里为了方便将相机内参矩阵 $\boldsymbol{A}$ 表示为

$$\boldsymbol{A}=\begin{bmatrix}\dfrac{f}{\mathrm{d}x} & -\dfrac{f\cot\theta}{\mathrm{d}x} & u_0 & 0\\ 0 & \dfrac{f}{\mathrm{d}y\sin\theta} & v_0 & 0\\ 0 & 0 & 1 & 0\end{bmatrix}=\begin{bmatrix}\alpha & \gamma & u_0\\ 0 & \beta & v_0\\ 0 & 0 & 1\end{bmatrix} \tag{6.22}$$

对矩阵 $\boldsymbol{A}$ 求逆，则有

$$\boldsymbol{A}^{-1}=\begin{bmatrix}\dfrac{1}{\alpha} & -\dfrac{\gamma}{\alpha\beta} & \dfrac{\gamma v_0-\beta u_0}{\alpha\beta}\\ 0 & \dfrac{1}{\beta} & -\dfrac{v_0}{\beta}\\ 0 & 0 & 1\end{bmatrix} \tag{6.23}$$

用矩阵 $\boldsymbol{A}$ 表示矩阵 $\boldsymbol{B}$，则有

$$\begin{aligned}\boldsymbol{B}=z^2\boldsymbol{A}^{-\mathrm{T}}\boldsymbol{A}^{-1}&=z^2\begin{bmatrix}\dfrac{1}{\alpha^2} & -\dfrac{\gamma}{\alpha^2\beta} & \dfrac{\gamma v_0-\beta u_0}{\alpha^2\beta}\\ -\dfrac{\gamma}{\alpha^2\beta} & \dfrac{1}{\beta^2}+\dfrac{\gamma^2}{\alpha^2\beta^2} & \dfrac{\gamma(\beta u_0-\gamma v_0)}{\alpha^2\beta^2}-\dfrac{v_0}{\beta^2}\\ \dfrac{\gamma v_0-\beta u_0}{\alpha^2\beta} & \dfrac{\gamma(\beta u_0-\gamma v_0)}{\alpha^2\beta^2}-\dfrac{v_0}{\beta^2} & \dfrac{(\beta u_0-\gamma v_0)^2}{\alpha^2\beta^2}+\dfrac{v_0^2}{\beta^2}+1\end{bmatrix}\\ &=\begin{bmatrix}B_{11} & B_{12} & B_{13}\\ B_{12} & B_{22} & B_{23}\\ B_{13} & B_{23} & B_{33}\end{bmatrix}\end{aligned} \tag{6.24}$$

注意：由于 $\boldsymbol{B}$ 为对称矩阵，上式出现了两次 B_{12}、B_{13}、B_{23}。这里可以使用 $\boldsymbol{B}=z^2\boldsymbol{A}^{-\mathrm{T}}\boldsymbol{A}^{-1}$ 将前面通过 $\boldsymbol{R}_1$、$\boldsymbol{R}_2$ 单位正交得到的约束方程转换为

$$\boldsymbol{H}_1^{\mathrm{T}}\boldsymbol{B}\boldsymbol{H}_2=0 \tag{6.25}$$

$$\boldsymbol{H}_1^{\mathrm{T}}\boldsymbol{B}\boldsymbol{H}_1=\boldsymbol{H}_2^{\mathrm{T}}\boldsymbol{B}\boldsymbol{H}_2=0 \tag{6.26}$$

因此，为了求解矩阵 $\boldsymbol{B}$，必须先计算 $\boldsymbol{H}_i^{\mathrm{T}}\boldsymbol{B}\boldsymbol{H}_j$，则有

$$\boldsymbol{H}_i^{\mathrm{T}}\boldsymbol{B}\boldsymbol{H}_j=\begin{bmatrix}\boldsymbol{H}_{1i} & \boldsymbol{H}_{2i} & \boldsymbol{H}_{3i}\end{bmatrix}\begin{bmatrix}B_{11} & B_{12} & B_{13}\\ B_{12} & B_{22} & B_{23}\\ B_{13} & B_{23} & B_{33}\end{bmatrix}\begin{bmatrix}\boldsymbol{H}_{1j}\\ \boldsymbol{H}_{2j}\\ \boldsymbol{H}_{3j}\end{bmatrix} \tag{6.27}$$

将上式展开，得到

$$\boldsymbol{H}_i^{\mathrm{T}}\boldsymbol{B}\boldsymbol{H}_j=\boldsymbol{v}_{ij}\boldsymbol{b} \tag{6.28}$$

式中，

$$\boldsymbol{v}_{ij}=\begin{bmatrix}\boldsymbol{H}_{1i}\boldsymbol{H}_{1j} & \boldsymbol{H}_{1i}\boldsymbol{H}_{2j}+\boldsymbol{H}_{2i}\boldsymbol{H}_{1j} & \boldsymbol{H}_{2i}\boldsymbol{H}_{2j} & \boldsymbol{H}_{1i}\boldsymbol{H}_{3j}+\boldsymbol{H}_{3i}\boldsymbol{H}_{1j} & \boldsymbol{H}_{2i}\boldsymbol{H}_{3j}+\boldsymbol{H}_{3i}\boldsymbol{H}_{2j} & \boldsymbol{H}_{3i}\boldsymbol{H}_{3j}\end{bmatrix}^{\mathrm{T}}$$

$$\boldsymbol{b}=\begin{bmatrix}B_{11} & B_{12} & B_{22} & B_{13} & B_{23} & B_{33}\end{bmatrix}^{\mathrm{T}}$$

此时，通过 $\boldsymbol{R}_1$、$\boldsymbol{R}_2$ 单位正交得到的约束方程可转换为

$$\boldsymbol{v}_{12}^{\mathrm{T}}\boldsymbol{b}=0 \tag{6.29}$$

$$\boldsymbol{v}_{11}^{\mathrm{T}}\boldsymbol{b}=\boldsymbol{v}_{22}^{\mathrm{T}}\boldsymbol{b}=1 \tag{6.30}$$

即

$$\begin{bmatrix}\boldsymbol{v}_{12}^{\mathrm{T}}\\ \boldsymbol{v}_{11}^{\mathrm{T}}-\boldsymbol{v}_{22}^{\mathrm{T}}\end{bmatrix}\boldsymbol{b}=\boldsymbol{v}\boldsymbol{b}=0 \tag{6.31}$$

因为矩阵 $\boldsymbol{H}$ 已知，所以由 $\boldsymbol{H}$ 的元素构成的矩阵 $\boldsymbol{v}$ 也已知，因此，只要求得向量 $\boldsymbol{b}$，即可得到矩阵 $\boldsymbol{B}$。向量 $\boldsymbol{b}$ 有 6 个未知元素，需要 6 个约束方程，已知每张标定板图像可以提供两个约束方程，因此只需 3 张标定板图像就可以求解向量 $\boldsymbol{b}$，但一般标定需要 15 张以上的图像，故可采用最小二乘拟合最佳的向量 $\boldsymbol{b}$。矩阵 $\boldsymbol{B}$ 的元素和相机内参的对应关系为

$$z^2=B_{33}-\frac{B_{13}^2+v_0\left(B_{12}B_{13}-B_{11}B_{23}\right)}{B_{11}} \tag{6.32}$$

$$\alpha=\sqrt{\frac{z^2}{B_{11}}} \tag{6.33}$$

$$\beta=\sqrt{\frac{z^2B_{11}}{B_{11}B_{22}-B_{12}^2}} \tag{6.34}$$

$$\gamma=-\frac{B_{12}\alpha^2\beta}{z^2} \tag{6.35}$$

$$v_0 = \frac{B_{12}B_{13} - B_{11}B_{23}}{B_{11}B_{22} - B_{12}^2} \tag{6.36}$$

$$u_0 = \frac{\gamma v_0}{\beta} - \frac{B_{13}\alpha^2}{Z^2} \tag{6.37}$$

由上述公式可以得到相机内参矩阵 $\boldsymbol{A}$［式（6.22）］。

相机的内参矩阵取决于相机的内部参数，而相机外参矩阵反应的是标定板和相机的关系，对于不同的图像，标定板和相机的位置关系也会随之变化，因此每张图像对应的外参矩阵也不相同。在 $\frac{1}{z}\boldsymbol{A}(\boldsymbol{R}_1 \quad \boldsymbol{R}_2 \quad \boldsymbol{T}) = \boldsymbol{H}$ 中，矩阵 $\boldsymbol{H}$、矩阵 $\boldsymbol{A}$ 及尺度因子 z 已知，所以外参矩阵可以通过以下表达式求得：

$$[\boldsymbol{R}_1 \quad \boldsymbol{R}_2 \quad \boldsymbol{T}] = \boldsymbol{A}^{-1} z \boldsymbol{H} \tag{6.38}$$

由于张正友标定板将世界坐标系的原点选取在棋盘格上，棋盘格上任一点的物理坐标 $Z=0$，将旋转矩阵的 $\boldsymbol{R}$ 的第三列 $\boldsymbol{R}_3$ 消除了，因此 $\boldsymbol{R}_3$ 在坐标转换中并没有发挥作用，但是 $\boldsymbol{R}_3$ 要使 $\boldsymbol{R}$ 满足旋转矩阵的性质，即列与列之间单位正交，因此可以通过向量 $\boldsymbol{R}_1$、$\boldsymbol{R}_2$ 的叉乘，即 $\boldsymbol{R}_3 = \boldsymbol{R}_1 \times \boldsymbol{R}_2$，计算得到 $\boldsymbol{R}_3$。到此，相机的内参矩阵和外参矩阵均已得到。

相机标定还包括相机畸变，张正友标定法仅仅考虑了畸变模型中影响较大的径向畸变，径向畸变公式如下：

$$\hat{x} = x\left(1 + k_1 r^2 + k_2 r^4\right) \tag{6.39}$$

$$\hat{y} = y\left(1 + k_1 r^2 + k_2 r^4\right) \tag{6.40}$$

式中，(x, y) 为理想的无畸变的归一化的图像坐标；$(\hat{x}, \hat{y})$ 为畸变后的归一化图像坐标；r 为图像像素点到图像中心点的距离，即 $r^2 = x^2 + y^2$；k_1、k_2 为径向畸变系数。图像坐标和像素坐标的转换关系为

$$\begin{bmatrix} u \\ v \\ 1 \end{bmatrix} = \begin{bmatrix} \frac{1}{\mathrm{d}x} & -\frac{\cot\theta}{\mathrm{d}x} & u_0 \\ 0 & \frac{1}{\mathrm{d}y\sin\theta} & v_0 \\ 0 & 0 & 1 \end{bmatrix} \begin{bmatrix} x \\ y \\ 1 \end{bmatrix} \tag{6.41}$$

式中，(u, v) 为理想的无畸变的像素坐标，由于 θ 接近 $90°$，则上式可以近似为

$$u = \frac{x}{\mathrm{d}x} + u_0 \tag{6.42}$$

$$v = \frac{y}{\mathrm{d}y} + v_0 \tag{6.43}$$

同理，可得畸变后的像素坐标表达式为

$$\hat{u} = \frac{\hat{x}}{\mathrm{d}x} + u_0 \tag{6.44}$$

$$\hat{v}=\frac{\hat{y}}{\mathrm{d}y}+v_0 \tag{6.45}$$

代入径向畸变公式并化简，得到

$$\hat{u}=u+\left(u-u_0\right)\left(k_1 r^2+k_2 r^4\right) \tag{6.46}$$

$$\hat{v}=v+\left(v-v_0\right)\left(k_1 r^2+k_2 r^4\right) \tag{6.47}$$

其矩阵形式为

$$\begin{bmatrix}\left(u-u_0\right)r^2 & \left(u-u_0\right)r^4\\ \left(v-v_0\right)r^2 & \left(v-v_0\right)r^4\end{bmatrix}\begin{bmatrix}k_1\\ k_2\end{bmatrix}=\begin{bmatrix}\hat{u}-u\\ \hat{v}-v\end{bmatrix} \tag{6.48}$$

图像中每个角点可以构造两个上述等式，假设有 m 张图像，每张图像包含 n 个角点，则可以得到 mn 个未知数为 $\boldsymbol{k}=\left[k_1 \quad k_2\right]^{\mathrm{T}}$ 的约束方程，将约束方程系数矩阵记为 $\boldsymbol{D}$，等式右端非齐次项记为 d，则有

$$\boldsymbol{D}\boldsymbol{k}=d \tag{6.49}$$

使用最小二乘法，可得

$$\boldsymbol{k}=\begin{bmatrix}k_1\\ k_2\end{bmatrix}=\left(\boldsymbol{D}^{\mathrm{T}}\boldsymbol{D}\right)^{-1}\boldsymbol{D}^{\mathrm{T}}d \tag{6.50}$$

至此，相机的畸变矫正参数标定完毕。

3. MATLAB 工具箱标定

MATLAB 工具箱标定步骤具体如下。

① 在应用程序中选择 Camera Calibrator 命令，如图 6.10 所示。

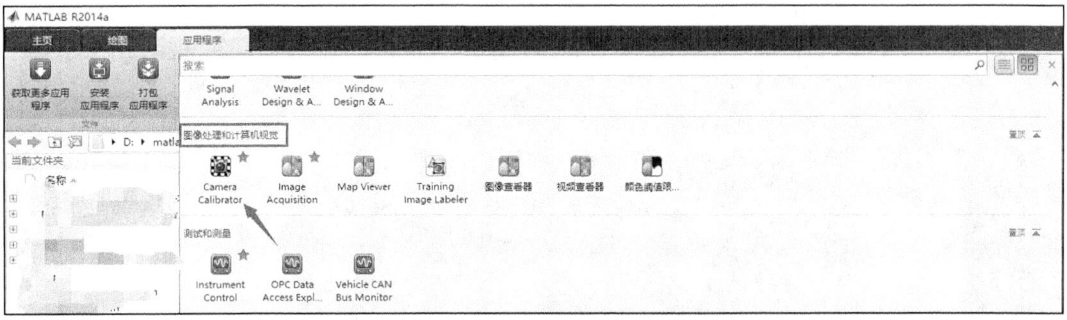

图 6.10　MATLAB 工具箱标定步骤 1

② 添加标定板拍摄图片（结合 Ctrl 键可一次添加多张图片），如图 6.11 所示。

③ 输入棋盘格每格的尺寸，如图 6.12 所示。

④ 显示已检测出的棋盘格，单击 Calibrate 按钮，开始标定，如图 6.13 所示。

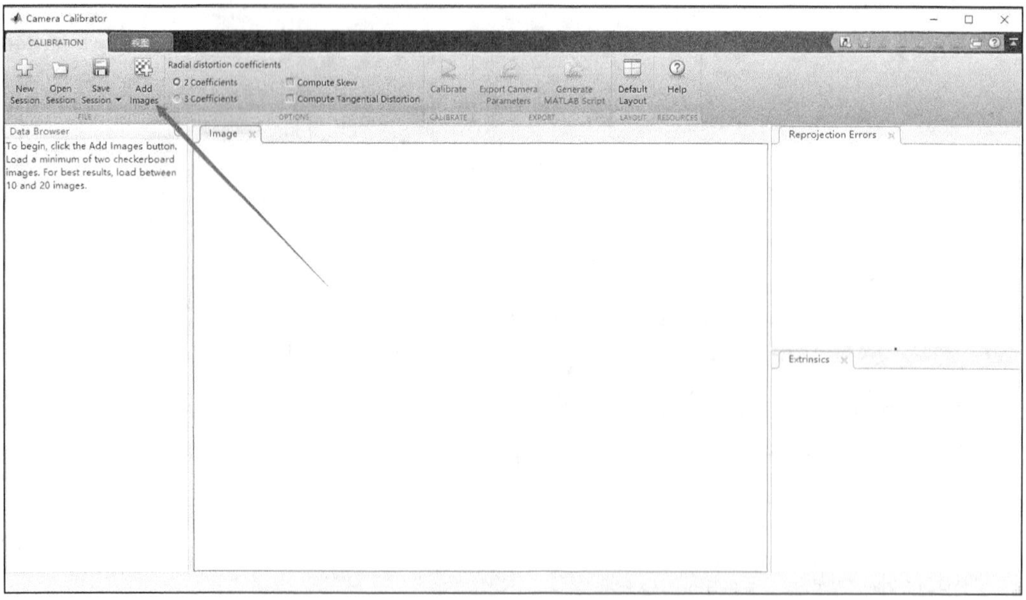

图 6.11　MATLAB 工具箱标定步骤 2

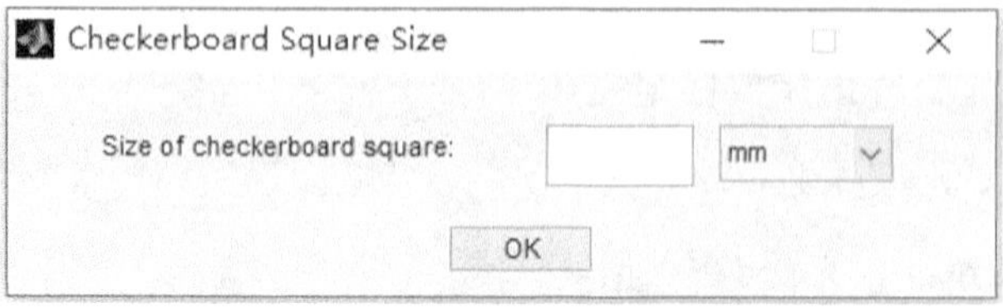

图 6.12　MATLAB 工具箱标定步骤 3

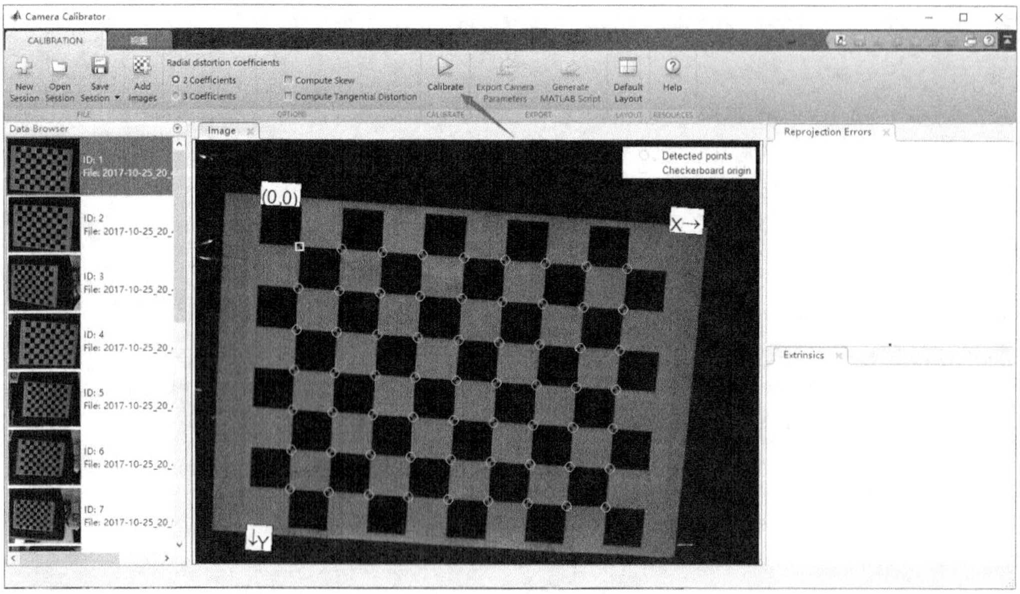

图 6.13　MATLAB 工具箱标定步骤 4

⑤ 得到标定结果（平均误差小于 0.5 即可认为结果可靠），如图 6.14 所示。

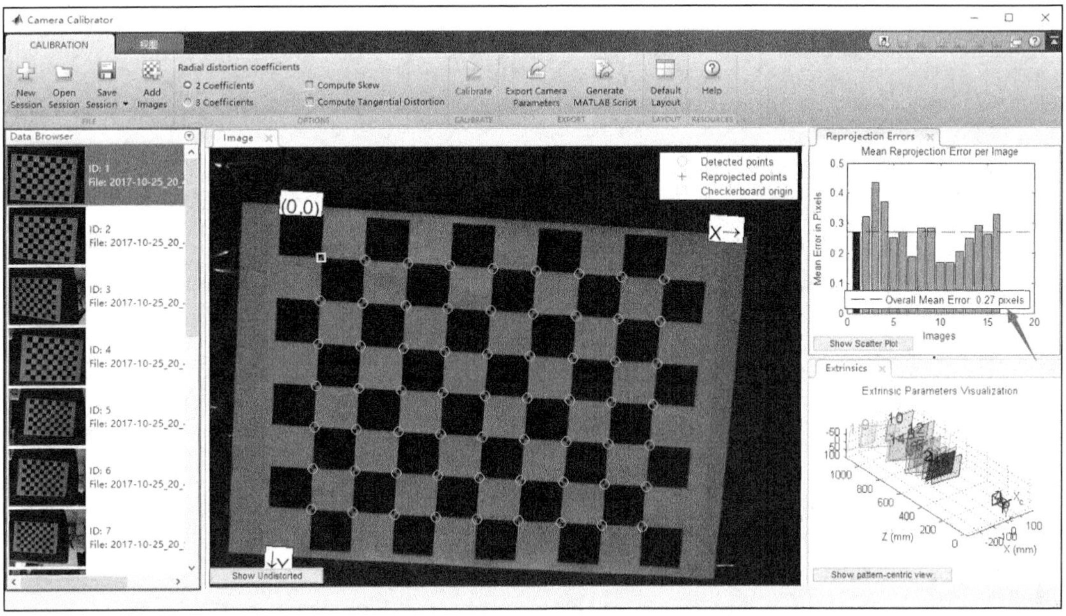

图 6.14　MATLAB 工具箱标定步骤 5

⑥ 查看标定结果和程序，如图 6.15 所示。

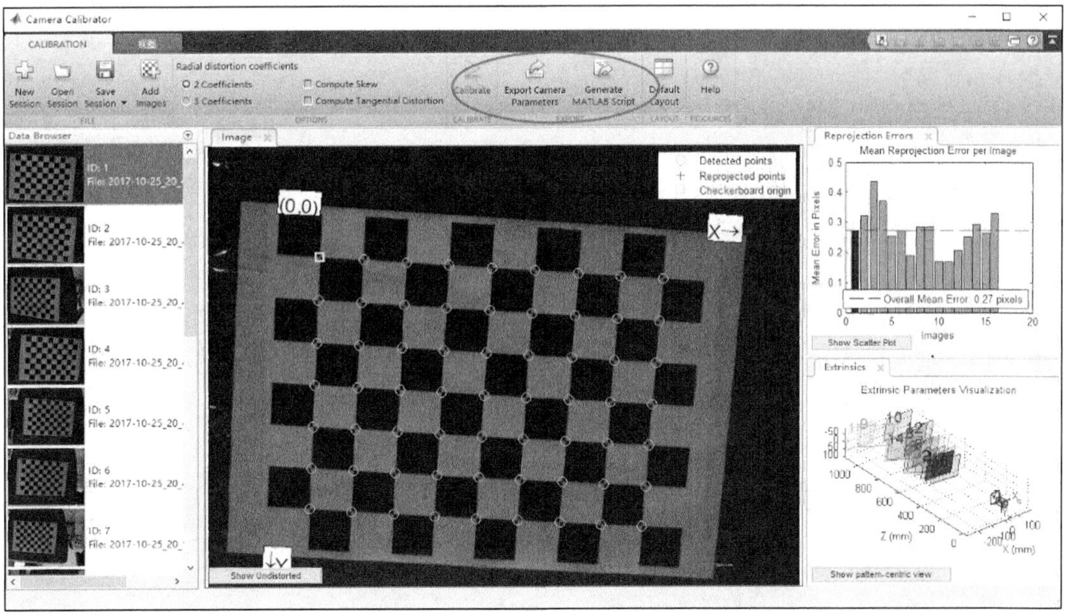

图 6.15　MATLAB 工具箱标定步骤 6

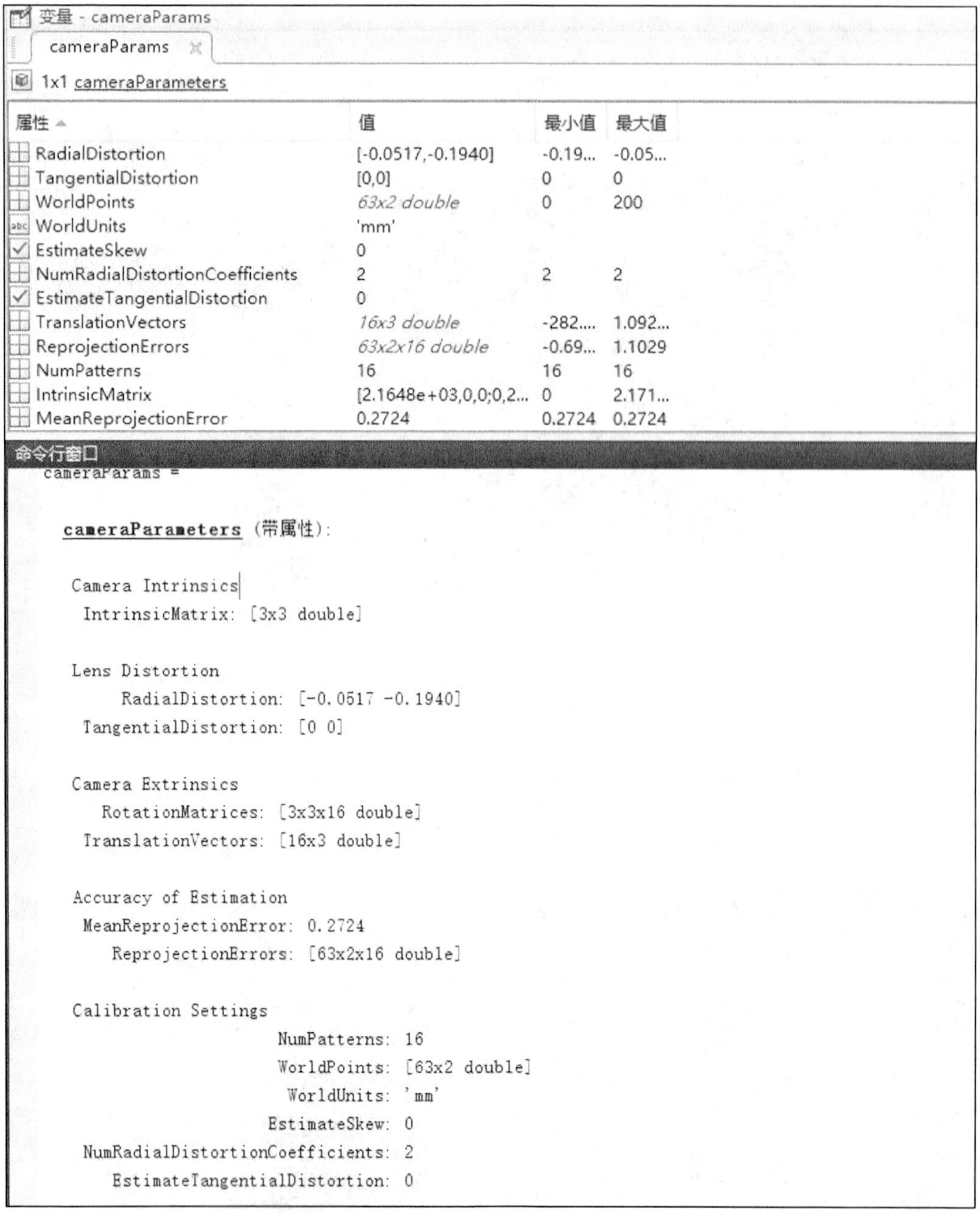
变量 - cameraParams
cameraParams
1x1 cameraParameters
属性 值 最小值 最大值
RadialDistortion [-0.0517,-0.1940] -0.19... -0.05...
TangentialDistortion [0,0] 0 0
WorldPoints 63x2 double 0 200
WorldUnits 'mm'
EstimateSkew 0
NumRadialDistortionCoefficients 2 2 2
EstimateTangentialDistortion 0
TranslationVectors 16x3 double -282.... 1.092...
ReprojectionErrors 63x2x16 double -0.69... 1.1029
NumPatterns 16 16 16
IntrinsicMatrix [2.1648e+03,0,0;0,2... 0 2.171...
MeanReprojectionError 0.2724 0.2724 0.2724
命令行窗口
cameraParams =
cameraParameters (带属性):
Camera Intrinsics
IntrinsicMatrix: [3x3 double]
Lens Distortion
RadialDistortion: [-0.0517 -0.1940]
TangentialDistortion: [0 0]
Camera Extrinsics
RotationMatrices: [3x3x16 double]
TranslationVectors: [16x3 double]
Accuracy of Estimation
MeanReprojectionError: 0.2724
ReprojectionErrors: [63x2x16 double]
Calibration Settings
NumPatterns: 16
WorldPoints: [63x2 double]
WorldUnits: 'mm'
EstimateSkew: 0
NumRadialDistortionCoefficients: 2
EstimateTangentialDistortion: 0

图 6.15（续）

编辑器 - Untitled*

Untitled*

```
    'D:\VS\Calibration\calibrationTargetPicture\2017-10-25_20_50_45_097.bmp',...
    'D:\VS\Calibration\calibrationTargetPicture\2017-10-25_20_50_57_065.bmp',...
    'D:\VS\Calibration\calibrationTargetPicture\2017-10-25_20_51_13_327.bmp',...
    'D:\VS\Calibration\calibrationTargetPicture\2017-10-25_20_51_23_125.bmp',...
    'D:\VS\Calibration\calibrationTargetPicture\2017-10-25_20_51_30_276.bmp',...
    'D:\VS\Calibration\calibrationTargetPicture\2017-10-25_20_51_37_751.bmp',...
    'D:\VS\Calibration\calibrationTargetPicture\2017-10-25_20_51_46_927.bmp',...
    'D:\VS\Calibration\calibrationTargetPicture\2017-10-25_20_52_09_122.bmp',...
    };

% Detect checkerboards in images
[imagePoints, boardSize, imagesUsed] = detectCheckerboardPoints(imageFileNames);
imageFileNames = imageFileNames(imagesUsed);

% Generate world coordinates of the corners of the squares
squareSize = 25;  % in units of 'mm'
worldPoints = generateCheckerboardPoints(boardSize, squareSize);

% Calibrate the camera
cameraParams = estimateCameraParameters(imagePoints, worldPoints, ...
    'EstimateSkew', false, 'EstimateTangentialDistortion', false, ...
    'NumRadialDistortionCoefficients', 2, 'WorldUnits', 'mm');

% View reprojection errors
h1=figure; showReprojectionErrors(cameraParams, 'BarGraph');

% Visualize pattern locations
h2=figure; showExtrinsics(cameraParams, 'CameraCentric');

% For example, you can use the calibration data to remove effects of lens distortion.
originalImage = imread(imageFileNames{1});
undistortedImage = undistortImage(originalImage, cameraParams);

% See additional examples of how to use the calibration data.  At the prompt type:
% showdemo('MeasuringPlanarObjectsExample')
% showdemo('SparseReconstructionExample')

```

图 6.15（续）

4. MATLAB 双目相机标定算法

相机标定之前需要先完成图像采集，双目相机的图像采集与单目相机一样。双目相机采集的部分图像如图 6.16 所示。为了获得最佳效果，应尽量采用未压缩的图像格式，如 PNG 或 BMP，不要修改图像，不要改变图像的放大倍率，且相机应该从不同方向拍摄棋盘格图像。标定之前需要将图片分割成左相机和右相机图片，如图 6.17 所示。

首先在 MATLAB 窗口命令行中输入“stereoCameraCalibrator”，运行该命令后进入相机标定窗口，如图 6.18 所示。

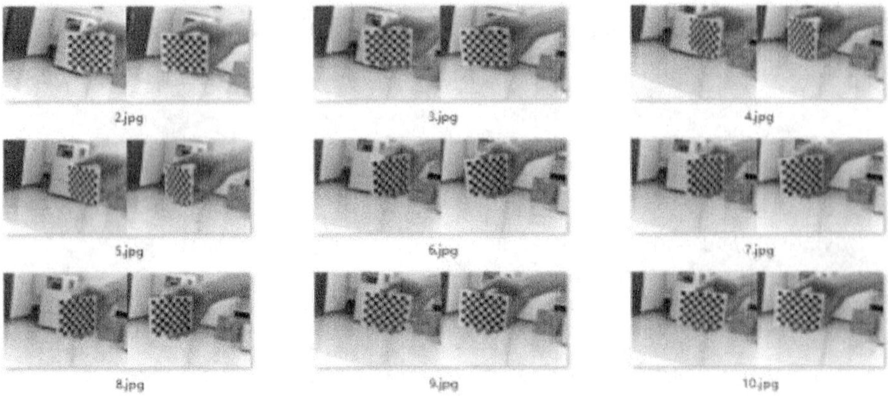

图 6.16　双目相机图像

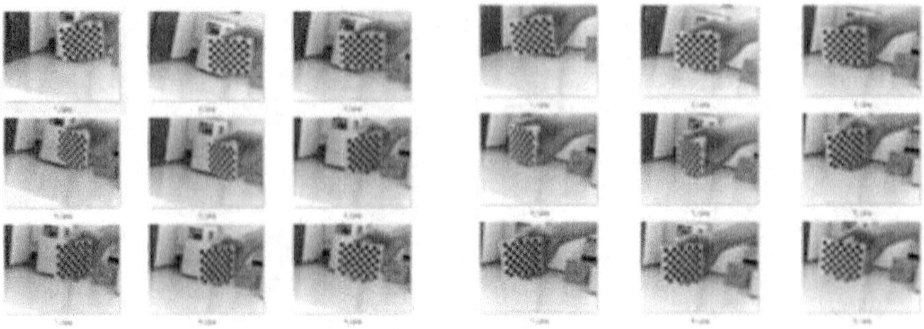

图 6.17　左右相机分割图

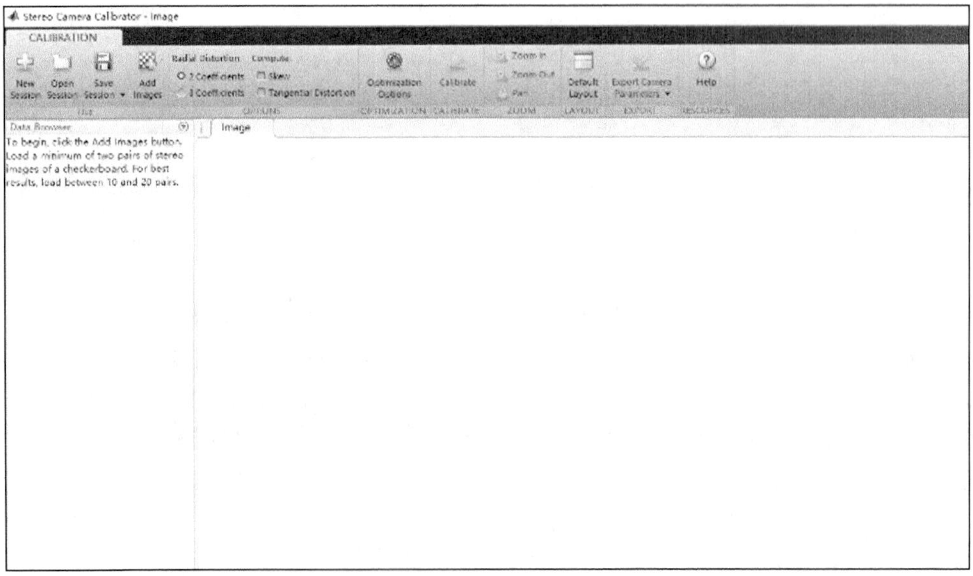

图 6.18　相机标定窗口

单击窗口左上角的 Add Images 按钮，设置左相机图像和右相机图像所在的文件夹，以及标定板的网格尺寸。单击 OK 按钮，标定板上的点就会被自动标注，如图 6.19 所示。

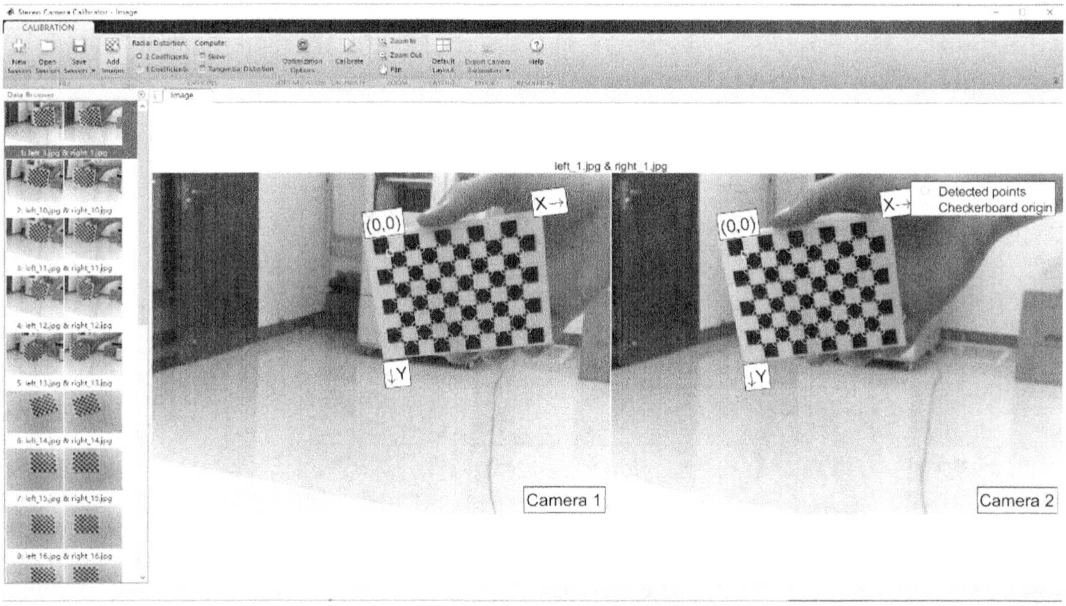

图 6.19　相机标定过程

单击窗口上方的 Calibrate 按钮，开始标定。图 6.20 所示为误差分析图，可以看到总体平均误差为 0.14 像素，最大误差为第 4 张图像，约为 0.24 像素。图 6.21 所示为相机与标定板的三维空间位置关系图。

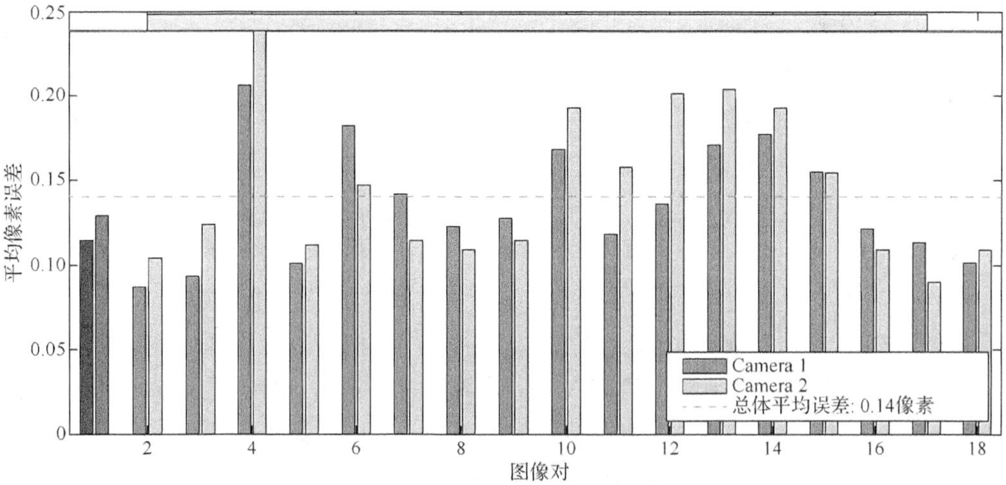

图 6.20　标定误差图

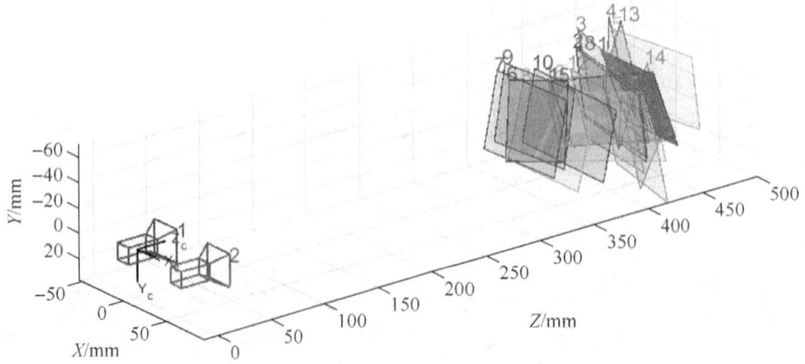

图 6.21　相机与标定板的三维位置关系图

单击上方的 Export Camera Parameters 按钮，即可导出标定结果。标定结果如图 6.22 所示。

IntrinsicMatrix	[942.1327,0,0;0,938....
FocalLength	[942.1327,938.8556]
PrincipalPoint	[322.5001,228.6277]
Skew	0
MeanReprojecti...	0.1353
ReprojectedPoints	*63x2x18 double*
RotationMatrices	*3x3x18 double*

图 6.22　标定结果

6.2.2　数据采集

机器人视觉数据采集是指机器人利用摄像头或其他传感器来获取周围环境的图像或其他数据，并将其用于执行任务或学习的过程。这是机器人感知和控制的重要组成部分，使机器人能够感知和理解其周围环境，并采取相应的行动。在机器人视觉数据采集中，机器人使用传感器来获取不同类型的数据，包括图像、深度、红外线和激光等数据。这些数据被用于构建环境地图、对象检测和跟踪、路径规划和避障等任务。

图像采集卡只是完整的机器视觉系统的一个部件，但是它扮演着一个非常重要的角色。图像采集卡直接决定了摄像头的接口是黑白、彩色、模拟/数字等。

比较典型的是 PCI 或 AGP 兼容的图像采集卡，它们可以将图像迅速地传输到计算机存储器进行处理。有些采集卡还有内置的多路开关。例如，可以连接 8 个不同的摄像机，然后告诉采集卡采用哪一个相机抓拍到的信息。有些采集卡有内置的数字输入以触发采集卡捕捉图像，当采集卡抓拍图像时数字输出口就会触发闸门。

6.2.3　图像预处理

图像分析中，图像质量的好坏直接影响识别算法的设计与效果的精度，因此在图像分析（特征提取、分割、匹配和识别等）前，需要进行图像预处理。图像预处理的主要目的是消除图像中无关的信息，恢复有用的真实信息，增强有关信息的可检测性，最大限度地简化数据，从而改进特征提取、图像分割、匹配和识别的可靠性。一般的预处理流程为灰度化→几何变换→图像增强。

1. 灰度化

对彩色图像进行处理时，往往需要对 3 条通道依次进行处理，时间开销很大。因此，为了达到提高整个应用系统处理速度的目的，需要降低所需处理的数据量。在图像处理中，常用的灰度化方法有以下 3 种。

1）分量法

以彩色图像的 R（红色）、G（绿色）、B（蓝色）三分量的亮度之一作为灰度图像灰度值：Gray=B 或 Gray=G 或 Gray=R。

2）最大值法

以彩色图像的 R、G、B 三分量亮度最大值作为灰度图像灰度值：max(R,max(G,B))。注意，max 函数一次只能比较两个参数。

3）加权平均法

将彩色图像的 R、G、B 三分量以不同的权重进行加权平均。人眼对绿色敏感性最高，对蓝色敏感性最低，故采用心理学灰度公式：

$$\text{Gray} = 0.114\text{B} + 0.587\text{G} + 0.299\text{R} \tag{6.51}$$

以下是其实现的示例代码。

```
void cvtCOLOR(Mat src, Mat dst)
{
    float R, G, B;
    for (int y = 0; y < src.rows; y++)
    {
        uchar data = dst.ptr<uchar>(y);
        for (int x = 0; x < src.cols; x++)
        {
            B = src.at<Vec3b>(y, x)[0];
            G = src.at<Vec3b>(y, x)[1];
            R = src.at<Vec3b>(y, x)[2];
            data[x] = (int)(R 0.299 + G 0.587 + B 0.114);
            //利用公式计算灰度值(加权平均法)
            data[x] = (int)max(R,max(G,B));//最大值法
```

```
                data[x] = (int)(B);//分量法
            }
        }
    }
void main()
{
    Mat src = imread("图像名字", 1);
    Mat dst(src.rows, src.cols, CV_8UC1);//大小与原图相同的8位单通道图
    //cvtColor(src, dst, COLOR_RGB2GRAY);//加权平均法，心理学灰度公式
    cvtCOLOR(src, dst);
    namedWindow("转换为灰度图", WINDOW_NORMAL);
    imshow("转换为灰度图", dst);
    waitKey(0);
}
```

2. 几何变换

图像几何变换又称为图像空间变换，是指通过平移、转置、镜像、旋转、缩放等几何变换对采集的图像进行处理，用于改正图像采集系统的系统误差和仪器位置（成像角度、透视关系乃至镜头自身原因）的随机误差。此外，由于按照这种变换关系进行计算，输出图像的像素可能被映射到输入图像的非整数坐标上，因此还需要用到灰度插值算法。通常采用最近邻插值、双线性插值和双三次插值等灰度插值算法。

1）最近邻插值

最近邻插值是最简单的一种灰度插值算法，当图片放大时，缺少的像素直接使用与之最近的颜色生成，也就是说，照搬旁边的像素，这样做的结果是产生了明显可见的锯齿。在待求像素的四邻像素中，将距离待求像素最近的邻灰度赋给待求像素。如图 6.23 所示，如果（$i+u, j+v$）i 落在 A 区，即 $u<0.5, v<0.5$，则将左上角像素的灰度值赋给待求像素；同理，如果落在 B 区则赋予右上角的像素灰度值，落在 C 区则赋予左下角像素的灰度值，落在 D 区则赋予右下角像素的灰度值。

最近邻插值法计算量较小，但生成的图像灰度可能不连续，在变化处可能出现明显锯齿状。

2）双线性插值

在数学上，双线性插值是两变量插值函数的线性插值扩展，其核心思想是在两个方向分别进行一次线性插值，根据待求点 P 最近 4 个点的像素值，计算 P 点的像素值。

已知红色数据点的像素值，通过双线性插值得到绿色数据点的值。

如图 6.24 所示，已知 Q_{12}、Q_{22}、Q_{11}、Q_{21} 的像素值，但是要插值的点为 P 点，这就要用到双线性插值了。首先在 x 方向上，对 R_1 和 R_2 两个点进行插值，然后根据 R_1 和 R_2 对 P 点进行插值。

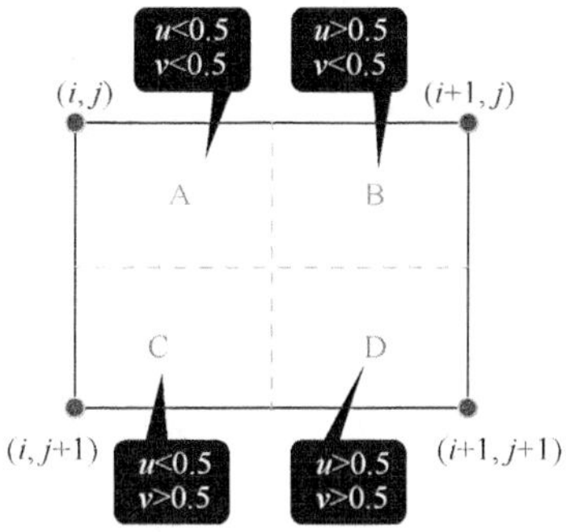

图 6.23　最近邻插值

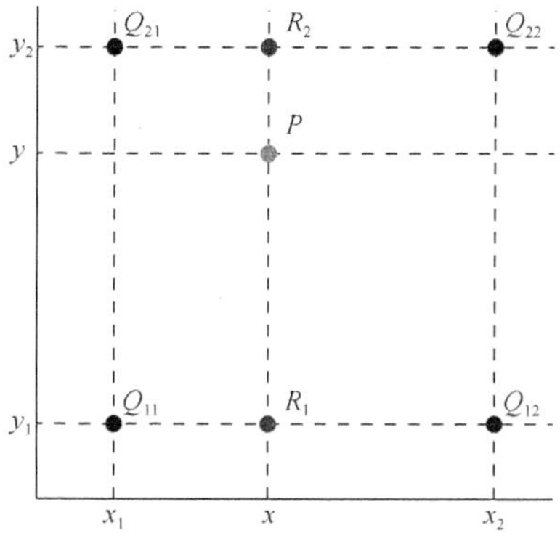

图 6.24　双线性插值

首先在 x 方向进行线性插值，可得

$$f(R_1) \approx \frac{x_2 - x}{x_2 - x_1} f(Q_{11}) + \frac{x - x_1}{x_2 - x_1} f(Q_{21}), \quad R_1 = (x, y_1) \tag{6.52}$$

$$f(R_2) \approx \frac{x_2 - x}{x_2 - x_1} f(Q_{12}) + \frac{x - x_1}{x_2 - x_1} f(Q_{22}), \quad R_2 = (x, y_2) \tag{6.53}$$

然后在 y 方向上进行线性插值，可得

$$f(P) \approx \frac{y_2 - y}{y_2 - y_1} f(R_1) + \frac{y - y_1}{y_2 - y_1} f(R_2) \tag{6.54}$$

则点 P 处像素值为

$$\begin{aligned} f(x,y) \approx{} & \frac{f(Q_{11})}{(x_2 - x_1)(y_2 - y_1)}(x_2 - x)(y_2 - y) + \frac{f(Q_{21})}{(x_2 - x_1)(y_2 - y_1)}(x - x_1)(y_2 - y) \\ & + \frac{f(Q_{12})}{(x_2 - x_1)(y_2 - y_1)}(x_2 - x)(y - y_1) + \frac{f(Q_{22})}{(x_2 - x_1)(y_2 - y_1)}(x - x_1)(y - y_1) \end{aligned} \tag{6.55}$$

说明：上述公式中 $f(*)$ 为*点的像素值。

3）双三次插值

假设源图像 A 的大小为 $m \times n$ 像素，缩放 K 倍后的目标图像 B 的大小为 $M \times N$ 像素，即 $K = M/m$。A 的每一个像素点都是已知的，B 的每一个像素点都是未知的，想要求出目标图像 B 中每一像素点 (X,Y) 的值，必须先找出像素点 (X,Y) 在源图像 A 中对应的像素点 (x,y)，再以源图像 A 距离像素点 (x,y) 最近的 16 个像素点作为参数计算目标图像 B 中 $B(X,Y)$ 处的像素值，利用 BiCubic 基函数计算 16 个像素点的权重，目标图像 B 中的像素点 $B(X,Y)$ 的值等于这 16 个像素点的加权叠加。

根据比例关系 $x/X = m/M$，可以得到 $B(X,Y)$ 在 A 上的对应坐标为 $A(x,y)=$

$A(X*(m/M),Y*(n/N))=A(X/K,Y/K)$。如图 6.25 所示，$P$ 点就是 $B(X,Y)$ 对应源图像 A 中的位置，由于 P 的坐标位置会出现小数部分，因此这里假设 P 的坐标为 $P(x+u,y+v)$，其中 x,y 分别表示整数部分，u,v 分别表示小数部分（小圆点到 a_{11} 方格里的中圆点的距离）。这样就可以得到图 6.25 所示的最近 16 个像素点的位置，在这里用 $a_{i,j}(i,j=0,1,2,3)$ 来表示。

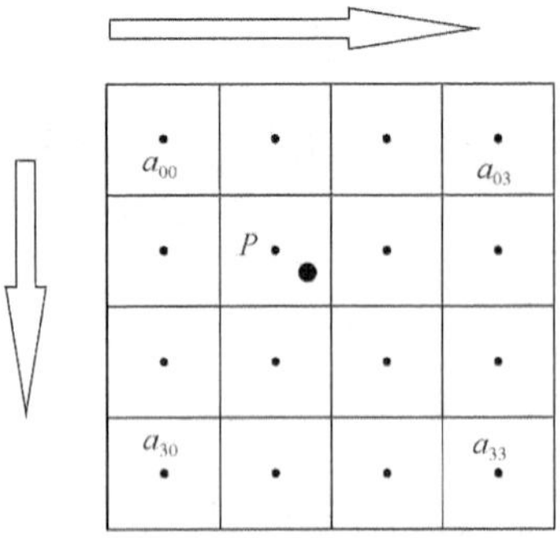

图 6.25　双三次插值

下面构造 BiCubic 函数。

$$W(x)=\begin{cases}(a+2)|x|^3-(a+3)|x|^2+1, & |x|\leqslant 1\\ a|x|^3-5a|x|^2+8a|x|-4a, & 1<|x|<2\\ 0, & \text{其他}\end{cases} \tag{6.56}$$

式中，a 取值−0.5。

BiCubic 函数的形状如图 6.26 所示。

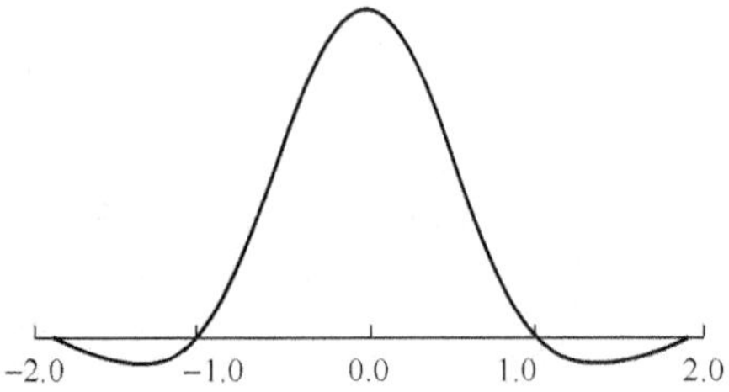

图 6.26　BiCubic 函数

人们要做的就是求出 BiCubic 函数中的参数 x，从而获得上面所说的 16 个像素所对应的权重 $W(x)$。BiCubic 基函数是一维的，而像素是二维的，所以将像素点的行与列分开计算。BiCubic 函数中的参数 x 表示该像素点到 P 点的距离。例如，a_{00} 距离 $P(x+u,y+v)$ 的距离为 $(1+u,1+v)$，因此 a_{00} 的横坐标权重 $i_0=W(1+u)$，纵坐标权重 $j_0=W(1+v)$，a_{00} 对 $B(X,Y)$ 的贡献为（a_{00} 像素值）i_0*j_0。因此，a_{00} 的横坐标权重分别为 $W(1+u)$、$W(u)$、$W(1-u)$、$W(2-u)$；a_{00} 的纵坐标权重分别为 $W(1+v)$、$W(v)$、$W(1-v)$、$W(2-v)$；$B(X,Y)$ 的像素值为

$$B(X,Y)=\sum_{i=0}^{3}\sum_{j=0}^{3}a_{ij}\times W(i)\times W(j) \tag{6.57}$$

对待插值的像素点(x,y)（x 和 y 可以为浮点数），取其附近的 16 个邻域点$(x_i,y_j)(i,j=0,1,2,3)$，则插值计算公式如下：

$$f(x,y)=\sum_{i=0}^{3}\sum_{j=0}^{3}f(x_i,y_j)W(x-x_i)W(y-y_j) \tag{6.58}$$

3. 图像增强

图像增强即增强图像中的有用信息，这可能是一个失真的过程，目的是改善图像的视觉效果。即针对给定图像的应用场合，有目的地强调图像的整体或局部特性，将原来不清晰的图像变得清晰；或强调某些感兴趣的特征，扩大图像中不同物体特征之间的差别，抑制不感兴趣的特征，改善图像质量、丰富信息量、加强图像判读和识别效果，从而满足某些特殊分析的需要。图像增强算法可分成两大类：空间域法和频率域法。

1）空间域法

空间域图像增强技术主要包括直方图修正、灰度变换增强、图像平滑及图像锐化等。该类方法是基于图形中的每一个小范围（即领域）内的像素进行灰度变换运算，某个点变换后的灰度由该点领域内的所有点的灰度值共同决定，因此空间域增强也称为领域运算或领域滤波。但是，直方图灰度修正技术（直方图均衡化和直方图规定化）是直接针对像素灰度值进行的，与该像素所处的领域无关，与本文方法操作对象不同。根据空间滤波增强的目的不同，空间域法又可分为平滑滤波和锐化滤波；根据空间滤波特点的不同，空间域法又可分为线性滤波和非线性滤波。

空间域法的基本过程：对图像中的每一点(x,y)，重复对以(x,y)为中心的领域内的像素点进行某种运算，并将计算结果作为点(x,y)新的响应值。滤波就是在图像$f(x,y)$中逐点移动模板（又称为滤波器、掩膜、核或窗口），使模板中心和点(x,y)重合，根据模板的具体内容按预定的关系进行计算，并将计算结果作为该点新的响应。

（1）平滑滤波，能削弱或消除图像中的高频分量，但不影响低频分量。因为高频分量对应图像中灰度值较大、较快变化的区域，平滑滤波将这些分量滤除可减少局部灰度的起伏，使图像变得平滑。在实际应用中，平滑滤波既可以用来消除噪声，又可以用来在提取较大的目标前过滤较小的细节或将目标内的小间断连接起来。

（2）锐化滤波，能削弱或消除图像中的低频分量，但不影响高频分量。因为低频分量对应图像中灰度值缓慢变化的区域，因而与图像的整体特性（如整体对比度和平均灰度值等）有关。锐化滤波将这些分量滤除可增加图像反差，让图像边缘更明显。在实际应用中，锐化滤波可用于增强图像中被模糊的细节或景物的边缘。

锐化滤波的缺点是在降低噪声的同时使图像变得模糊，特别是在景物的边缘和细节处，模板越大，噪声抑制效果越好，画面也更模糊。

2）频率域法

频率域法是一种间接图像增强算法，原始图像的二维函数被分解为不同频率的信号后，高频信号携带图像的细节部分信息（如图像的边界），低频信号携带图像的粗糙背景信息。对这些不同频率的信号进行处理就可以实现相应的加强图像的目的。例如，加强低频信号，可加强图像细节对比，达到锐化的效果；去掉低频信号就可以把细节部分剔除，仅仅得到大致背景轮廓的图像。无论是何种类型、何种目的的频率域图像增强，其处理过程都是基本一致的。频率域法图像增强基本步骤如图 6.27 所示。

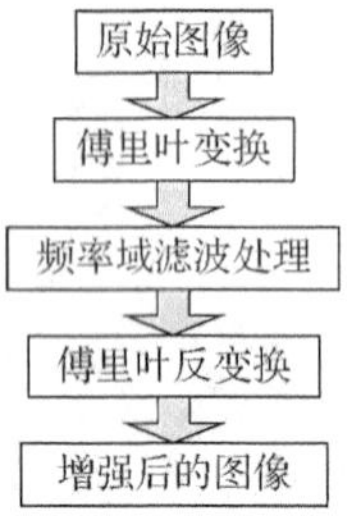

图 6.27　频率域法图像增强基本步骤

在频谱中，低频主要对应图像在平滑区域的总体灰度级分布，而高频对应图像的细节部分，如边缘和噪声。因此，图像平滑可以通过衰减图像频谱中的高频部分来实现，这就建立了空间域图像平滑与频率域低通滤波之间的对应关系。

下面介绍理想低通滤波器及其实现。

最容易想到的衰减高频成分的方法就是在一个称为“截止频率”的位置“截断”所有高频成分，将图像频谱中所有高于这一截止频率的频谱成分设为 0，低于截止频率的成分保持不变。如果图像的宽度为 M，高度为 N，那么理想低通滤波器可形式化地描述为

$$H(u,v)=\begin{cases}1,\left[\left(u-\dfrac{M}{2}\right)^2+\left(v-\dfrac{N}{2}\right)^2\right]\leqslant D_0\\[2ex]0,\left[\left(u-\dfrac{M}{2}\right)^2+\left(v-\dfrac{N}{2}\right)^2\right]>D_0\end{cases}\tag{6.59}$$

式中，$H(u,v)$表示频域滤波函数；D_0表示理想低通滤波器的截止频率。滤波器的频率域原点在频谱图像的中心位置，在以截止频率为半径的圆形区域之内的滤镜元素值全部为 1，而该圆之外的滤镜元素值全部为 0。理想低通滤波器的频率特性在截止频率处十分陡峭，无法用硬件实现，这也是称之为理想的原因，但其软件编程的模拟实现较为简单。

理想低通滤波器可在一定程度上去除图像噪声，但由此带来的图像边缘和细节的模糊效应也较为明显。实际上，理想低通滤波器是一个与频谱图像同样尺寸的二维矩阵，通过将矩阵中对应较高频率的部分设为 0，较低频率的部分〈靠近中心〉设为 1，可在与频谱图像相乘后有效去除频谱的高频成分（由于是矩阵对应元素相乘，频谱高频成分与滤波器中的 0 相乘）。其中，0 与 1 的交界处对应滤波器的截止频率。其 MATLAB 示例代码如下。

```
function out = imgaussflpf(I, sigma)
% imgaussflpf 函数                //构造频率域高斯低通滤波器
% I 参数                          //输入的灰度图像
```

```
% sigma 参数                    //高斯函数的 Sigma 参数

[M,N] = size(I);
out = ones(M,N);
for i=1:M
    for j=1:N
        out(i,j) = exp(-((i-M/2)^2+(j-N/2)^2)/2/sigma^2);
    end
end

I = imread('baby_noise.bmp');

ff = imgaussflpf(I,20);
out = imfreqfilt(I,ff);

figure(1);
subplot(2,2,1);
imshow(I);
title('Source');

temp = fft2(I);
temp = fftshift(temp);
temp = log(1+abs(temp));
figure(2);
subplot(2,2,1);
imshow(temp,[]);
title('Source');

figure(1);
subplot(2,2,2);
imshow(out);
title('Gauss LPF,sigma=20');

temp = fft2(out);
temp = fftshift(temp);
temp = log(1+abs(temp));
figure(2);
subplot(2,2,2);
imshow(temp,[]);
title('Gauss LPF,sigma=20');
```

6.2.4 特征提取

众所周知，计算机不认识图像，只认识数字。那么如何使计算机能够“理解”图像，从而具有真正意义上的“视觉”呢？本节研究如何从图像中提取有用的数据或信息，得到图像的“非图像”的表示或描述，如数值、向量和符号等。这一过程就是特征提取，提取出来的那些“非图像”的表示或描述就是特征。有了这些数值或向量形式的特征，就可以通过训练过程教会计算机如何懂得这些特征，从而使计算机具有识别图像的本领。

特征是某一类对象区别于其他类对象的相应（本质）特点或特性，或是这些特点和特性的集合。特征是通过测量或处理能够抽取的数据。对于图像来说，每一幅图像都具有能够区别于其他类图像的自身特征，有些是可以直观地感受到的自然特征，如亮度、边缘、纹理和色彩等；有些则是需要通过变换或处理才能得到的，如矩、直方图及主成分等。

人们常常将某一类对象的多个或多种特性组合在一起，形成一个特征向量来代表该类对象。如果只有单个数值特征，则特征向量为一个一维向量；如果是 n 个特性的组合，则为一个 n 维特征向量。该类特征向量常常作为识别系统的输入。实际上，一个 n 维特征就是位于 n 维空间中的点，而识别分类的任务就是找到对这个 n 维空间的一种划分。

例如，要区分 3 种不同的鸢尾属植物，可以选择其花瓣长度和花瓣宽度作为特征，这样就以 1 个 2 维特征代表 1 个植物对象，如 (5.1,3.5)。如果再加上萼片长度和萼片宽度，则每个鸢尾属植物对象由一个 4 维特征向置表示，如 (5.1,3.5,1.4,0.2)。

特征提取的一般原则如下。

图像识别实际上是一个分类的过程，为了识别某图像所属的类别，需要将它与其他不同类别的图像区分开来。这就要求选取的特征不仅要能够很好地描述图像，更重要的是还要能够很好地区分不同类别的图像。

人们希望选择那些在同类图像之间差异较小（较小的类内距），在不同类别的图像之间差异较大（较大的类间距）的图像特征，即最具有区分能力（most discriminative）的特征。此外，在特征提取中先验知识扮演着重要的角色，如何依靠先验知识来帮助选择特征也是持续关注的一个问题。

特征的评价标准如下。

一般来说，特征提取应具体问题具体分析，其评价标准具有一定的主观性。然而，还是有一些可供遵循的普遍原则，能够作为在特征提取实践中的指导。

① 特征应当容易提取。换言之，为了得到这些特征，人们付出的代价不能太大。当然，这还要与特征的分类能力权衡考虑。

② 选取的特征应对噪声和不相关转换不敏感。例如，要识别车牌号码，车牌照片可能是从各个角度拍摄的，而人们关心的是车牌上字母和数字的内容，因此就需要得到对几何失真变形等转换不敏感的描绘，从而得到旋转不变，或是投影失真不变的特征。

③ 最重要的一点，总是应试图寻找最具区分能力的特征。

常用的图像特征有颜色特征、纹理特征、形状特征、空间关系特征等。

1. 颜色特征

1）特点

颜色特征是一种全局特征，描述图像或图像区域所对应的景物的表面性质。一般颜色特征是基于像素点的特征，此时所有属于图像或图像区域的像素都有各自的贡献。由于颜色对图像或图像区域的方向、大小等变化不敏感，因此颜色特征不能很好地捕捉图像中对象的局部特征。另外，仅使用颜色特征查询时，如果数据库很大，往往会将许多不需要的图像也检索出来。颜色直方图是最常用的一种表达颜色特征的方法，优点是不受图像旋转和平移变化的影响，进一步借助归一化还可不受图像尺度变化的影响；缺点是没有表达出颜色空间分布的信息。

2）常用的特征提取与匹配方法

（1）颜色直方图。其优点在于，能简单描述一幅图像中颜色的全局分布，即不同色彩在整幅图像中所占的比例，特别适用于描述那些难以自动分割的图像和不需要考虑物体空间位置的图像。其缺点在于，无法描述图像中颜色的局部分布及每种色彩所处的空间位置，即无法描述图像中的某一具体的对象或物体。

最常用的颜色空间包括 RGB 颜色空间、HSV 颜色空间。

颜色直方图特征匹配方法包括直方图相交法、距离法、中心距法、参考颜色表法、累加颜色直方图法。

（2）颜色集。颜色直方图法是一种全局颜色特征提取与匹配方法，无法区分局部颜色信息。颜色集是对颜色直方图的一种近似。首先，将图像从 RGB 颜色空间转化成视觉均衡的颜色空间（如 HSV 空间），并将颜色空间量化为若干个柄。然后，用色彩自动分割技术将图像分为若干区域，每个区域用量化颜色空间的某个颜色分量索引，从而将图像表达为一个二进制的颜色索引集。在图像匹配中，比较的是不同图像颜色集之间的距离和色彩区域的空间关系。

（3）颜色矩。这种方法的数学基础在于，图像中任何颜色分布均可以用它的矩来表示。此外，由于颜色分布信息主要集中在低阶矩中，因此仅采用颜色的一阶矩（mean）、二阶矩（variance）和三阶矩（skewness）就足以表达图像的颜色分布。

（4）颜色聚合向量。其核心思想是，将属于直方图每一个柄的像素分成两部分，如果该柄内的某些像素所占据的连续区域的面积大于给定的阈值，则该区域内的像素作为聚合像素，否则作为非聚合像素。

2. 纹理特征

1）纹理特征的特点

纹理特征也是一种全局特征，同样描述了图像或图像区域所对应景物的表面性质。由于纹理只是一种物体表面的特性，并不能完全反映出物体的本质属性，因此仅仅利用纹理特征无法获取高层次图像内容。与颜色特征不同，纹理特征不是基于像素点的特征，它需要在包含多个像素点的区域中进行统计计算。在模式匹配中，这种区域性的特征具有较大的优越性，不会由于局部的偏差而无法匹配成功。作为一种统计特征，纹理特征一般具有旋转不变性，并且对噪声有较强的抵抗能力。但是，纹理特征也有其缺点，一个很明显的缺点是当图像的分辨率变化的时候，所计算出来的纹理可能会有较大偏差。另外，由于有可能受到光照、反射情况的影响，从 2-D 图像中反映出来的纹理不一定是 3-D 物体表面真实的纹理。例如，水中的倒影、光滑的金属面互相反射造成的影响等都会导致纹理的变化。由于这些不是物体本身的特性，因而将纹理信息应用于检索时，有时这些虚假的纹理会对检索造成“误导”。

在检索粗细、疏密等方面差别较大的纹理图像时，利用纹理特征是一种有效的方法。但当纹理之间的粗细、疏密等易于分辨的信息之间相差不大的时候，纹理特征一般很难准确地反映人的视觉所感觉到的不同的纹理之间的差别。

2）常用的特征提取与匹配方法

常用的特征提取与匹配方法主要有以下几种。

（1）统计方法。

统计方法的典型代表是一种称为灰度共生矩阵的纹理特征分析方法。戈特利布（Gotlieb）和克雷斯齐格（Kreyszig）等在研究共生矩阵中各种统计特征基础上，通过实验，得出了灰度共生矩阵的四个关键特征：能量、惯量、熵和相关性。统计方法中的另一种典型方法，则是从图像的自相关函数（即图像的能量谱函数）提取纹理特征，即通过对图像的能量谱函数的计算，提取纹理的粗细度及方向性等特征参数。

（2）几何法。

几何法是一种基于纹理基元（基本的纹理元素）理论的纹理特征分析方法。纹理基元理论认为，复杂的纹理可以由若干简单的纹理基元以一定的有规律的形式重复排列构成。在几何法中，比较有影响的算法有两种：沃罗诺伊（Voronio）棋盘格特征法和结构法。

（3）模型法。

模型法以图像的构造模型为基础，采用模型的参数作为纹理特征。其典型代表是随机场模型法，如马尔可夫随机场模型法和吉布斯（Gibbs）随机场模型法。

（4）信号处理法。该类方法主要有灰度共生矩阵、塔玛拉（Tamura）纹理特征、自回归纹理模型、小波变换等。其中，灰度共生矩阵依赖能量、惯量、熵和相关性 4 个参数。Tamura 纹理特征基于人类对纹理的视觉感知心理学研究，提出 6 种属性，即粗糙度、对比度、方向度、线像度、规整度和粗略度。自回归纹理模型（simultaneous auto-regressive，SAR）是马尔可夫随机场模型的一种应用实例。

3. 形状特征

1）形状特征的特点

基于形状特征的检索方法可以较为有效地利用图像中感兴趣的目标来进行检索，但它们也存在一些共同的问题。

（1）目前基于形状的检索方法还缺乏比较完善的数学模型。

（2）一旦目标有变形，检索结果往往不太可靠。

（3）许多形状特征仅描述了目标局部的性质，要全面描述目标往往对计算时间和存储量有较高的要求。

（4）许多形状特征所反映的目标形状信息与人的直观感觉不完全一致，或者说，特征空间的相似性与人视觉系统感受到的相似性有差别。另外，从 2-D 图像中表现的 3-D 物体实际上只是物体在空间某一平面的投影，反映的形状往往不是 3-D 物体真实的形状，由于视点的变化，可能会产生各种失真。

2）常用的特征提取与匹配方法

通常情况下，形状特征有两类表示方法，一类是轮廓特征，另一类是区域特征。图像的轮廓特征主要针对物体的外边界，而图像的区域特征则关系到整个形状区域。

（1）轮廓特征法。这类方法通过对边界特征的描述来获取图像的形状参数。其典型代表是 Hough 变换法和边界方向直方图法。Hough 变换是一种利用图像全局特性将边缘像素连接起来组成区域封闭边界的一种方法，其基本思想是点-线的对偶性；边界方向直方图法，先微分图像求得图像边缘，再生成关于边缘大小和方向的直方图，通常构造图像灰度梯度方向矩阵。

（2）傅里叶形状描述符法。傅里叶形状描述符（Fourier shape descriptor）的基本思想是，用物体边界的傅里叶变换作为形状描述，利用区域边界的封闭性和周期性，将二维问题转化为一维问题。

由边界点可导出三种形状表达，分别是曲率函数、质心距离、复坐标函数。

（3）几何参数法。形状的表达和匹配还可以采用更为简单的区域特征描述方法，如有关形状定量测度（如矩、面积、周长等）的形状参数法。在 IBM 公司开发的图像检索（QBIC）系统中，便是利用圆度、偏心率、主轴方向和代数不变矩等几何参数，实现基于形状特征的图像检索的。

需要说明的是，形状参数的提取，必须以图像处理及图像分割为前提，因为参数的准确性必然受到分割效果的影响，对于分割效果很差的图像，形状参数甚至无法提取。

（4）形状不变矩法。这类方法利用目标所占区域的矩作为形状描述参数。

（5）基于小波和相对矩的形状特征提取与匹配方法。这类方法先用小波变换模极大值得到多尺度边缘图像，然后计算每一尺度的 7 个不变矩，再转化为 10 个相对矩，将所有尺度上的相对矩作为图像特征向量，从而统一了区域和封闭、不封闭结构。

（6）其他方法。近年来，在形状的表示和匹配方面的工作还包括有限元法（finite element method，FEM）、旋转函数（rotation function）和小波描述符（wavelet descriptor）等方法。

4. 空间关系特征

1）空间关系特征的特点

空间关系是指图像中分割出来的多个目标之间的相互的空间位置或相对方向关系，这些关系也可分为连接/邻接关系、交叠/重叠关系和包含/包容关系等。通常空间位置信息可以分为两类：相对空间位置信息和绝对空间位置信息。前一种关系强调的是目标之间的相对情况，如上下左右关系等；后一种关系强调的是目标之间的距离大小及方位。显而易见，由绝对空间位置可推出相对空间位置，但表达相对空间位置信息常比较简单。

空间关系特征的使用可加强对图像内容的描述区分能力，但空间关系特征通常对图像或目标的旋转、反转、尺度变化等比较敏感。另外，在实际应用中，仅仅利用空间信息往往是不够的，无法有效准确地表达场景信息。为了检索，除使用空间关系特征外，还需要其他特征来配合。

2）常用的特征提取与匹配方法

提取图像空间关系特征主要有两种方法：一种是先对图像进行自动分割，划分出图像中所包含的对象或颜色区域，然后根据这些区域提取图像特征，并建立索引；另一种是将图像均匀地划分为若干规则子块，然后对每个图像子块提取特征，并建立索引。

姿态估计问题就是确定某一三维目标物体的方位指向的问题。姿态估计在机器人视觉、动作跟踪和单目相机标定等很多领域都有应用。

在不同领域用于姿态估计的传感器也是不同的，在这里主要介绍基于视觉的姿态估计。

基于视觉的姿态估计根据使用的摄像机数目的不同，又可分为单目视觉姿态估计和多目视觉姿态估计；根据算法的不同，又可分为基于模型的姿态估计和基于学习的姿态估计。

（1）基于模型的姿态估计方法。这类方法通常利用物体的几何关系或者物体的特征点来估计物体空间姿态。其基本思想是，利用某种几何模型或结构来表示物体的结构和形状，并通过提取某些物体特征，在模型和图像之间建立对应关系，然后通过几何或者其他方法实现物体空间姿态的估计。这里所使用的模型既可能是简单的几何形体，如平面、圆柱，也可能是某种几何结构，还可能是通过激光扫描或其他方法获得的三维模型。

基于模型的姿态估计方法是通过比对真实图像和合成图像，进行相似度计算更新物体姿态的。这类方法为了避免在全局状态空间中进行优化搜索，一般都将优化问题先降解为多个局部特征的匹配问题，非常依赖局部特征的准确检测。当噪声较大无法提取准确的局部特征时，该方法的鲁棒性会受到很大影响。

（2）基于学习的姿态估计方法。这类方法借助机器学习（machine learning）方法，从事先获取的不同姿态下的训练样本中学习二维观测与三维姿态之间的对应关系，并将学习到的决策规则或回归函数应用于样本，所得结果作为对样本的姿态估计。这类方法一般采用全局观测特征，不需要检测或识别物体的局部特征，具有较好的鲁棒性。其缺点是由于无法获取在高维空间中进行连续估计所需要的密集采样，因此无法保证姿态估计的精度与连续性。

基于学习的姿态估计方法基于姿态识别方法的思想。姿态识别需要预先定义多个姿态类别，每个类别包含一定的姿态范围；然后为每个姿态类别标注若干训练样本，通过模式分类的方法训练姿态分类器以实现姿态识别。

这类方法并不需要对物体进行建模，一般通过图像的全局特征进行匹配分析，可以有效避免局部特征方法在复杂姿态和遮挡关系情况下出现的特征匹配歧义性问题。然而，姿态识别方法只能将姿态划分到事先定义的几个姿态类别中，并不能对姿态进行连续的精确的估计。

虽然基于学习的姿态估计方法可以保证算法具有较好的鲁棒性，但是这类方法的姿态估计精度很大程度依赖于训练的充分程度。要想比较精确地得到二维观测与三维姿态之间的对应关系，就必须获取足够密集的样本来学习决策规则和回归函数。由于所需样本的数量随状态空间维度的增加呈指数级增长，对于高维状态空间，事实上不可能获取到精确估计所需要的密集采样。因此，无法得到密集采样而难以保证估计的精度与连续性，是基于学习的姿态估计方法无法克服的根本困难。

与姿态识别等典型的模式分类问题不同，姿态估计输出的是一个高维的姿态向量，而不是某个类别的类标。因此这一类方法需要学习的是一个从高维观测向量到高维姿态向量的映射，目前这在机器学习领域中仍是一个棘手的问题。

特征是描述模式的最佳方式，且人们通常认为特征的各个维度能够从不同的角度描述模式。在理想情况下，维度之间是互补完备的。

特征提取的主要目的是降维。特征抽取的主要思想是将原始样本投影到一个低维特征空间，得到最能反映样本本质或进行样本区分的低维样本特征。

一般图像特征可以分为四类：直观性特征、灰度统计特征、变换系数特征与代数特征。

直观性特征主要指几何特征，几何特征比较稳定，受人脸的姿态变化与光照条件等因素的影响小，但不易抽取，而且测量精度不高，且与图像处理技术密切相关。

代数特征是基于统计学习方法抽取的特征。代数特征具有较高的识别精度，代数特征抽取方法又可以分为两类：一类是线性投影特征抽取方法；另一类是非线性特征抽取方法。

习惯上，人们将基于主分量分析和费雷希尔（Fisher）线性鉴别分析所获得的特征抽取方法，统称为线性投影分析。

基于线性投影分析的特征抽取方法，其基本思想是根据一定的性能目标来寻找一线性变换，把原始信号数据压缩到一个低维子空间，使数据在子空间中的分布更加紧凑，从而为更好地描述数据提供手段，同时计算的复杂度大幅降低。在线性投影分析中，以主成分分析（principal component analysis，PCA，也称 K-L 变换）和 Fisher 线性鉴别分析（linear discriminant analysis，LDA）最具代表性，围绕这两种方法所形成的特征抽取算法，已成为模式识别领域中最为经典和广泛应用的方法。

线性投影分析法的主要缺点是需要对大量的已有样本进行学习，且对定位、光照与物体非线性形变敏感，因而采集条件对识别性能影响较大。

非线性特征抽取方法也是研究的热点之一。“核技巧”最早应用于 SVM 中，核主成分分析（kernel PCA，KPCA）和核费希尔分析（kernel Fisher analysis，KFA）是“核技巧”的推广应用。

核投影方法的基本思想是将原样本空间中的样本通过某种形式的非线性映射，变换到一个高维甚至无穷维的空间，并借助核技巧在新的空间中应用线性分析方法求解。由于新空间中的线性方向也对应原样本空间的非线性方向，因此基于核的投影分析得出的投影方向也对应原样本空间的非线性方向。

核投影方法也有一些弱点：几何意义不明确，无法知道样本在非显式映射后变成了什么分布模式；核函数中参数的选取没有相应选择标准，大多数只能选取经验参数；不适用于训练样本很多的情况，原因是经过核映射后，样本的维数等于训练样本的个数，如果训练样本数目很大，核映射后的向量维数将会很高，并将遇到计算量上的难题。

就应用领域来说，KPCA 远没有 PCA 应用的广泛。如果仅作为一般性的降维，KPCA 确实比 PCA 效果好，特别是特征空间非一般欧式空间的时候更为明显。PCA 可以通过大量的自然图片学习一个子空间，但是 KPCA 做不到。

变换系数特征指先对图像进行 Fourier 变换、小波变换等变换，然后以得到的系数作为特征进行识别。

6.3 实　例

6.3.1 基于模式识别的 ORB 特征关联算法

彩色图像中的特征是指图像中的一些特殊位置，如角点、边缘和区块等。这些特征通常需要满足可重复性、可区别性、高效率和本地性，在传统的模式识别中具有非常重要的地位。常见的基于模式识别的点特征算法有尺度不变特征变换算法（scale-invariant feature transform，SIFT）、加速稳健特征算法（speeded up robust features，SURF）、加速特征点提取及描述算法（oriented fast and rotated brief，ORB）等。在精度和鲁棒性上，SIFT、SURF 和 ORB 都具有一定的旋转不变性和尺度不变性，但在效率上三者差距较大，据测试，在对同一幅图像提取 1000 个特征的情况下，ORB 约耗时 15.3ms，SURF 约耗时 217.3ms，SIFT 约耗时 5228.7ms。由此可以看出，ORB 特征具有较好的综合性能。

1. 基于 FAST 算法的关键点检测

角点检测算法（features from accelerated segment test，FAST）通过检测局部像素变化较大的区域，即比对一个像素点与邻域像素点的差别（过亮或过暗），来判断该像素是否为角点。相比其他角点检测算法，FAST 的判断规则简单，因此快速便捷。其检测过程如下。

① 在图片中选取一个像素点 p，其亮度为 I_p，如图 6.28 所示。

② 选取一个阈值 t。

③ 以像素点 p 为中心，选取一个半径为 3 的布雷森汉姆（Bresenham）圆，该圆上有 16 个像素点。

④ 若选取的圆上有连续 n 个点的亮度大于 I_p+t 或者小于 I_p-t，则认为像素点 p 为角点（通常 n 取 12，即为 FAST-12）。

⑤ 对图片所有像素循环执行上述 4 个步骤。

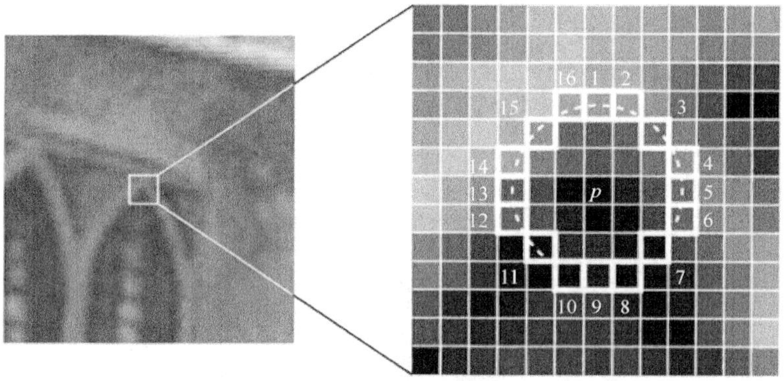

图 6.28　FAST 特征

在 FAST-12 中，为提高效率，增添了一项额外的预操作以便更快地排除非角点，即先检测相隔 90° 的 1、5、9 和 13 点，只有至少 3 个点的亮度同时大于 I_p+t 或者小于 I_p-t 时，像素点 p 才有可能为角点，否则直接排除。

尽管 FAST 特征点的计算速度很快，但是相比传统的 SIFT 算法和 SURF 算法，其在尺度不变性和旋转不变性上存在较大缺陷。针对该问题，ORB 算法在 FAST 算法的基础上增加了尺度和方向的描述。在尺度方面，以原始图像为基础构建高斯金字塔模型，通过在金字塔的每一层图像中提取 FAST 特征进而解决特征的尺度问题。在为特征增加方向方面，ORB 采用了灰度质心法。以 FAST 角点 O 为几何中心定义图像块 B，则 B 的矩定义为

$$m_{pq}=\sum_{x,y\in B}x^p y^q I(x,y) \tag{6.60}$$

式中，$I(x,y)$ 为灰度图像，p, q={0,1}。图像块 B 的质心（以图像块灰度值为权重的中心）C 为

$$C=\left(\frac{m_{10}}{m_{00}},\frac{m_{01}}{m_{00}}\right) \tag{6.61}$$

连接几何中心和质心得到向量 $\boldsymbol{OC}$，该向量的角度即为特征点的方向，则有

$$\theta=\arctan\left(m_{01}/m_{10}\right) \tag{6.62}$$

2. 基于 BRIEF 算法的 ORB 特征描述子

ORB 特征采用的 BRIEF 算法描述向量没有像 SIFT 算法和 SURF 算法那样采用区域灰度直方图描述特征，而是利用关键点邻域像素信息生成的二进制码串作为描述子向量，即在邻域块 $S\times S$ 内随机选取一对点 p 和 q，对比二者的像素大小，若 p 比 q 大，则

记为 1，反之记为 0。重复选取 128 对随机点，经过二进制赋值就形成了一个 128 维二进制编码的描述子。关于点对选择，通常采用在 p 和 q 都符合（$0,1/25S^2$）的高斯分布。原始的 BRIEF 描述子不具有旋转不变性，在跟踪时容易丢失。ORB 算法在提取关键点上使用了可以计算方向的 oFAST 算法，所以计算旋转后的“Steer BRIEF”特征使 ORB 的描述子具有较好的旋转不变性。为验证 ORB 特征的效果，这里选取 ICL-NUIM 数据集，因为该数据集的图像序列中包含的点特征较少，因此常用来检测算法在欠纹理环境下算法性能。如图 6.29 所示，数据集 857 号 RGB 图片中经过特征提取共得到 38 个 ORB 特征。

图 6.29　图像中的 ORB 特征

3. 基于 RANSAC 算法的误匹配剔除

在算法上，本节选择提升匹配精度较高的随机采样一致性（random sample consensus，RANSAC）算法。作为一种鲁棒的模型拟合算法，RANSAC 算法的原理是通过不断迭代，在一组数据集中寻找最优的参数模型，其中符合最优模型的点被定义为“内点”，其他点被定义为“外点”并被剔除。RANSAC 算法假设：样本数据由内点和外点组成，且其分布可由一些模型参数来解释。在剔除误匹配的运用中，样本数据为暴力匹配后的匹配对，外点为误匹配对，寻找的最优参数模型则是一个满足匹配点最多时的 3×3 单应矩阵 $\boldsymbol{H}$，该矩阵描述了处于同一平面上两张图像之间的变换关系。设图像 I_1 和 I_2 有一组匹配好的特征点 $p_1(u_1,v_1)$ 和 $p_2(u_2,v_2)$，由其匹配关系可得

$$p_2 = \boldsymbol{H} p_1 \tag{6.63}$$

令 $h_{33}=1$，归一化矩阵，可得

$$s\begin{bmatrix} u_2 \\ v_2 \\ 1 \end{bmatrix} = \begin{bmatrix} h_{11} & h_{12} & h_{13} \\ h_{21} & h_{22} & h_{23} \\ h_{31} & h_{32} & h_{33} \end{bmatrix} \begin{bmatrix} u_1 \\ v_1 \\ 1 \end{bmatrix} \tag{6.64}$$

式中，s 为尺度参数。单应矩阵 $\boldsymbol{H}$ 中有 8 个未知参数，对其求解至少需要 8 个线性方程，而一组匹配点对可以构造两项约束，因此单应矩阵 $\boldsymbol{H}$ 至少可以通过 4 组匹配点对求解。注意，这些特征点不能有三点共线的情况。

求解单应矩阵 $\boldsymbol{H}$ 后，用此模型测试所有匹配点对，计算满足模型的匹配点个数和投影误差 e，表示如下，e 最小时的模型为最优参数模型：

$$\arg\min_{e}\sum_{i=1}^{n}\left(x_i'-\frac{h_{11}x_i+h_{12}y_i+h_{13}}{h_{31}x_i+h_{32}y_i+h_{33}}\right)^2+\left(y_i'-\frac{h_{21}x_i+h_{22}y_i+h_{23}}{h_{31}x_i+h_{32}y_i+h_{33}}\right) \tag{6.65}$$

RANSAC 算法流程如下。

① 随机从数据样本集中选取 4 组不共线的匹配点对，求解单应矩阵 $\boldsymbol{H}$，记为模型 M。

② 计算数据样本集中所有匹配点与模型 M 的投影误差，若误差小于阈值，则将匹配点加入内点集 I。

③ 若当前内点集个数大于最优内点集，则更新最优内点集和迭代次数。

④ 若迭代次数大于最大迭代次数 K 则退出，否则迭代次数加 1 并重复上述步骤。

经过 RANSAC 算法剔除后的匹配点对如图 6.30 所示。

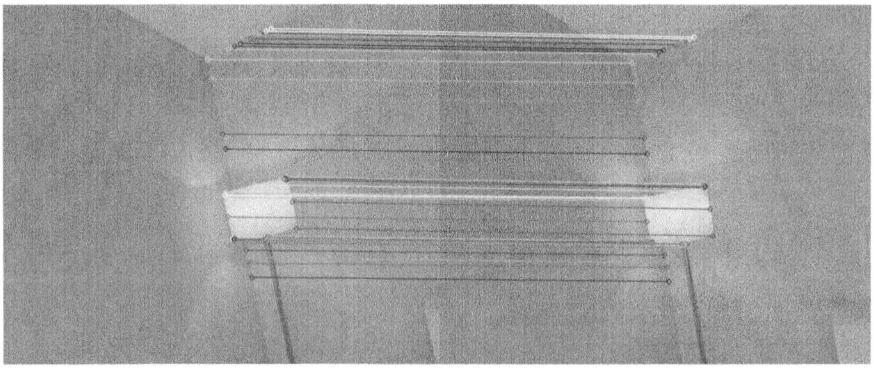

图 6.30　剔除误匹配的特征点匹配

6.3.2　基于深度学习的人脸识别实例

人脸检测（face detection）和人脸识别技术是深度学习的重要应用之一。本节介绍 MTCNN 算法的原理，这是一种基于卷积神经网络的高精度实时人脸检测和对齐技术，以及如何利用深度卷积网络提取人脸特征、如何利用提取的特征进行人脸识别。

搭建人脸识别系统的第一步是人脸检测，也就是在图片中找到人脸的位置。在这个过程中，系统的输入是一张可能含有人脸的图片，输出是人脸位置的矩形框，如图 6.31 所示。一般来说，人脸检测应正确检测出图片中存在的所有人脸，不能有遗漏，也不能错检。

图 6.31　人脸检测

获得包含人脸的矩形框后，第二步要做的是人脸对齐（face alignment）。原始图片中人脸的姿态、位置可能存在较大的区别，为了之后统一处理，需要把人脸“摆正”。因此，需要检测人脸中的关键点（landmark），如眼睛的位置、鼻子的位置、嘴巴的位置、脸的轮廓点等。

根据这些关键点可以采用仿射变换将人脸统一校准，以尽量消除姿势不同带来的误差。人脸对齐的过程如图 6.32 所示。

图 6.32　人脸对齐

这里介绍一种基于深度卷积神经网络的人脸检测和人脸对齐方法——MTCNN。MT 是英文单词 Multi-task 的缩写，意为这种方法可以同时完成人脸检测和人脸对齐两项任务。相比于传统方法，MTCNN 的性能更好，可以更精确地定位人脸；此外，MTCNN 也可以做到实时的检测。

MTCNN 由三个神经网络组成，分别是 P-Net、R-Net、O-Net，如图 6.33 所示。在使用这些网络之前，首先要将原始图片缩放到不同尺度，形成一个“图像金字塔”，然后对每个尺度的图片通过神经网络计算一遍。这样做的原因在于原始图片中的人脸存在不同的尺度，如有的人脸比较大，有的人脸比较小。对于比较小的人脸，可以在放大后的图片上检测；对于比较大的人脸，可以在缩小后的图片上检测。这样，就可以实现在统一的尺度下检测人脸了。

如图 6.34 所示，MTCNN 算法流程如下。

阶段 1：使用 P-Net 生成候选窗和边框回归向量（bounding box regression vectors）。使用边框回归方法来校正这些候选窗，使用非极大值抑制（non maximum suppression，NMS）方法合并重叠的候选框。

阶段 2：使用 R-Net 改善候选窗。将通过 P-Net 的候选窗输入 R-Net 中，过滤掉大部分 false 的窗口，继续使用边框回归方法和 NMS 方法合并重叠的候选框。

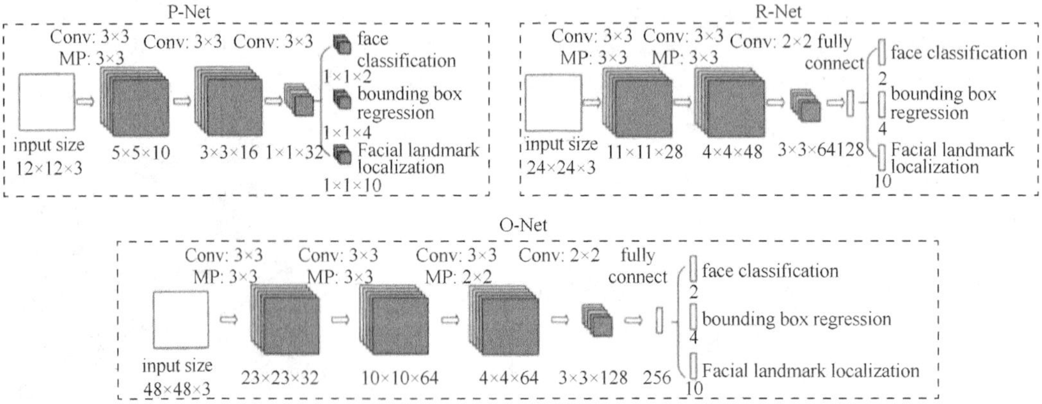

图 6.33　MTCNN 网络结构示意图

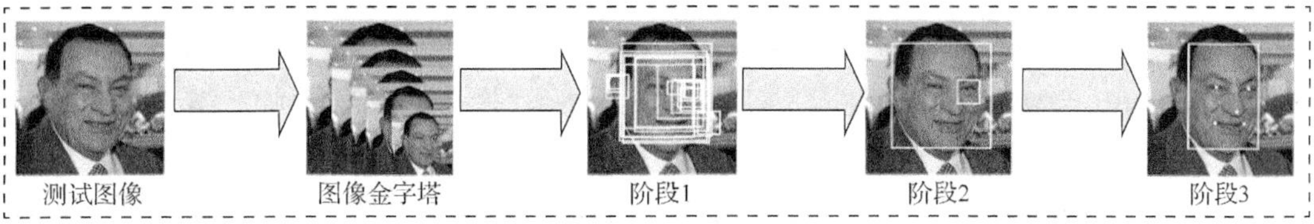

图 6.34　MTCNN 算法流程

阶段 3：使用 O-Net 输出最终的人脸框和特征点位置。这一阶段与阶段 2 类似，不同的是生成 5 个特征点位置。

现在再来讨论第一个网络 P-Net 的结构：P-Net 的输入是一个宽和高皆为 12 像素、3 通道（以下用 12×12×3 表示）的 RGB 图像，该网络要判断这个 12×12 的图像中是否含有人脸，并且给出人脸框关键点的位置。因此，其对应的输出由以下三部分组成。

第一部分：判断该图像是否是人脸（face classification），输出向量的形状为 1×1×2，也就是两个值，分别为该图像是人脸的概率和该图像不是人脸的概率。这两个值加起来严格等于 1。之所以使用两个值来表示，是为了方便定义交叉损失。

第二部分：给出框的可能位置，一般称为边框回归。P-Net 输入的 12 像素×12 像素的图像块可能并不是完美的人脸框的位置，如有时候人脸并不正好为方形，有时候 12 像素×12 像素的图像块可能偏左或偏右，因此需要输出当前框位置相对于完美人脸框位置的偏移。这个偏移由 4 个变量组成。一般地，对于图像中的框，可以用 4 个参数来表示它的位置：框左上角的横坐标、框左上角的纵坐标、框的宽度、框的高度。因此，边框回归输出的值是框左上角的横坐标的相对偏移、框左上角的纵坐标的相对偏移、框的宽度的误差、框的高度的误差。输出向量的形状就是图 6.33 中的 1×1×4。

第三部分：给出人脸的 5 个关键点的位置。5 个关键点分别为左眼的位置、右眼的位置、鼻子的位置、左嘴角的位置、右嘴角的位置。每个关键点需要用 1 个二维坐标来表示，因此输出一共是 10 维（即 1×1×10）。

至此，相信读者已经对 P-Net 的结构有所了解了。在实际计算中，通过 P-Net 中的第一卷积层的移动，会对图像中每一个 12 像素×12 像素的区域都做一次人脸检测，检测结果如图 6.35 所示。

图 6.35　P-Net 的检测结果

图 6.35 中框的大小各有不同，除了边框回归的影响外，主要是因为将图片金字塔中的各个尺度都使用 P-Net 计算了一遍。R-Net 的网络结构如图 6.33 所示。其结构与之前的 P-Net 非常类似，P-Net 的输入是 12×12×3 的图像，R-Net 是 24×24×3 的图像，也

就是说，R-Net 判断 24×24×3 的图像中是否有人脸，并预测关键点的位置。R-Net 的输出和 P-Net 完全一样，同样由人脸判别、边框回归、关键点位置预测三部分组成。

在实际应用中，对每个 P-Net 输出可能为人脸的区域都缩放到 24×24 的大小，再输入到 R-Net 中做进一步判定。R-Net 检测结果如图 6.36 所示，显然 R-Net 消除了 P-Net 中很多误判的情况。

图 6.36　R-Net 的检测结果

进一步把所得到的区域缩放成 48×48 的大小，输入最后的 O-Net 中，O-Net 的结构同样与 P-Net 类似，不同之处在于它的输入是 48×48×3 的图像。其网络的通道数和层数也更多了。O-Net 的网络结构如图 6.33 所示。其检测结果如图 6.37 所示。

图 6.37　O-Net 的检测结果

从 P-Net 到 R-Net，最后再到 O-Net，网络输入的图片越来越大，卷积层的通道数越来越多，内部的层数也越来越多，因此它们识别人脸的准确率也越来越高。同时，P-Net 的运行速度最快，R-Net 的运行速度其次，O-Net 的运行速度最慢。之所以要使用三个网络，是因为如果一开始直接对图像中的每个区域使用 O-Net，速度会非常慢。实际上 P-Net 先做了一遍过滤，将过滤后的结果再交给 R-Net 过滤一遍，最后将过滤后的结果交给效果最好但速度较慢的 O-Net 进行判别。这样在每一步都提前减少了需要判别的数量，有效降低了处理时间。

最后介绍 MTCNN 算法的损失定义和训练过程。MTCNN 算法中每个网络都有三部分输出，因此损失也由三部分组成：人脸检测、边框回归和人脸特征点定位。针对人脸检测，直接使用交叉熵损失；针对边框回归和人脸特征点定位，直接使用均方差损失（L2）。最后这三部分损失各自乘以自身权重再相加，就形成了最后的总损失。在训练 P-Net 和 R-Net 时，人们更关心边框位置的准确性，而较少关注人脸特征点定位的损失，因此人脸特征点定位损失的权重很小。对于 O-Net，人脸特征点定位损失的权重较大。

（1）人脸检测。这是一个分类任务，使用交叉熵损失函数，表示如下：

$$L_i^{\det} = -\left(y_i^{\det}\log\left(p_{\mathrm{i}}\right) + \left(1 - y_i^{\det}\right)\left(1 - \log\left(p_i\right)\right)\right) \tag{6.66}$$

式中，p_i 为产生人脸的概率；$y_i^{\text{det}} \in \{0,1\}$ 表示是否为真实标签，即检测为人脸为 1，非人脸为 0。

（2）边框回归。这是一个回归问题，使用平方和损失函数，表示如下：

$$L_i^{\text{box}} = \| \hat{y}_i^{\text{box}} - y_i^{\text{box}} \|_2^2 \tag{6.67}$$

式中，$\hat{y}_i^{\text{box}}$ 为网络回归得到的目标；y_i^{box} 为真实的位置。因为目标框共有框左上角的横坐标、框左上角的纵坐标、框的宽度、框的高度 4 个参数，所以 $y_i^{\text{box}} \in \mathbb{R}^4$。

（3）人脸特征点定位。这也是一个回归问题，目标是 5 个特征点与标定好的数据的平方和损失。

$$L_i^{\text{landmark}} = \| \hat{y}_i^{\text{landmark}} - y_i^{\text{landmark}} \|_2^2 \tag{6.68}$$

式中，$\hat{y}_i^{\text{landmark}}$ 为网络回归得到的人脸特征点的定位目标；y_i^{landmark} 为真实的位置。因为目标框一共有左眼、右眼、鼻子、左嘴角和右嘴角 5 个特征点，所以 $y_i^{\text{landmark}} \in \mathbb{R}^{10}$。

（4）多任务训练：不是每个样本都需要使用这三种损失函数，这样就需要引入一个指示值指示样本是否需要计算某一项损失。最终的训练目标函数为

$$\min \sum_{i=1}^{N} \sum_{j \in \{\text{det},\text{box},\text{landmark}\}} \alpha_j \beta_i^j L_i^j \tag{6.69}$$

式中，N 为训练样本的数量；α_j 表示任务的权重，为了得到更精确的人脸特征点定位，设置 P-Net 和 R-Net 网络的 $\alpha_{\text{det}} = 1, \alpha_{\text{box}} = 0.5, \alpha_{\text{landmark}} = 0.5$，O-Net 网络的 $\alpha_{\text{det}} = 1, \alpha_{\text{box}} = 0.5, \alpha_{\text{landmark}} = 1$；$\beta_i^j \in \{0,1\}$ 样本类型指示器，即是否为人脸；L_i^j 表示损失。

（5）在线硬样本挖掘。传统的硬样本挖掘处理方法是检测过一次以后，手动检测哪些困难的样本无法被分类，本文采用在线硬样本挖掘方法。具体就是在每个子集中，取损失最大的 70%进行反向传播，忽略那些简单的样本。

图 6.38 所示为 MTCNN 算法在 FDDB 和 WIDER FACE 数据集上的检测结果。图 6.39 所示为 MTCNN 算法在 AFLW 数据集上的人脸对齐结果。

（a）FDDB　　（b）WIDER FACE

图 6.38　MTCNN 在 FDDB 和 WIDER FACE 数据集上的检测结果

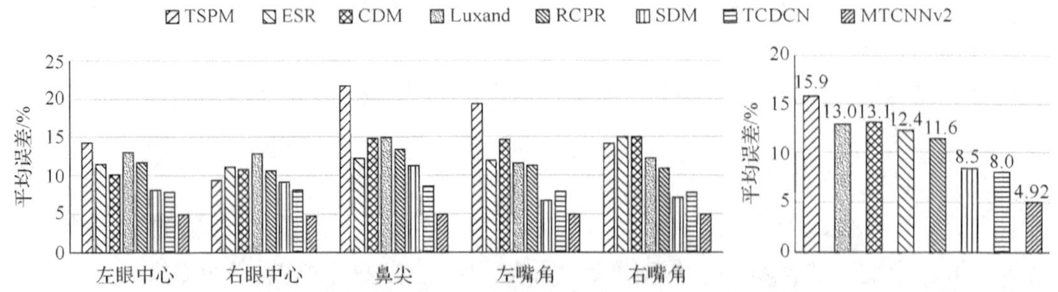

图 6.39　MTCNN 在 AFLW 数据集上的人脸对齐结果

6.4　小　　结

本章介绍了机器人视觉系统的组成和工作原理，以及视觉系统的完整工作流程，包括利用张正友标定法对双目相机的标定、数据采集、预处理及特征提取，并利用基于深度学习的人脸识别实例对本章内容做了进一步阐述。

参 考 文 献

冯帅, 2022. 智能制造中的工业机器人技术应用及发展[J]. 电子技术与软件工程(14): 76-79.

李振, 张玉茹, 刘军传, 2007. 一种基于机器视觉的机器人标定方法[J]. 机械设计与研究, 23(3): 66-69.

马颂德, 张正友, 1998. 计算机视觉: 计算理论与算法基础[M]. 北京: 科学出版社.

王殿君, 2013. 双目视觉在移动机器人定位中的应用[J]. 中国机械工程, 24(9): 1155-1158.

王润生, 1995. 图像理解[M]. 长沙: 国防科技大学出版社.

王运哲, 郑凯, 2019. 机器视觉中相机标定方法的研究[J]. 机械管理开发, 34(5): 81-82.

Berthold Klaus Paul Horn, 2013. Robot vision[M]. Berlin: Springer Science & Business Media.

Bow S T, 2002. Pattern recognition and image preprocessing[M]. Baca Raton: CRC Press LLC.

Cortes C, Vapnik V, 1995. Support-vector networks[J]. Machine Learning, 20(3): 273-297.

Golnabi H, Asadpour A, 2007. Design and application of industrial machine vision systems[J]. Robotics and Computer-Integrated Manufacturing, 23(6): 630-637.

Maini R, Aggarwal H, 2010. A comprehensive review of image enhancement techniques[J]. arXiv preprint arXiv: 1003. 4053.

Shapiro L G, Stockman G C, 2001. Computer vision[M]. New Jersey: Prentice Hall.

第 7 章　机器人的运动规划

机器人的运动规划是确定机器人在三维空间中如何移动以完成特定任务的过程。这是机器人控制和感知的重要组成部分，它使机器人能够自主地规划和执行复杂的运动任务。在机器人的运动规划中，需要考虑多个因素，如机器人的结构和限制、环境的障碍物、任务要求等。运动规划的目标是使机器人能够高效地完成任务，并在运动过程中尽可能避免碰撞和冲突。

7.1　机器人运动规划基本原理

机器人运动规划的基本原理是通过建模、路径生成、避障和控制等步骤来实现机器人的自主运动。机器人运动规划是机器人技术中非常重要的一环，对于自主导航、工业自动化、无人驾驶等应用的实现具有重要意义。

7.1.1　机器人运动规划概述

机器人运动规划由路径规划和轨迹规划组成，机器人运动规划要解决的问题是，找到一种运动方式，让机器人从初始状态运动到目标状态，同时避开环境中的障碍。

路径规划的目标是使路径与障碍物的距离尽量远，同时路径的长度尽量短；轨迹规划的目的主要是在机器人关节空间移动中，使机器人的运行时间尽可能短，或者能量尽可能小。轨迹规划在路径规划的基础上加入时间序列信息，对机器人执行任务时的速度与加速度进行规划，以满足光滑性和速度可控性等要求。

机器人的运动规划主要应用于两类机器人：移动机器人和基于机械臂的机器人。

（1）移动机器人。移动机器人包括自动驾驶汽车、无人机等。这类机器人的运动规划核心是路径规划，尤其是多智能体情形下的路径规划。在多智能体情形下，对于某一智能体，其他智能体的位置随时间变化，相当于移动的障碍物。

（2）基于机械臂的机器人。基于机械臂的机器人包括单臂机器人、双臂机器人及需要同时考虑手臂和步法的人形机器人等。

机器人的运动规划如图 7.1 所示。

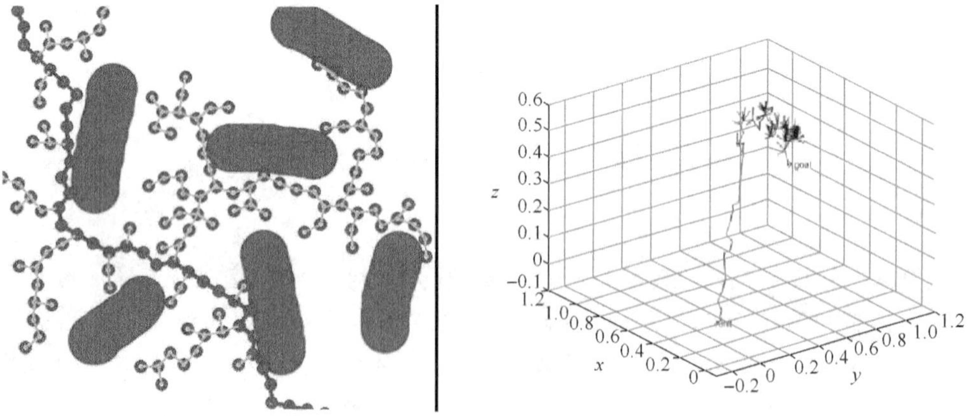

（a）移动机器人的路径规划　　（b）基于机械臂的机器人的轨迹规划

图 7.1　机器人的运动规划

7.1.2　移动机器人路径规划的基本原理

移动机器人路径规划的基本原理如下：机器人在有障碍物的工作环境中，找到一条从起点到终点的适当运动路径，使机器人在运动过程中能安全、无碰撞地绕过所有障碍物。

1）起点与终点的位置获取

当机器人发布一项命令时，机器人首先要知道起点和终点的位置。在静态路径规划场景下，通常要对工作环境进行地图构建。地图是一个存储数据的二维数组。这样就可以通过数组的下标唯一确定数组中的一个或多个元素，即确定地图上的起点与终点位置。

2）障碍物的环境表示

在进行路径规划的时候，需要让机器人知道地图上的哪些区域是可以通行的，哪些是不可以通行的，这样根据一定的规则，就可以避开不可通行的区域，到达目的地。对一个机器人来说，它根据传感器的数据绘制出完整的地图后，就得到了其活动空间的一个有效描述，即环境模型。在规划前首先要做的就是将环境的描述由外部的原始形式通过一系列处理转换为适合规划的内部世界模型，这个过程称为环境建模，其中的重点是障碍物的表示。合理的环境表示有利于建立规划方法和选择合适的搜索算法，最终实现使用较少的时间和内存开销规划出较为满意的路径。不同的路径规划方法正是基于不同的环境建模。

图 7.2 所示为一种常见的栅格地图。这种地图表示法使用一个个独立的大小相同的栅格离散化空间环境，并用数组来表示环境。每个栅格点或在障碍物空间，或在自由空间。对于混合栅格点（即一部分属于自由空间，一部分属于障碍物空间的点），依据其各自占据的比例将其归属于自由空间或障碍物空间。障碍物在数组中表示为 1，图中为

黑色方块，自由空间表示为 0，图中表示为白色方块。最短路径通过搜索这张栅格地图得到。

3）路径规划

路径规划，通常是指在已知或部分未知的地图上进行的一次由起点到目标点可行性路径的规划，要求对其中存在的障碍物进行有效的躲避。

图 7.3 所示是机器人进行的一次路径规划。图中坐标点（0,0）为移动机器人的起点，坐标点（45,23）为设定的目标点，折线为规划的可行路径。

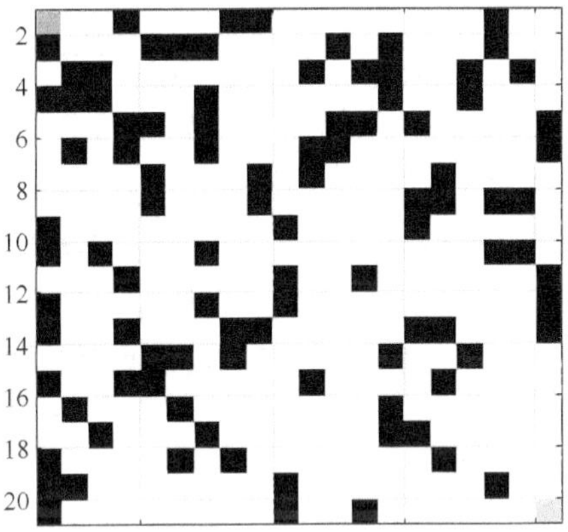

图 7.2　栅格地图

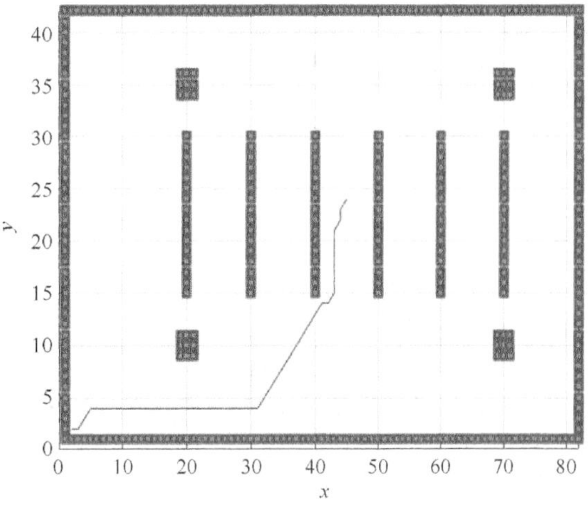

图 7.3　一次路径规划

7.1.3　机械臂的轨迹规划基本原理

基本轨迹规划又可分为笛卡儿空间轨迹规划和关节空间轨迹规划。二者的共同点是两种空间的轨迹规划都需要满足速度、加速度的连续，保证轨迹的连续、平滑。但在关节空间中进行轨迹规划，实时性更好，且不用考虑奇异问题。

基本的关节空间轨迹规划通常在无末端路径要求前提下使用，属于点到点运动。一般需要知道关节的始末位置，然后采用不同的插补算法进行插值拟合，存在特殊要求时，还需要通过指定的中间节点。因此，轨迹规划可以转换为插值拟合问题，即已知关节始末位置对应的关节角度，以及中间节点对应的关节角度，插值使其得到连续轨迹。

关节空间的基本轨迹规划主要使用三次多项式、五次多项式及多段多项式组合。其特点及应用场合如下：

① 三次多项式计算简单，容易实现，但未保证加速度、加加速度连续，存在振动和冲击，适用于点到点的简单运动。

② 五次多项式增加了加速度约束，减少了冲击，但是增加了计算量，适用于点到点的高速、高性能运动。

③ 多段多项式组合形式的轨迹连接处的平滑性未得到保证，还需要考虑其他方式，适用于多点连续运动。

7.2　移动机器人全局路径规划

移动机器人全局路径规划是指在未知环境中，从起点到终点规划机器人可行路径的过程。全局路径规划是移动机器人自主导航的重要组成部分，能够使机器人自主规划路径，避开障碍物，达到指定目标。

7.2.1　移动机器人全局路径规划概念及原理

全局路径规划主要包括路径搜索和环境建模两个环节。首先将环境信息存储在一张图片中，然后在此图片中寻找可行路径，目标点就是坐标集。全局路径规划需要利用环境的全局信息，以及足够长的时间才能完成移动机器人的路径规划，因此该规划方法不能用于动态环境。但是全局路径规划相比局部路径规划更容易找到可行路径，因此也被称为“深思熟虑”的规划方法。

如图 7.4 所示，地图通常采用占据栅格地图算法构建，传统的占据栅格地图将环境离散化为一个个独立的正方形栅格，每个栅格有 2 种状态——空闲和被占据，各个栅格之间相互独立，可以单独估计每个格子被占据的概率。占据栅格地图算法已经非常成熟，即通过贝叶斯滤波不断维护更新每个栅格被占据的信息。

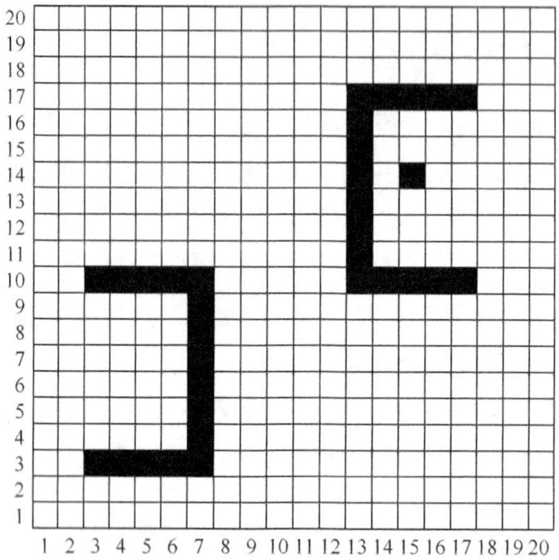

图 7.4　栅格地图

基于栅格地图的全局路径规划算法是指通过对环境中的约束计算，寻找可行的路径点。

7.2.2　A*全局路径规划方法

A*算法是静态环境下全局路径规划方法中最有效的算法之一。其评价函数为

$$F(n)=G(n)+H(n) \tag{7.1}$$

式中，$F(n)$为节点 n 到起始点到目标点距离之和的估计值；$G(n)$为节点 n 到起始点的距离估计值；$H(n)$为节点 n 到目标节点的距离估计值。将估计值$F(n)$最小的点作为备选路径节点。

A*算法作为全局路径规划的应用很多，能时刻朝着目标点方向进行扩展。A*算法的特点归纳如下：

① A*算法的数学模型简单，容易搭建，不需要进行高阶的迭代运算，生成的轨迹方便处理。

② A*算法的路径可靠，对环境完成栅格地图的创建后，目标点可达率优于大部分算法，稳定性较强。

③ A*算法是一种启发性算法，不仅考虑扩展点到起始点的最短距离，还以距离目标点的最短距离作为参考，这样既能够实现路径的最短，还能保证路径点的启发性，从而避免盲目地选点。当障碍物较少时可以通过改变搜索邻域范围的方式进行快速规划，加快向目标点的逼近。

将移动机器人的工作空间划分为二维栅格地图时，二维栅格地图应包含移动机器人的起始点、目标点及周围的障碍物信息。通常起始点与目标点只占据一个栅格，并将移动机器人当作一个质点，移动机器人一次搜索向外扩展与其相邻的 8 个栅格，通过计算相邻的 8 个栅格的代价估计值，选择代价值最小的栅格作为备选扩展点。机器人的八邻域如图 7.5 所示。

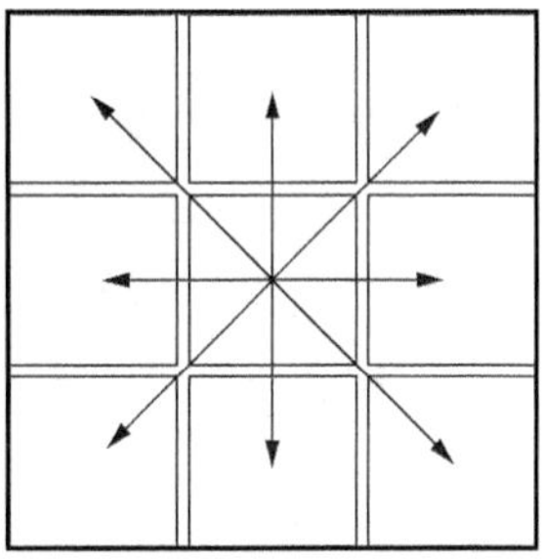

图 7.5　八邻域

假设（x_i, y_i）为可扩展节点在栅格地图中的位置；（$x_{\text{end}}, y_{\text{end}}$）为目标点在栅格地图中的位置；$H(x_i, y_i)$为欧氏距离的估计值，则两点间距离估计如下。

① 欧氏距离：这是两点间的直线距离估计方法。其表达式定义为

$$H(x_i, y_i)=\sqrt{(x_{\text{end}}-x_i)^2+(y_{\text{end}}-y_i)^2} \tag{7.2}$$

② 曼哈顿距离：由两点间的水平距离和垂直距离之和构成。其表达式可以定义为

$$H(x_i, y_i)=\text{abs}(x_{\text{end}}-x_i)+\text{abs}(y_{\text{end}}-y_i) \tag{7.3}$$

图 7.6 中每个方格都标上了 F、G、H 的值，其中左上角是 F 值，左下角是 G 值，右下角是 H 值，栅格①为起始点，栅格②为目标点，栅格③为障碍物点，栅格③形成了一条起点到目标点的路径。

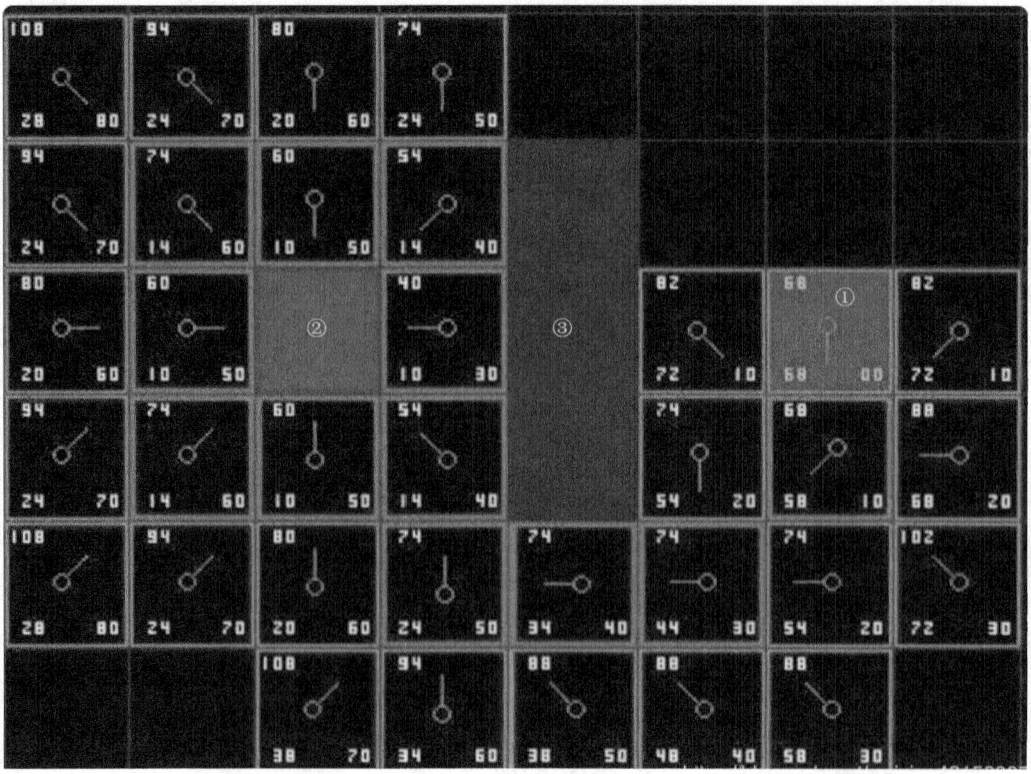

图 7.6　A*路径规划算法

A*算法在扩展搜索中通常会建立两张表，即开放列表（open list）和关闭列表（close list），以下分别简称“O 表”和“C 表”。未来规划的最优路径的轨迹就是由 O 表中存放过的点构成的。其扩展步骤如下。

① 完成区域的划分之后，将起始点置为当前点（*S* 点）放入 O 表，并将 C 表清空置零。

② 将 *S* 点周围的可扩展点 *n*（障碍物所占栅格为不可扩展点）放入 O 表中，起始点 *S* 作为父节点。

③ 检索 O 表中是否存在可扩展点，如果不存在则寻路失败；存在则继续搜索。

④ 将当前点放入 C 表中，并通过代价函数计算 O 表中的可扩展点 *n* 的代价值 *F*，并将 *F* 值最小的点置为当前点，同时作为父节点，将其他可扩展点置入 C 表。

⑤ 将当前点周围的可扩展节点放入 O 表中，并判断当前点是否为目标节点，是则结束操作跳转到步骤⑥，否则跳转到步骤③。

⑥ 将算法进程中所有的父节点回溯，即为最短路径。

A*算法流程图如图 7.7 所示。

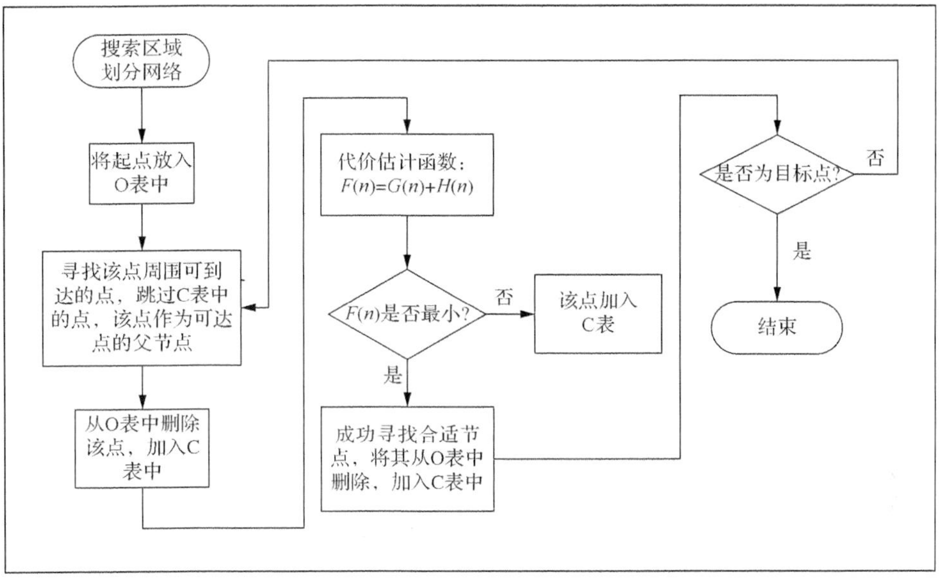

图 7.7　A*算法流程图

7.2.3　实例：A*算法的 MATLAB 仿真实验

基于 A*算法的实验程序设计伪代码如下。

```
create a data structure Node:
structure Node{
  double g;
  double h;
  double f;
  Node*prefore; // prefore node of the node}
A Star(){
  structure Node start_node;
  start_node.g = 0;
  start_node.h = H(start);
  start_node.f = start_node.h;
  start_node.prefore =为空;
  O = [start_node]; C = [];
  while ( O 表非空) {
    Calculate O list node's smallest f;
    which is called x_node, and the corresponding node is called x;
    Remove x_node from the O list;
    if (x is target){
       Return path;
    according to the prefore pointer of the node structure corresponding
to each node; }
    for (each successor node y of x){
```

```
            structure  Node  y_node;
            y_node.g = x_node.g+w(x,y);
            y_node.h = H(y);
            y_node.f = y_node.g+y_node.h;
            y.prefore = x_node;
            if(y is not in the O table and not in the C table){
              Put y_node in the O table;
            }else if(y is in the O table){
              Take out the Node structure corresponding to the y node in
the O table,
              which is called y_open;
              if( y_node.f < y_open.f) {
                y_open.g = y_node.g;
                y_open.h = y_node.h;
                y_open.f = y_node.f;
                y_open.prefore = y_node.prefore;
              }
            }else{Take out the Node structure corresponding to the y node
in the C table,
              which is called y_close;
              if(y_node.f < y_close.f){
                Remove y_close from the C list
                Put y_node in the O table; }
          }
        }
        Put x_node into the C table;}  }
```

通过 MATLAB R2016a 平台对算法进行实验，如图 7.8 所示，搭建的环境地图大小为 40×80 矩形网格地图。搭建的环境模拟了仓储物流场景，其中包含 6 排整齐排放的货架，四个角点处标记的障碍物为模拟的建筑结构，可能存在的其他随机障碍物这里并未设置。

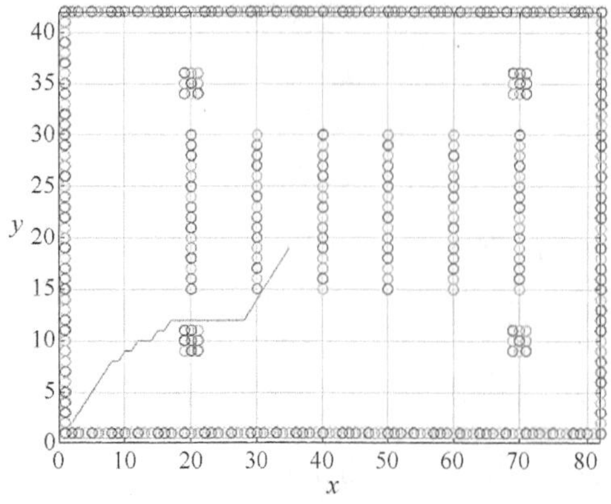

（a）A*基于欧氏距离

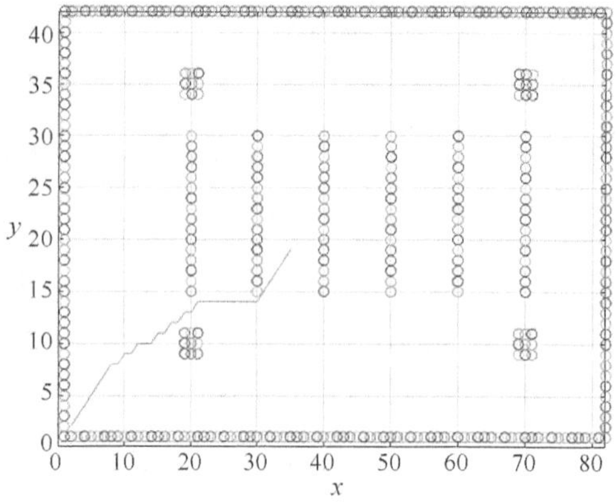

（b）A*基于曼哈顿距离

图 7.8　两张路径规划算法图

7.3　移动机器人的局部路径规划

移动机器人的局部路径规划是指在已知环境中，通过传感器获取周围障碍物的信息，规划机器人避障路径的过程。局部路径规划是移动机器人自主导航的另一重要组成部分，能够使机器人避开突发的障碍物，保证机器人的安全。

局部路径规划方法是一类靠各种传感器实时采集工作环境信息进行实时避障的方法。常用的局部路径规划方法有人工势场法、动态窗口法、遗传算法、神经网络算法等。

7.3.1　人工势场法

局部路径规划是指在已知环境信息的地图中存在动态的障碍物，需要引导机器人进行有效避障。

人工势场法是一种模仿自然界存在的势场原理进行路径规划的方法。该方法在工作空间中建立两种虚拟力场，然后对虚拟力场中的吸引力与排斥力进行矢量求和运算，将其矢量和作为移动机器人的运动方向。

人工势场法的原理如图 7.9 所示。

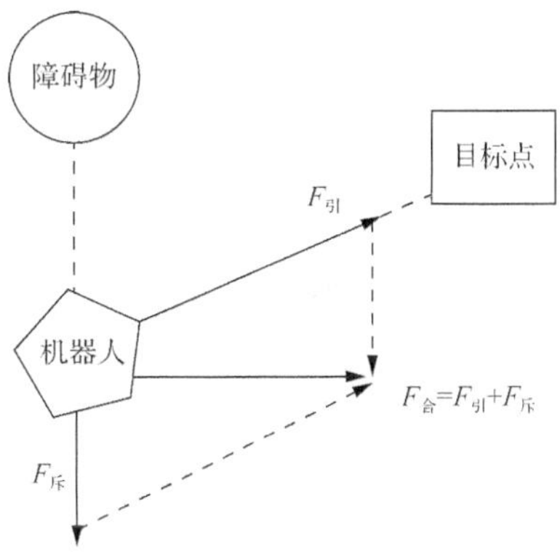

图 7.9　人工势场法原理

7.3.2　动态窗口法

动态窗口法（dynamic window approach，DWA）突破了传统移动机器人采用位置控制实现避障的局限性，转变为采用对移动机器人下一周期的速度预测控制来实现避障，因此动态窗口的窗口为速度窗口。动态窗口是指对移动机器人在前进方向上下一时刻的一系列速度进行模拟，形成一个二维速度空间（包括线速度和角速度）。对备选速度空间的路径进行预测，将可能会与环境中的障碍物有碰撞的速度剔除，再从可行的速度空间中选取一个最优的速度作为下一个运动周期的速度，如图 7.10 所示。

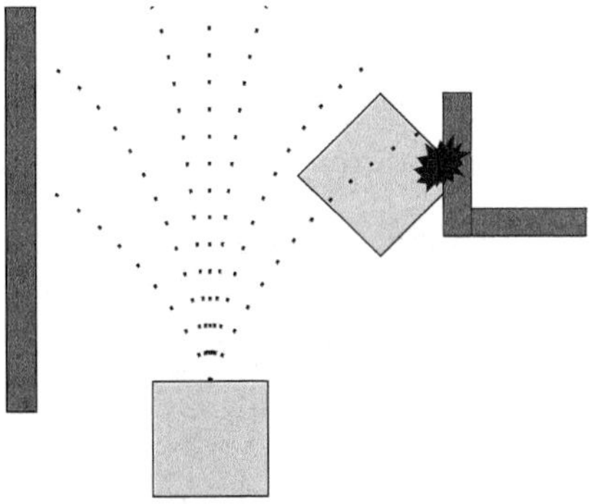

图 7.10　动态窗口法

1. 针对动态窗口法的移动机器人运动学建模

移动机器人的预测轨迹集合可以用于在机器人前向形成一系列圆弧及曲线。因为移动机器人在一个周期 Δt 内移动的距离有限，所以可以将其轨迹近似为一条直线，即在机器人坐标系 x 轴移动的距离为 $V_t \times \Delta t$ 。分别计算在世界坐标系 x 轴和 y 轴方向的投影距离，即可得到移动机器人在一个 Δt 周期内在世界坐标系下走过的距离 Δx 与 Δy ，其表达式为

$$I \begin{cases} \Delta x = V_t \times \Delta t \times \cos\theta_t \\ \Delta y = V_t \times \Delta t \times \sin\theta_t \end{cases} \tag{7.4}$$

其中，移动机器人在运行一个 Δt 周期后的运动模型为

$$\begin{cases} x = x + V_t \times \Delta t \cos(\theta_t) = x + V_x \times \Delta t \cos(\theta_t) - V_y \times \Delta t \sin(\theta_t) \\ y = y + V_t \times \Delta t \sin(\theta_t) = y + V_x \times \Delta t \cos(\theta_t) + V_y \times \Delta t \sin(\theta_t) \\ \theta_t = \theta_t + w_t \Delta t \end{cases} \tag{7.5}$$

式中，x 、 y 为移动机器人在世界坐标系下当前位置的横轴坐标和纵轴坐标； V_t 为移动机器人在 t 时刻的速度； V_x 、 V_y 为世界坐标系下沿 x 轴和 y 轴方向的速度； θ_t 为 t 时刻移动机器人与世界坐标系 x 轴的夹角； w_t 为 t 时刻移动机器人的角速度。

2. 速度空间约束

此算法旨在简化移动机器人运动轨迹的计算，是按照移动机器人从起始时刻到终止时刻以均匀的速度在对应的运动模型下移动得到的轨迹，即移动机器人在短时间内形成的轨迹为直线。

因为环境和机器人自身的限制，速度被约束在一定范围内。其中包括以下约束。

1）基于运动学的速度约束

在速度空间中，移动机器人首先受到硬件装置的限制，最直观的是受电机转速的限制，因此移动机器人的速度空间须满足基本的运动学约束条件，即

$$V_{\mathrm{s}} = \left\{ v \in \left[v_{\min}\ v_{\max}, w \in \left[w_{\min}\ w_{\max} \right] \right] \right\} \tag{7.6}$$

式中，V_{s} 为受电机性能限制得到的速度空间大小； $v_{\min}$ 为移动机器人受电机性能限制可达到的最小速度； $v_{\max}$ 为移动机器人受电机性能限制可达到的最大速度； $w_{\min}$ 、 $w_{\max}$ 为移动机器人受电机性能限制可达到的最小角速度和最大角速度。

2）基于动力学的速度约束

移动机器人所能达到的最大加速度也会对速度产生限制，所以机器人实际可以达到的速度为

$$V_{\mathrm{d}} = \left\{ (v, w) \mid v \in \left[v_{\mathrm{now}} - \dot{v}_{\mathrm{b}} \Delta t, v_{\mathrm{now}} + \dot{v}_{\mathrm{a}} \Delta t \right] \cap w \in \left[w_{\mathrm{now}} - \dot{w}_{\mathrm{b}} \Delta t, w_{\mathrm{now}} + \dot{w}_{\mathrm{a}} \Delta t \right] \right\} \tag{7.7}$$

式中，V_{d} 为受加速度影响的速度空间大小； v_{now} 和 w_{now} 为移动机器人当前时刻的线速

度和角速度；$\dot{v}_a$ 和 $\dot{w}_a$ 为移动机器人的最大线加速度和最大角加速度；$\dot{v}_b$ 和 $\dot{w}_b$ 为最大线减速度和最大角减速度。

3）基于与障碍物之间安全距离的速度约束

在移动机器人启动最大减速度的状态下可以保证停在安全距离内的公式为

$$V_a = \left\{(v,w) \mid v \leqslant \sqrt{2\times\min(v,w)\times\dot{v}_b} \cap w \leqslant \sqrt{2\times\min(v,w)\times\dot{w}_b}\right\} \tag{7.8}$$

式中，V_a 为在保证安全距离、无碰撞条件下的可行速度空间；$\min(v,w)$ 为移动机器人距离障碍物的最小安全距离。

动态窗口建立的可行速度空间是由以上三种约束的速度空间的交集提供的速度空间，即

$$V_{\text{robot}} = V_s + V_d + V_a \tag{7.9}$$

4）评价函数

动态窗口法以其模型简单，使用的变量直观无须再进行复杂的推导而被广泛应用。针对移动机器人所形成的备选速度空间建立动态窗口法的数学模型，称为评价函数。通过评价函数即可选出最优的速度、角速度组合。其中评价函数公式为

$$G = \sigma\left(\alpha\times\text{head}(v,w) + \beta\times\text{dist}(v,w) + \gamma\times\text{velocity}(v,w)\right) \tag{7.10}$$

式中，$\text{head}(v,w)$ 为机器人的方向角评分函数；$\text{dist}(v,w)$ 为机器人与障碍物间距离评分函数；$\text{velocity}(v,w)$ 为移动机器人的速度评分函数；α 为方向角评分函数的权重因子；β 为与障碍物之间的距离评分函数的权重因子；γ 为速度评分函数的权重因子。

移动机器人的运动方向由评价函数的 G 值决定。G 值越大，则该速度和角速度组合形成的轨迹方向作为下一时刻移动机器人方向的可能性越大。数学模型中的 3 个权重因子 α、β、γ 用来调节不同评分函数对数学模型的影响。

（1）方向角评分函数。$\text{head}(v,w)$ 用来评价移动机器人预测位置方向和目标点之间的夹角，如图 7.11 所示。

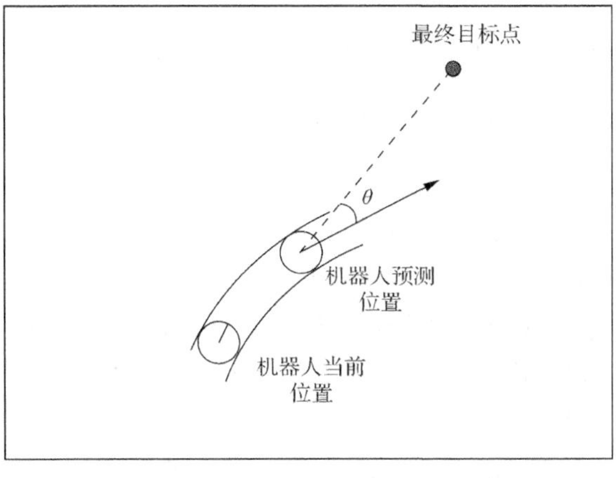

图 7.11　移动机器人预测位置方向角大小

$\text{head}(v,w)$ 为移动机器人方向角评分函数，其评分是以 $180^\circ-\theta$ 的值的大小作为评

分标准，即移动机器人在下一预测时刻的位置与目标点之间的夹角 θ 越小，方向角的评分越高，当机器人到达目标点时夹角为 0°，因此方向角评分函数起到目标点启发作用。

（2）与障碍物之间距离评分函数。$\mathrm{dist}(v,w)$ 为预测的下一时刻移动机器人位置与障碍物之间的距离，移动机器人与障碍物之间的距离越大表示越安全，其评分函数的得分也越高。

（3）速度评分函数。$\mathrm{velocity}(v,w)$ 将预测的移动机器人的速度大小作为得分，在保证安全向目标点靠近的情况下，移动机器人的速度期望越大越好。

对评分函数进行归一化处理的公式为

$$\mathrm{head}_{\mathrm{normal}}(i)=\frac{\mathrm{head}(i)}{\sum_{i=1}^{n}\mathrm{head}(i)} \tag{7.11}$$

$$\mathrm{dist}_{\mathrm{normal}}(i)=\frac{\mathrm{dist}(i)}{\sum_{i=1}^{n}\mathrm{dist}(i)} \tag{7.12}$$

$$\mathrm{velocity}_{\mathrm{normal}}(i)=\frac{\mathrm{velocity}(i)}{\sum_{i=1}^{n}\mathrm{velocity}(i)} \tag{7.13}$$

式中，n 表示当前所有轨迹采样数量；i 表示第 i 条采样轨迹；$\mathrm{head}(i)$、$\mathrm{dist}(i)$、$\mathrm{velocity}(i)$ 分别为第 i 条轨迹的方向角得分、障碍物最近距离得分、速度得分；$\mathrm{head}_{\mathrm{normal}}(i)$、$\mathrm{dist}_{\mathrm{normal}}(i)$、$\mathrm{velocity}_{\mathrm{normal}}(i)$ 分别为第 i 条轨迹的方向角得分、障碍物最近距离得分、速度得分归一化的结果。

通过对移动机器人模拟预测轨迹进行评分和筛选，将预测有可能碰到障碍物的轨迹从速度集合中去除，从剩余的可行速度中选取评价函数的得分 G 值最大的速度和线速度组合，并将该组合作为下一周期移动机器人行走的轨迹。

7.3.3 实例：动态窗口法的 MATLAB 仿真实验

本实例采用 Windows 10 操作系统、Intel（R）core（TM）i5-8400 CPU@2.80GHz、8GB 内存，基于 MATLAB R2016a 平台仿真建立障碍物数量不同的栅格地图进行仿真规划。在本实验中，将移动机器人起始点位置设置为（0,0），目标点位置设置为（7,6）。实验其他参数设置如下：移动机器人最大速度为 1m/s，最大角速度为 2rad/s，最大线加速度为 3m/s^2，最大旋转加速度为 4rad/s^2，速度分辨率为 5m/s，角速度分辨率为 6rad/s，时间分辨率为 0.1s，向前模拟时间为 4s。

对原始动态窗口法进行仿真研究，在同一环境状态下工作的移动机器人采用固定的参数组合，其效果如图 7.12 所示。

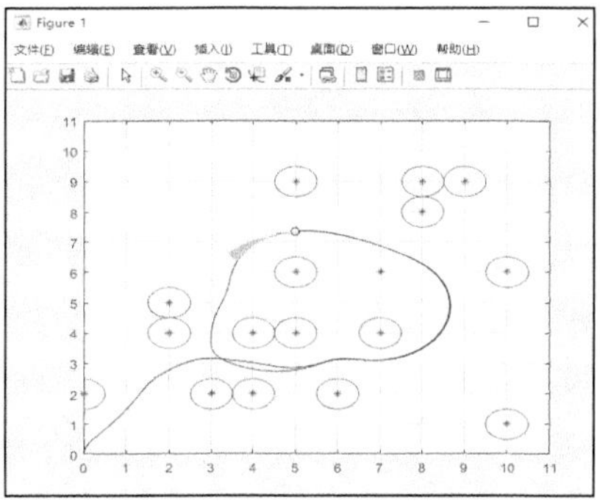

（a）目标点启发度不足

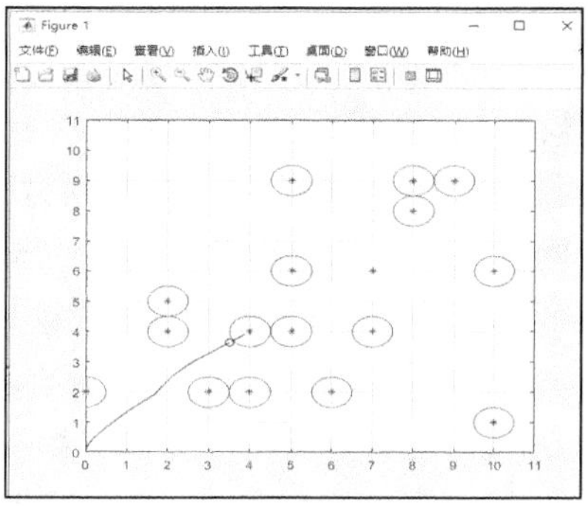

（b）目标不可达

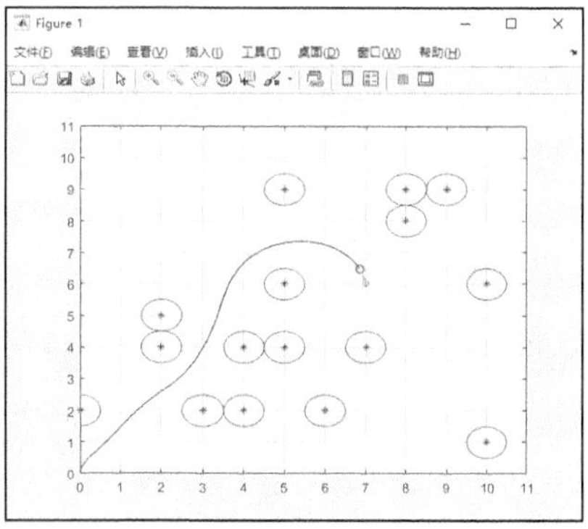

（c）到达目标点

图 7.12　三张不同参数对比图

图 7.12（a）所示权重组合为$\alpha=0.1$、$\beta=0.8$、$\gamma=0.4$，机器人能够顺利穿过稠密区的障碍物，说明移动机器人具有避障探索能力并且绕出障碍物后还具有向目标点(7,6)靠近的趋势，但是并未到达目标点，而是陷入循环中。在动态窗口法中，由权重α来决定引导移动机器人向目标点运动趋势的大小。未到达目标点的原因是方向角评分函数权重较低，目标点的启发度不够。图 7.12（b）所示权重组合为$\alpha=0.5$、$\beta=0.8$、$\gamma=0.4$，移动机器人被引导始终朝向目标点移动，但是在行至位置（3.5,3.5）时被障碍物遮挡，移动机器人无法进入障碍区。实验表明，移动机器人方向角评分函数权重较大，机器人的探索性能下降，出现目标不可达的问题。图 7.12（c）所示权重组合为$\alpha=0.15$、$\beta=0.3$、$\gamma=0.6$，移动机器人以较合理的轨迹成功到达目标点。

7.4　工业机器人的避障规划

工业机器人的避障规划是指在工业生产环境中，规划机器人的运动路径，避开环境中的障碍物，保证机器人在运动中的安全。避障规划是工业机器人自主导航的重要组成部分，它能够使机器人在复杂的生产环境中自主规划路径，避免碰撞，并且高效地完成指定任务。

7.4.1 避障规划问题的描述

避障规划即从起始点到目标点选择一条路径，使得机器人能够安全、快速到达目标点，或者更严格地表述如下：已知机械臂的末端轨迹，在完成末端期望轨迹跟踪的同时，保证工业机器人不与障碍物发生碰撞。国内外大多数文献将此问题称为避碰规划，这种在完成工业机器人任务的同时还能自动躲避障碍物的技术是机器人学中一个非常重要的研究内容。避障规划技术应用广泛，这些领域中的机器人主要由移动机器人和关节式机械臂组成。其中后者多具有 6 个或 6 个以上的自由度，具有类人手臂的高度运动灵活性，被广泛应用于智能制造与工业生产领域。本节主要研究关节式机械臂机器人的避障规划问题。

关于避障路径规划的研究方法种类繁多，对研究领域的差异进行不同分类，同时分析各领域常用的路径规划算法后，可以总结目前主要的分类及研究方法如下。

从工作空间上划分，避障方法可分为两类：①全局方法，包括基于 C 空间的几何法和拓扑法等；②局部方法，包括以冗余机器人自运动为主的梯度投影法和人工势场法等。

根据算法的发展时间进行划分，避障方法也可分为两类：①传统方法，典型的有构形空间法、图搜索法、人工势场法等；②智能方法，主要包括遗传算法、人工神经网络算法、模糊逻辑法、梯度投影法和改进的梯度投影法及这些方法的混合方法等。

根据机器人对障碍物的感知情况，避障研究可分为两类：①预测性避障研究，障碍物情况完全已知，包括障碍物的位置、几何和运动性质；②非预测性避障研究，障碍物情况全未知或者部分已知，这是一种需要借助传感器检测或者借助图像处理技术来获得障碍物信息的避障研究。

根据障碍物的运动状态，避障方法又可分为两类：静态避障和动态避障。

7.4.2 避障方法分类

机器人避障方法是指通过不同的算法和技术，使机器人能够自主规划路径，避开环境中的障碍物。避障方法的研究是机器人自主导航和人机交互领域的重要研究方向之一。

1. 避障传统方法

根据国内外的研究现状，避障传统方法主要有基于 C 空间的几何法、基于 C 空间的拓扑法、人工势场法、栅格法、模拟退火算法等。

1）基于 C 空间的几何法

20 世纪 80 年代初期，麻省理工学院的洛扎诺 • 珀泽（Lozano-Perze）首先提出了一种基于 C 空间的自由空间法。该方法以机械手的关节轴为坐标系建立 C 空间，将障碍物向 C 空间映射形成 C 空间障碍，即障碍空间，其补集对应的即为自由空间。避障路径规划即在该空间中寻找一条连接起始点和目标点的路径。自由空间法的优势在于求解后可以使障碍空间和自由空间一目了然，并且可得到完备解。此外，该方法具备良好的灵活性，改变初始点或目标点均不会使连通图重构。然而该方法计算量大，随着 C 空间的维数增长，计算时间呈指数倍增长，尤其对于机械臂关节较多、障碍物较密集的避障，所需付出的代价更大。此外，这种方法也不适合动态避障，当障碍物是动态障碍物时，障碍物映射到 C 空间的几何性质将随时发生改变，需要在线建立 C 空间，这成为自由空间法最大的难点。有研究已经成功运用基于 C 空间的几何法（图 7.13），使得机械手绕开障碍物顺利采摘到水果。还有学者提出了一种路径规划算法——基于 C 空间分解路标法，将路标图的搜索维数由六维降为三维，路标图的搜索空间大幅减少，不仅缩短了在线实时规划的时间，还提高了路径规划的成功率。

2）基于 C 空间的拓扑法

由于基于 C 空间的几何法计算量大、搜索策略复杂，比较适合移动机器人的避障规划等局限性，马切耶夫斯基（Maciejewski）等提出了基于 C 空间的拓扑法，将路径规划问题转化为在连通图上寻找连接起点和目标点的连接通道问题。我国有学者采用状态空间的连通性分析来处理避障规划问题，采用降维的思想，把求解路径的问题转变为判别连通性的问题。该方法减小了搜索空间，但障碍物的数目影响算法的复杂性，此外，拓扑网的建立过程难以实现。

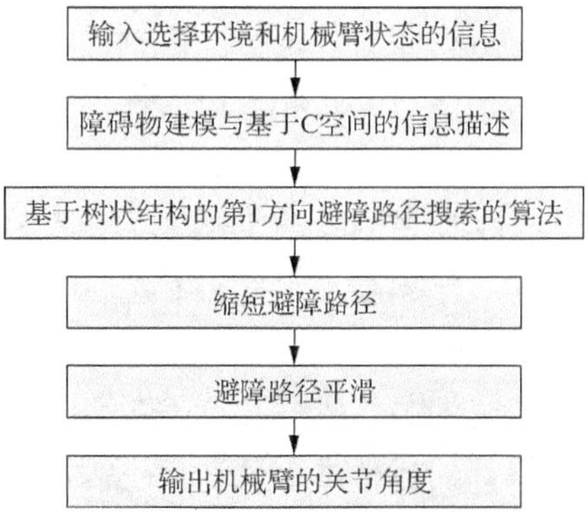

图 7.13　基于 C 空间的几何法

3）人工势场法

人工势场法是一种虚拟力法，其基本思想是把机械臂的运动视为一种合力驱动下的运动，目标点对其产生吸引力，力的大小随着距离的减小而减小，障碍物对其产生斥力，斥力的大小与距离成反比。该方法的优点是适合动态避障，缺点是缺乏全局信息，容易陷入局部最小值。此外，他们还提出了势谷跟踪法，即在势谷路标图上采用启发式搜索策略来逃脱局部极小值点。有学者通过改进势场法，解决了目标不可达的问题，将随机逃离法与沿等势线逃离法结合起来解决了局部极小值问题。还有许多人针对局部极小值问题提出了改进算法，都取得了不错的效果。

4）栅格法

栅格法由豪登（Howden）在 1968 年首次提出，将地图用编码的栅格表示，把含有障碍物的栅格称为障碍栅格，其他栅格称为自由栅格，以此来进行路径搜索，这种方法经常与其他智能方法结合使用。栅格大小的划分有着严格要求，划分得越大，信息的存储量越小，分辨率越低，避障效果越差，但搜索时间短；反之，信息的存储量越大，分辨率越高，避障效果越好，但搜索时间长。因此，需要选取合适的栅格大小。

5）模拟退火算法

模拟退火算法是一种通过模仿固体物质的退火过程，利用解空间的领域进行随机搜索的规划方法。其优点是描述简单、使用灵活、运行效率高、初始条件限制少等；缺点是收敛速度慢、随机性强等。参数设定是模拟退火法应用过程中的关键环节。有研究结合了模拟退火算法和两元素优化（2-opt）算法，在具有良好的计算结果的同时，提升了收敛速度。

综上所述，大部分的避障规划问题都可以用上述方法或者改进的方法解决，但是由于环境复杂多变，这些传统算法在路径搜索效率、计算效率、智能化和动态避障等方面仍需要进一步提高。此外，传统算法还包括可视图法、枚举法、贪心算法、A*图搜索算法、迪杰斯特拉（Dijkstra）算法等。

2. 避障智能方法

根据国内外现状，避障智能方法主要有模糊逻辑算法、人工神经网络算法、遗传算法、梯度投影法和改进的梯度投影法，以及这些方法的混合方法等。

1）模糊逻辑算法

模糊逻辑算法是一种基于模糊集合理论的方法，这种方法不需要将实际情况简化后建立数学模型，而是利用人的经验、决策进行相应的模糊逻辑推理，并用模糊的语言来描述这个过程。它的核心步骤是建立规则库，通过获取外部信息然后查询规则库来进行决策。其优点是不需要获得精确的数据就可以进行计算决策，研究表明其在避障方面具有很好的操作性。其缺点也很明显，存在对称无法确定的问题，容易导致机器人死锁。此外，模糊逻辑算法计算量也会随着障碍物的增多而变大，易陷入局部最小值。有学者提出了一种新颖的基于分级控制的机器人路径规划策略模糊算法，使得机器人可以在不确定的环境下快速、准确地跟随一条最优的无碰撞路径。Perez-D'Arpino 等也采用模糊逻辑算法（图 7.14）提高了机器人路径规划的实时性，效果很好。

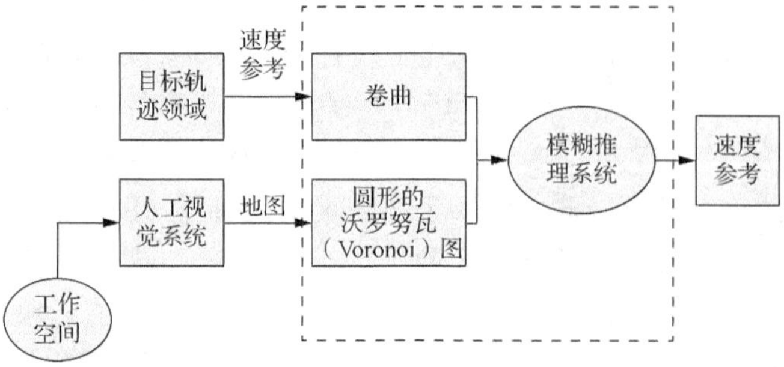

图 7.14 模糊逻辑算法流程图

2）人工神经网络算法

人工神经网络算法是一种智能算法，主要基于动物神经网络行为的思想进行分布式并行信息处理。其过程为输入障碍物信息，通过处理，然后输出期望的转向角或者速度等，引导机械臂来实现避障。这种方法的优点是具有学习功能，研究人员努力想要将学习功能添加到现在的机器人中，以使机器人更加智能化。但是由于环境复杂多变，这种算法在路径规划方面并不是特别成功，它通常与其他一些算法结合使用。有学者提出了基于径向基函数（radial basis function，RBF）神经网络和二次规划技术结合的避障算法（图 7.15），这种算法不仅计算效率高，还解决了机械臂在保证准确跟踪轨迹的同时，能够避开关节转角极限和避障的问题。还有学者提出了一种基于遗传算法和人工神经网络算法结合的避障算法，该算法能够使无人机在三维环境下准确避障，具有良好的效果。

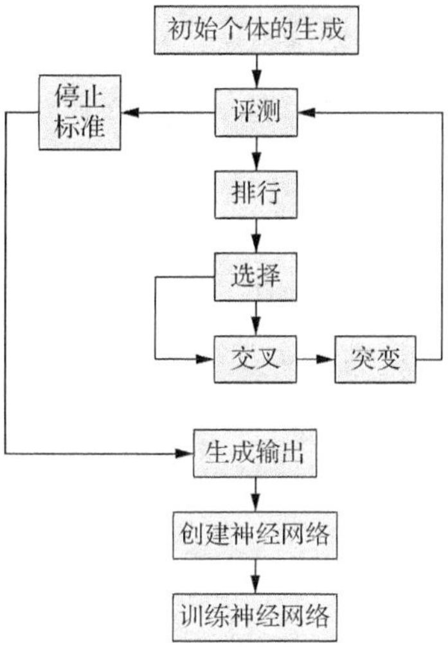

图 7.15　人工神经网络——避障算法流程图

3）遗传算法

遗传算法主要基于达尔文生物进化论思想。在路径规划中，首先初始化群体，然后进行遗传操作，通过选择、交叉、复制、变异产生代表新解集的种群。在进化几代之后，选择最优个体作为下一个路径点。它的本质就是通过不断迭代输出最优解，这种算法的优点在于可以得到全局最优或者近似最优，缺点在于不好把握进化速率，偏于依靠经验，不利于机器人的智能化。这种算法通常与其他算法结合使用，并且效果不错。

4）梯度投影法

梯度投影法的实质是一种逆向运动学求解法。其表达式为

$$\dot{q} = J^{+}\dot{x} + k\left(I - J^{+}J\right)\nabla H\left(q\right) \tag{7.14}$$

式（7.14）由两部分构成，等号右边第 1 项为 J 的最小范数解，用来保证机械臂末端对期望轨迹的跟踪，右边第 2 项是与 J 正交的齐次解，它不会影响机械臂对期望轨迹的跟踪运动，而是在末端轨迹跟踪的零空间中使机械臂产生改变自身构型的自运动，从而躲避障碍物；$H(q)$ 为优化指标，避障时作为避障指标；$\nabla H(q)$ 为优化指标的梯度。这种算法的优点在于对机械臂末端设定好期望轨迹后，机械臂在满足对期望轨迹跟踪的同时还能利用自身的自运动进行避障，即当障碍物出现时，无须人为干涉，机器人就能够自动完成避障任务。其缺点在于求逆运算的计算量较大，而且可能存在无解、奇异性等问题。此外，当障碍物位于末端期望轨迹上时，该方法将会失效，无法成功避障。有学者提出了一种基于主从任务转换的冗余度机器人避障算法，该算法缩小了维数，使得求逆运算更加简单，还解决了传统梯度投影法中障碍物不能位于期望轨迹上的问题（图 7.16）。还有学者提出了一种冗余机械臂的多运动障碍物避障算法，在梯度投影法的基

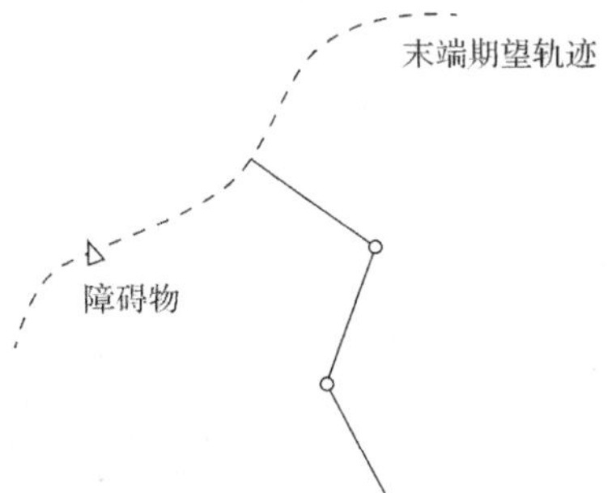

图 7.16　障碍物在末端期望轨迹图

础上求得标志点的躲避速度，然后将其转换为关节的角速度作为优化指标的梯度，有效解决了机械臂对多障碍物的避障问题。

7.4.3 实例：基于梯度投影法的构建与仿真

基于梯度投影法的构建与仿真是一种常用的方法，常用于三维物体模型的构建和仿真。该方法可以将实际物体的形状、结构及光学特性等信息转换为计算机模型，从而在虚拟环境中进行可视化、分析和优化设计。

1. 基于梯度投影法的模型构建

机械臂的运动轨迹方程通常表示为

$$\boldsymbol{x}=\boldsymbol{x}(\boldsymbol{q}) \tag{7.15}$$

式中，$\boldsymbol{q}$ 为在关节空间中机械臂的坐标向量，且 $\boldsymbol{q}\in R^n$；$\boldsymbol{x}$ 为在笛卡儿坐标系下机械臂末端的位姿，且 $\boldsymbol{q}\in R^m$。n 取决于机械臂的自由度数目；m 取决于机械臂的工作空间维数。

在式（7.15）两侧同时对时间 t 求导，则有

$$\dot{\boldsymbol{x}}=\boldsymbol{J}(\boldsymbol{q})\dot{\boldsymbol{q}} \tag{7.16}$$

式中，$\dot{\boldsymbol{x}}$ 表示机械臂末端的速度向量；$\dot{\boldsymbol{q}}$ 为机械臂各个关节的角速度向量；$\boldsymbol{J}(\boldsymbol{q})$ 为机械臂的雅可比矩阵，且 $\boldsymbol{J}(\boldsymbol{q})=\dfrac{\partial x}{\partial q}\in R^{m\times n}$，是关节角速度到机械臂末端的速度映射的线性转换。

冗余机械臂和非冗余机械臂的雅可比矩阵 $\boldsymbol{J}(\boldsymbol{q})$ 是不一样的。冗余机械臂，其操作任务的维数与机械臂的自由度一致，雅可比矩阵 $\boldsymbol{J}(\boldsymbol{q})$ 是一个方阵。非冗余机械臂，其操作任务的维数小于机械臂的自由度，雅可比矩阵 $\boldsymbol{J}(\boldsymbol{q})$ 不是一个方阵。

对于非冗余机械臂，通过反解得到相应的关节速度 $\dot{\boldsymbol{q}}$。当 det(J)=0，即雅可比矩阵 $\boldsymbol{J}(\boldsymbol{q})$ 不是满秩矩阵时，机械臂可能会出现奇异现象，雅可比矩阵的秩小于其最大值时，机械臂的逆雅可比矩阵 $\boldsymbol{J}(\boldsymbol{q})^{-1}$ 不存在，所以运动学逆解不存在。当 det(J)≠0，即雅可比矩阵 $\boldsymbol{J}(\boldsymbol{q})$ 是满秩矩阵时，其运动学逆解为

$$\dot{\boldsymbol{q}}=\boldsymbol{J}(\boldsymbol{q})^{-1}\dot{\boldsymbol{x}} \tag{7.17}$$

对于冗余机械臂，无论雅可比矩阵 $\boldsymbol{J}(\boldsymbol{q})$ 是否为满秩矩阵，都没有常规的逆解，但是可以通过基于广义逆的方法来推导大部分的冗余机械臂的逆向运动学。冗余机械臂逆解的表达式为

$$\dot{\boldsymbol{q}}=\dot{\boldsymbol{q}}_s+\dot{\boldsymbol{q}}_h=\boldsymbol{J}^{+}\dot{\boldsymbol{x}}+\left(\boldsymbol{I}-\boldsymbol{J}^{+}\boldsymbol{J}\right)\nabla H(\boldsymbol{q}) \tag{7.18}$$

式中，$\boldsymbol{J}^{+}$ 为雅可比矩阵 $\boldsymbol{J}(\boldsymbol{\theta})$ 的广义逆，且 $\boldsymbol{J}^{+}=\boldsymbol{J}^{\mathrm{T}}(\boldsymbol{J}\boldsymbol{J}^{\mathrm{T}})^{-1}$；$\boldsymbol{I}$ 为单位矩阵，且 $\boldsymbol{I}\in R^{n\times n}$；冗余机械臂的关节角速度 $\dot{\boldsymbol{q}}$ 由齐次解 $\dot{\boldsymbol{q}}_h$ 和最小范数解 $\dot{\boldsymbol{q}}_s$ 两部分组成，最小范数解 $\dot{\boldsymbol{q}}_s$ 用来保证第一个运动任务，且 $\dot{\boldsymbol{q}}_s=\boldsymbol{J}^{+}\dot{\boldsymbol{x}}$，通过机械臂末端速度来控制机械臂末端的轨迹跟踪；齐次解 $\dot{\boldsymbol{q}}_h$ 用来保证第二个运动任务，且 $\dot{\boldsymbol{q}}_h=\left(\boldsymbol{I}-\boldsymbol{J}^{+}\boldsymbol{J}\right)\nabla H(\boldsymbol{q})\in N(\boldsymbol{J})$，通过机械臂的自运动实现机械臂的避障行为；$\left(\boldsymbol{I}-\boldsymbol{J}^{+}\boldsymbol{J}\right)\nabla H(\boldsymbol{q})$ 是 $\nabla H(\boldsymbol{q})$ 在零空间 $N(\boldsymbol{J})$ 中的投影，由于其位于雅可比矩阵的零空间 $N(\boldsymbol{J})$ 中，因此不会对第一个运动任务产生干扰；$\boldsymbol{I}-\boldsymbol{J}^{+}\boldsymbol{J}$ 是零空间投影矩阵。整个公式的物理意义是在优先保证机械臂完成第一个运动任务的前提下，通过零空间的自运动优化第二个运动任务；$H(\boldsymbol{q})$ 为优化指标，根据不同的第二个运动任务调节不同的优化指标，帮助优化机械臂的性能。基于此思想，有学者提出了避关节极限性能指标 $H(\boldsymbol{q})$，$\nabla H(\boldsymbol{q})$ 就是优化指标 $H(\boldsymbol{q})$ 的梯度向量，表示如下：

$$H(\boldsymbol{q})=\sum_{i=1}^{n}\frac{\left(q_{\max}[i]-q_{\min}[i]\right)^{2}}{4\left(q_{\max}[i]-q[i]\right)\left(q[i]-q_{\min}[i]\right)} \tag{7.19}$$

$$\nabla H(\boldsymbol{q})=\begin{bmatrix}\dfrac{\partial H}{\partial q_1} & \dfrac{\partial H}{\partial q_2} & \dfrac{\partial H}{\partial q_3} & \cdots & \dfrac{\partial H}{\partial q_n}\end{bmatrix}^{\mathrm{T}} \tag{7.20}$$

$$\frac{\partial H}{\partial q_i}=\frac{1}{4}\frac{\left(2q[i]-q_{\max}[i]-q_{\min}[i]\right)\left(q_{\max}[i]-q_{\min}[i]\right)^{2}}{\left(q[i]-q_{\min}[i]\right)^{2}\left(q_{\max}[i]-q[i]\right)^{2}} \tag{7.21}$$

由于优化指标的梯度 $\nabla H(\boldsymbol{q})$ 的存在，为了防止机械臂在自运动过程中关节速度过小或过大，需要添加一个放大系数 k 来进行调节。将 k 代入式（7.18），则梯度投影法的基本公式改写为

$$\dot{\boldsymbol{q}}=\dot{\boldsymbol{q}}_s+\dot{\boldsymbol{q}}_h=\boldsymbol{J}^{+}\dot{\boldsymbol{x}}+k\left(\boldsymbol{I}-\boldsymbol{J}^{+}\boldsymbol{J}\right)\nabla H(\boldsymbol{q}) \tag{7.22}$$

通过选取合适的避障指标所产生的避障效果，选用缩减 $H_{\min}$ 避障指标。设 $\boldsymbol{d}_0$ 为在障碍物上距离机械臂的最近点指向避障点的矢量，则单位矢量 $\boldsymbol{N}_0$ 为

$$\boldsymbol{N}_0=\frac{\boldsymbol{d}_0}{\boldsymbol{d}_0} \tag{7.23}$$

避障点处的机械臂雅可比矩阵 $\boldsymbol{J}_{d_0}$ 为

$$\boldsymbol{J}_{d_0}=\boldsymbol{N}_0^{\mathrm{T}}\boldsymbol{J}_0=\left(\frac{\boldsymbol{d}_0}{\boldsymbol{d}_0}\right)^{\mathrm{T}}\boldsymbol{J}_0 \tag{7.24}$$

避障点 x_{d_0} 处产生一个速度 $\dot{x}_{d_0}$ 使机械臂躲避障碍物，即

$$\dot{\boldsymbol{x}}_{d_0} = \boldsymbol{J}_{d_0}\dot{\boldsymbol{q}} \tag{7.25}$$

式中，x_{d_0} 为避障点，是在机械臂连杆上距离障碍物最近的点；$\dot{\boldsymbol{x}}_{d_0}$ 为避障点处躲避障碍物的速度；$\boldsymbol{J}_{d_0}$ 为避障点处的机械臂雅克比矩阵。

将式（7.25）代入基于梯度投影的避障算法中，可得

$$\dot{\boldsymbol{q}} = \boldsymbol{J}^{+}\dot{\boldsymbol{x}} + k\left[\boldsymbol{J}_{d_0}\left(\boldsymbol{I}-\boldsymbol{J}^{+}\boldsymbol{J}\right)\right]^{+}\left(\dot{x}_{d_0} - \boldsymbol{J}_{d_0}\boldsymbol{J}^{+}\dot{\boldsymbol{x}}\right) \tag{7.26}$$

式中，$\boldsymbol{J}_{d_0}\boldsymbol{J}^{+}\dot{\boldsymbol{x}}$ 为由机械臂对避障点的避障运动所引起的机械臂末端的运动，$\left[\boldsymbol{J}_{\delta_0}\left(\boldsymbol{I}-\boldsymbol{J}^{+}\boldsymbol{J}\right)\right]^{+}$ 为一个将机械臂的避障运动速度向量从避障运动的操作空间变化到关节运动空间的变化矩阵。

这就是基于梯度投影的避障算法，也是经典梯度投影法。经典梯度投影法的物理意义是，等号右边第一项为机械臂末端对末端期望轨迹的跟踪任务，保证机械臂末端需要的速度；右边第二项为满足距离障碍物最近点（标志点）的躲避速度，并不会影响机械臂末端对末端期望轨迹的跟踪，即对末端期望轨迹的跟踪任务为首要任务，避障运动为次要任务，避障运动在末端期望轨迹的跟踪任务的零空间中利用自运动来实现避障。通过这种方法，可以同时完成机械臂末端的轨迹跟踪和对障碍物的躲避运动。

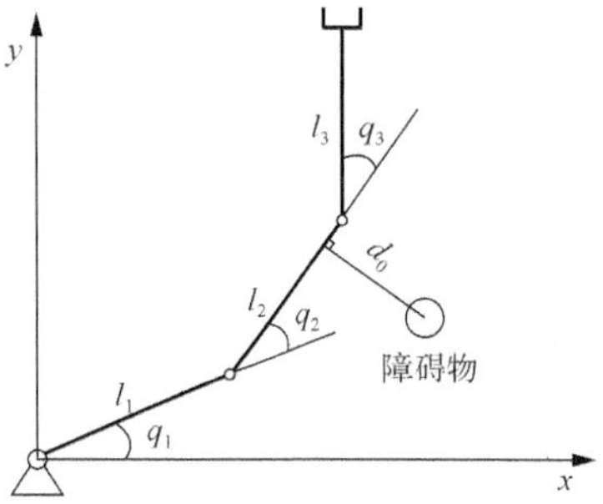

图 7.17　三自由度平面冗余度机器人

2. 梯度投影法的 MATALB 仿真实验

为了验证本节提出的算法的有效性，以及本节提出的基于主从任务转化的闭环控制避障算法明显优于其他两种算法，将该算法应用于三自由度平面冗余度机器人（图 7.17），并在 MATLAB 2016 软件环境下进行仿真试验。

为了配合实物实验验证，这里将仿真试验条件按照实物条件设定。仿真实验条件如表 7.1 所示。

表 7.1　三自由度平面冗余度机器人的仿真实验条件

变量符号	初始值	变化范围
q_1	60°	± 180°
q_2	-120°	± 180°
q_3	0°	± 180°
l_1	0.425m	0m
l_2	0.392m	0m
l_3	0.09475m	0m

即仿真实验条件为，l_1=0.425m，l_2=0.392m，l_3=0.09475m，初始关节角度 q_1=60°，q_2=−120°，q_3=0°，考虑关节电机能够提供的转速大小，经过实验设定标志点能产生的最大躲避速度值 v_{m}=0.1m/s；设定末端期望轨迹是起始点为（1.5,−0.866）、终止点为（0.134,0.5）的直线，运行时间为 10s，并且机械臂末端期望运动为匀速直线运动；障碍物为圆心位于（0.7,0.1）、半径为 0.05m 的圆形。仿真实验的结果——机械臂的运动轨迹如图 7.18 所示。

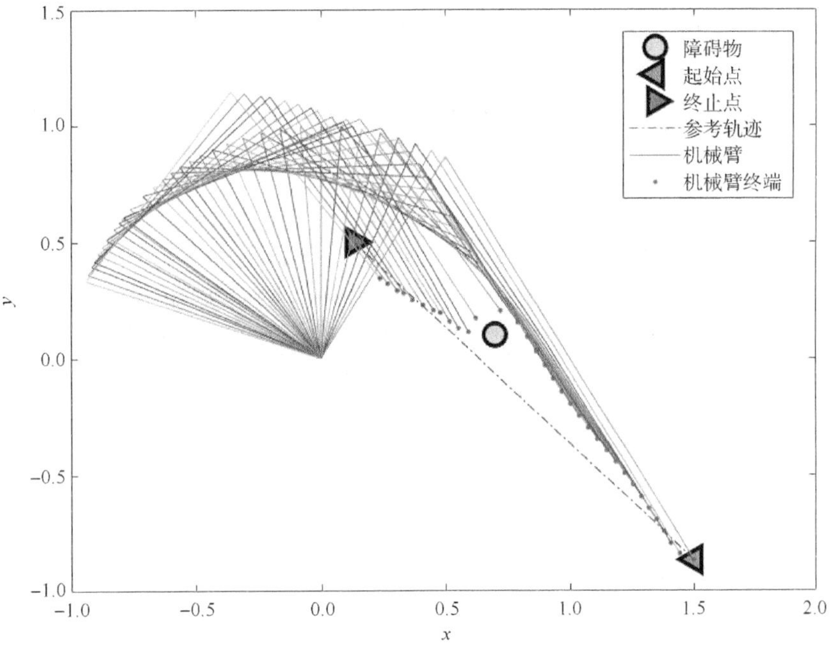

图 7.18　机械臂的运动轨迹

7.5　小　结

本章首先介绍了移动机器人与工业机器人机械臂的运动规划，概述了其运动规划的基本原理，将运动规划分为全局路径规划和局部路径规划两方面；接着对全局路径规划和局部路径规划各自的分类进行了介绍，并利用 MATLAB 软件对 A*算法和动态窗口法进行仿真；最后介绍了工业机器人机械臂避障规划的方法分类，并结合应用实例，基于梯度投影法对工业机器人机械臂避障规划进行了建模与仿真。

参 考 文 献

蔡灿，刘璇，张建华，等，2018. 工业机器人避碰算法研究与展望[J]. 机械设计，35(4): 1-7.

王小忠，孟正大，2004. 机器人运动规划方法的研究[J]. 控制工程，11(3): 280-284.

Fox D, Burgard W, 1997. The dynamic window approach to collision avoidance[J]. IEEE Robotics & Automation Magazine, 4(1): 23-33.

Katoch S, Chauhan S S, Kumar V, 2021. A review on genetic algorithm: past, present, and future[J]. Multimedia Tools and Applications, 80(5): 8091-8126.

Lozano-Pérez T, Wesley M A, 1979. An algorithm for planning collision-free paths among polyhedral obstacles[J]. Communications of the ACM, 22(10): 560-570.

Maciejewski A A, Klein C A, 1985. Obstacle avoidance for kinematically redundant manipulators in dynamically varying environments[J]. The International Journal of Robotics Research, 4(3): 109-117.

Mansor M A, Morris A S, 1999. Path planning in unknown environment with obstacles using virtual window[J]. Journal of Intelligent and Robotic Systems, 24(3): 235-251.

Pérez-D'Arpino C, Shah J A, 2015. Fast target prediction of human reaching motion for cooperative human-robot manipulation tasks using time series classification[C]//2015 IEEE international conference on robotics and automation (ICRA). IEEE, 6175-6182.

Qu H, Yang S X, Willms A R, et al., 2009. Real-time robot path planning based on a modified pulse-coupled neural network model[J]. IEEE Transactions on Neural Networks, 20(11): 1724-1739.

Vadakkepat P, Tan K C, Ming-Liang W, 2000. Evolutionary artificial potential fields and their application in real time robot path planning[C]//Proceedings of the 2000 congress on evolutionary computation. CEC00 (Cat. No. 00TH8512). IEEE, 1: 256-263.

第 8 章　实例分析：仓储物流机器人搭建

随着物流行业的发展和智能化的推进，仓储物流机器人的应用越来越广泛。仓储物流机器人可以减轻人力负担，提高工作效率，同时保证操作的精准性和安全性。本章以一个仓储物流机器人的搭建为例进行实例分析。

8.1　概　　述

仓储物流机器人是一种自动导航机器人，主要用于仓库内部的货物搬运、储存和分拣等。仓储物流机器人主体采用金属材料制作，配备有激光雷达、相机、红外线传感器等多种传感器，可以感知周围环境，并进行自主导航和避障。

8.1.1　研究背景

仓储物流企业常面临空间利用率低、拣选效率低和人工成本高等难题，加上包裹数量巨大、目的地繁多，给配送准确率带来了极大的挑战。如图 8.1 所示，医院里的送药送餐机器人、街道上的无人送货小车，替代人工的自动导向车（automated guided vehicle，AGV）等，穿行于各类应用场景下。这类机器人能够起到运送、提醒、测温等多种作用。这个应用的背后是对“非接触”式交互、减少人力、降低感染，创造高效、清洁工作环境的极大诉求。

图 8.1　各式物流机器人

随着技术的发展，以及需求的增长，仓储物流机器人的研发及应用在全球范围内逐渐得到重视，国外传统工业智能制造企业［德马泰克（Dematic）、瑞仕格（Swisslog）］，以及亚马逊（Amazon）等互联网企业，都在陆续布局仓储物流机器人。仓储物流机器人，也逐渐被认为是物流及供应链相关企业数字化与自动化进程中重要的智能基础设施。

在仓储物流机器人所采用的多种技术中，定位导航技术被认为是首要的关键技术，根据应用场景的需要，物联网与人工智能也至关重要。机器人的协同工作需要物联网技术，人机交互、场景识别、智能分拣等需要人工智能技术。每个系统和不同机器人对系统的不同需求，决定着采用哪类技术。

工业自动化包括执行系统和信息系统，工厂相对成熟的客户关系管理（customer relationship management，CRM）、企业资源计划（enterprise resource planning，ERP）、仓库管理系统（warehouse management system，WMS）等信息系统与 AGV 这类执行机构如何调度连接是非常关键的技术。对于 AGV 的导航定位，行业普遍做法是采用多传感器融合，也就是说，将激光雷达、视觉同时定位与地图构建（simulataneous localization and mapping，SLAM）、陀螺仪等结合起来实现定位导航，这是第一步；其后 AGV 接收到的任务逻辑，即 AGV 如何集中调度，上层调度系统的功能强大与否等，这是其二。在工业领域，安全第一，可靠第二。例如，定位精度做到 1cm 来不得半点马虎。大规模集群调度，少则几十台，多则上百台甚至上千台的调配如何实现，是工业类物流机器人面临的挑战。

物流机器人可分为定位、路径规划与导航、运动控制、环境感知以及工作区建图五大模块。基于核心算法规划的导航模块，可以令机器人掌握布局和定位的功能，机器人可以自动规划可行路径，并根据设定选择最佳路径。此外，采用先进的电机控制，可以令机器人达到运行平稳、控制平滑的状态。避障是商业场景遇到的常见问题，普渡科技有限公司引入双景深摄像头，建立 3D 感知识别进行避障。多机协同方面，机器人之间的交互，以及任务调度分配，都由分布式协同完成。例如，一段时间内 100 个任务如何合理分配给 5 台机器人，或者同一个环境下如何实现 100 台机器人协同。

我国物流业正处于降本增效的转型发展期，国家宏观层面对于物流业信息化、智能化发展也给予了积极的引导与支持。我国是工业机器人消费大国，但在物流领域，机器人的应用尚处于起步阶段，同时市场空间巨大。多项新兴技术正在助力物流机器人，向智能化、网络化发展。物流机器人的技术需要和应用需求须做好对接，只有在成本、性能体验等方面折中才能有更好的落地机会。

8.1.2 发展现状

由于我国对智能物流成套装备行业在产业政策上没有准入限制，因此行业的市场化程度较高。目前，我国智能物流成套装备行业 2/3 左右市场份额被外资企业占据，国内企业在该行业整体上处于市场较分散的状态。尤其表现在重要的物流分拣环节，国内中小型物流企业在分拣方面对人工操作管理比较困难，并且物流分拣设备智能化程度也不高，分拣效率低下依旧是制约企业的发展因素之一。人工模式虽然有不少弊端，但是也有很多优势。人的主观能动性是机器无法比拟的，人工操作能区分机器所不能区分的特殊包装和新品种包装，人工的前期成本投入低，因此企业在业务处理量不大的情况下更愿意采用人工分拣方式。

伴随着 20 世纪 90 年代初以来的制造业的快速发展和产业结构升级，我国的智能物流成套装备行业迅速发展壮大。近年来，全球电子商务的迅猛发展，带动了国内快件物流配送产业的发展，国内对物流装备的需求急剧上升，智能物流成套装备行业得到了长足发展，其中适应快件业的物流输送分拣设备数量占比明显上升，已从传统的机械运输发展到自动化智能输送，从传统的叉车储存变更为自动储存。智能物流成套装备行业中也涌现了一批具备整体工程及成套设备设计、生产安装调试及售后服务综合能力的优秀企业。

在整个供应链体系中，仓储是核心环节，无人仓的智慧化，在于能够驱动上下游的协同决策，它的数据能让上游供应商和下游的配送做到更及时的响应、快速的决策调整，进而形成整个社会的、全供应链的共同协同、共同智慧化。2018 年 5 月 24 日，京东物流作为中国智慧物流的领军企业，首次公布了无人仓的世界级标准。京东无人仓（图 8.2）使用了自动立体式存储、3D 视觉识别、自动包装、人工智能、物联网等各种前沿技术，兼容并蓄，实现了各种设备、机器、系统之间的高效协同，创造了多个单项指标的行业纪录，其单日分拣能力达到 20 万单，40000m^2 的仓库内各种机器人多达上千台，智能设备使用密度之高世所罕见。这标志着，由中国物流人自主研发的无人仓智能控制系统，正在开启全球智慧物流的未来。

图 8.2　京东无人仓

作为一家物流输送分拣设备专业厂商，德马公司早在 2009 年就高度重视相关产业的快速发展，不断调整产品结构适应市场，积极开展对外合作，用新技术及更加切合国内市场需求的产品赢得了业内各界用户的青睐。针对快件业务的迅速崛起，公司投入资源设置快件部门，根据业务特点对其设备种类、机型结构等进行专项研发，并组建技术支持和售后服务团队提供全方位的技术服务。德马公司目前能提供的输送机新产品主要有零压力积放输送机、带传动辊道机（系列）、低重心穿梭车、高速托盘升运机、电动装卸皮带机、窄带合流输送机、快件专用皮带输送机（系列）等；分拣机新产品主要有高速滑块式分拣机、转向轮分拣机及窄带分拣机等。

隆博科技公司［原爱啃萝卜（AICRobo）机器人公司］的自主运输机器人，解决了仓储拣货环节的很多痛点。据了解，与其他仓储机器人不同，爱啃萝卜机器人以单线激光雷达作为主要传感器，并匹配惯性导航组合等机器人技术来实现高度智能化的“自主移动”功能。让机器人可以感知工作环境，这一技术优势可大幅降低部署成本，非常适合传统仓库的自动化升级。另外，机器人在移动过程中还可自如地避开各类障碍（如低矮障碍、悬空障碍、透明障碍、动态障碍等）的干扰。可以说，这类机器人给业界提供了很好的思路，解决了之前仓储机器人所办不到的难题。

虽然国内外的智能物流成套装备行业都得到了一定发展，但是自动分拣系统的应用仍存在一定的局限性：企业一次性投资巨大，前期投资投入成本高且回收慢。其次，自动分拣系统的设备构造复杂，运营成本都很高，必须要有稳定的货源作为保证，或许只有大型的生产型企业或专业的物流公司才有能力投资。自动分拣系统对商品的外包装要求也很高。为使大部分商品能用机械进行自动分拣，不仅商品外包装必须标准化，而且可能需要根据分拣商品统一的包装特性定制分拣机等二次措施。这通常难以实现，让所有商品的供应商都执行国家的包装标准很不现实，而且定制分拣机会使硬件成本上升，且越是特别的通用性就越差。因此，对于中小型物流企业来说，独立建立一个自动化的分拣系统难度很大。

8.2　仓储物流机器人总体设计

本节围绕智能物流的分拣系统，设计一款新型智能分拣机器人。该项目的导航定位是要求机器人收到出发指令后到达识别位置，完成抓取作业后返回落料箱；该项目中的目标识别主要指机器人到达识别位置后对所视的物体进行识别，判断所视物体是否为目标物体，若为目标物体则给抓取装置下达抓取指令，若不是则给机器人底盘下达进入下一识别位置的指令；针对传统产品目标抓取与释放不足，且造价高昂，难以满足中小型企业要求的现状，设计一种高效的目标抓取与释放方案。

本节具体研究内容如下。

1）导航的定位与跟踪

大多数机器人进行局部路径规划时，机器人操作系统主要采用动态窗口法。动态窗口法主要是在速度（v，w）空间中采样多组速度，并模拟机器人在这些速度下一定时间内的轨迹。在得到多组轨迹以后，对这些轨迹进行评价，选取最优轨迹所对应的速度来驱动机器人运动。

本方案在动态窗口法的基础上研发多点导航技术和时间断点控制这一技术点和创新点。多点导航技术和时间断点控制是指仓储物流机器人绘制出比赛场地的地图，确定货架和物品的摆放位置后，求出最佳的抓取路线并识别待抓取的物品，根据指令到达指定点对首个物品进行准确的识别和抓取放入落料箱后，依次能对其余物品进行上述操作的过程。该技术还能根据不同的物品确定不同的抓取时间。

多点导航技术的优点是能清晰地确定抓取路线，大幅缩短抓取两个物品之间的时间消耗，并且根据抓取物品的不同确定不同的抓取时间从而提高抓取效率。

导航的定位与跟踪采用以下技术方案：整个目标识别过程的框架大致可分为训练阶段和测试阶段两个部分。其中训练阶段是利用带有人为标签的样本对模型进行训练，包含物品的图片称为正样本，不包含物品的图片称为负样本。首先，对训练的样本图像进行预处理，包括去除噪声和消除光照阴影的影响。然后，获取候选区域，获取候选区域的方法主要有滑动窗口法、选择性搜索算法等。相比于滑动窗口法，选择性搜索算法不会产生大量冗余窗口，而且时间消耗小。接着对所得到的候选区域进行特征提取，传统方法是使用人工设计的特征描述算子提取特征，如梯度方向直方图。基于深度学习的目标识别技术使用卷积神经网络来从候选区域提取特征，不仅提高了特征的准确性，还能学习到更多更具判断力的特征。在测试阶段，同样对测试图像进行预处理操作，然后用同样的策略遍历测试图像，用训练阶段的特征描述算子对候选区域进行特征的选取，接着用训练好的分类器模型对提取的特征进行分类和处理，计算预测的标签值，从而得出结论。

2）目标的识别与检测

目标的识别与检测拟采用以下技术方案：首先，机器人按照之前绘制的地图行进到一号货架的侧前方，然后距离货架一定距离沿直线运动，即在货架的前方运动。在运动的过程中，单目相机启动对货架上的物品进行拍摄，并从实时视频中每隔一定帧数取出一张图片，通过深度学习中的迁移学习进行处理。该处理过程也是目标识别中最困难和最具挑战性的步骤。当物品进入相机并被拍下后，图片会被上述核心摘要中已训练好的分类器进行特征分类和处理，判断图片中的物品是否是所需的物品。如果通过判断，该物品确定为所需物品，上传信号给处理器，告知物品已找到。与此同时，同样通过相机拍摄到的图片，判断物品是否进入相机视野的正中位置，当到达该位置时，会返回一个成功信号，机械臂收到该信号后会将物品抓取过来。这个确定的位置设计时会在误差允许范围内留有余量。在整个过程中，如果分类器判别拍摄到的物品不是所需的物品，机器人会继续运动下去，将货架上的物品遍历至目标物品为止。同时，由于物品摆放的位置会存在重叠，从货架的前方可能无法识别物品，这时需要让机器人运动至侧面进行识别判别。

3）目标的抓取与释放

围绕传统产品目标抓取与释放的不足，创新提出一种高效的目标抓取与释放方案。首先，选用 4 个滚珠丝杆滑台搭建 x、y、z 轴的实验平台，以弥补传统机械臂长度不足、活动受限等缺陷，同时相比于工业机械臂，此方式还降低了成本。其次，前端执行机构采取二自由度机械手，并在机械手上增添挡板机构，相比于其他结构的机械手，该二自由度机械手既可实行抓取功能，又可实现勾取与拖取功能，控制结构简单，运行高效。例如，洗发露等采用拖取的方式，矿泉水等采用抓取的方式，书籍或抽纸盒等采用勾取的方式；同时机械手上配有力传感器，可针对不同的物体调节抓取力的大小，防止抓取力过大或过小损坏商品。再次，采用托盘结构托住勾取或拖取的商品，相比于采用其他结构，实现了运送的平稳性，其中所设计的托盘结构满足超市大部分商品的盛放，所设计的机械手与托盘的组合在一定程度上实现了非标产品的抓取与释放。最后，绘制产品三维图，实体搭建产品，并进行动画仿真及实物运行，验证结构合理性及工作高效性。

围绕“智能化”的作业要求，本方案旨在提出一套成本低、高效性的智能分拣机器人系统。本方案主要研究目标包括：导航的定位与跟踪、目标的识别与检测及目标的抓取与释放。上述研究成果为实现智慧物流应用的自动化、网络化、可视化、跟踪与智能控制、多场景应用奠定了一定的理论与技术基础，推动了智慧物流的发展与应用。

8.3　仓储物流机器人硬件设计

机器人硬件部分包括移动平台、控制装置、垂直升降装置、托盘装置、货物抓取装置、货物识别装置、水平旋转装置和计算机系统。其中，水平旋转装置安装在移动平台上，垂直升降装置安装在水平旋转装置上，货物抓取装置安装在垂直升降装置上，托盘装置和货物识别装置安装在货物抓取装置上。垂直升降装置用于使货物抓取装置实现垂直方向上的移动；水平旋转装置用于使货物抓取装置实现水平方向上的 360° 旋转；货物识别装置用于实现对各种货物的识别和定位；货物抓取装置通过升降、伸缩、旋转运动到货物所在的位置；托盘装置用于承载货物抓取装置抓取的货物并实现装卸；垂直升降装置采用多级升降的方式，每一级均采用滚珠丝杆滑台结构，上一级的滑块与下一级的导轨连接。货物抓取装置包括接近检测装置、抓板和伸缩机构，其中接近检测装置安装在抓板的一端，伸缩机构采用滚珠丝杆滑台结构，与抓板的另一端连接。与现有技术相比，本设计有如下优势。

① 机器人能够在短时间内对散乱堆积的货品进行精确分拣抓取，无须人工操作，提高工作效率的同时，避免了搬运过程中可能发生的安全问题；结构设计紧凑，灵活性高，组装方便。

② 机器人的垂直升降和水平伸缩采用滚珠丝杆滑台组合方式，不仅运行高效、制造成本低、机械臂结构简单、抓取范围大，而且对与之配合的移动平台要求不高。

③ 垂直升降装置采用多级升降的方式满足货物高度过高的情况，从而使初始状态时机器人整体尺寸不会过大，方便行走和储存。

④ 水平旋转装置可调角度，能够在一定程度上补偿机器人的定位误差。

⑤ 机器人采用抓板和滚珠丝杆滑台相结合的抓取方式，能够适应不同货物形状、大小及材质，这是传统的手爪或吸盘等抓取方式不能做到的，抓取方式高效，提升了机器人的适用性。

⑥ 抓板的梯形槽既能降低抓板整体的重量，也能减小抓板底部与货架板的接触面积，从而减少摩擦力，实现快速抓取。

⑦ 托盘装置采用电动缸为动力源，能够有效装卸货物，设计巧妙简单、控制方便。

⑧ 下位机采用 Arduino 开发板，便于开发设计。

Arduino 开发板是一款便捷灵活、方便上手的开源硬件产品，具有丰富的接口，如数字 I/O 接口、模拟 I/O 接口，同时支持串行外设接口（serial peripheral interface，SPI）、内部总线（inter ic bus，IIC）、通用异步收发器（universal asynchronous receiver/transmitter，UART）串口通信；能通过各种各样的传感器来感知环境，通过控制灯光、电机和其他装置来反馈、影响环境；没有复杂的单片机底层代码，没有难懂的汇编，只是简单而实用的函数；具有简便的编程环境——IDE，极大的自由度，可拓展性能非常高。可以通过机器人操作系统控制 Arduino 开发板来驱动各个电机。

⑨ 通过深度相机的深度学习算法能够实现智能分拣非标准货物。

⑩ 导航系统采用成熟的基于激光雷达的方法，可以自动导航以保证将货架上的货物运送到中转箱。

8.3.1　整体结构设计

机器人是一种能够自主执行任务的智能装置，其整体结构设计是机器人设计中的重要环节。机器人的整体结构设计需要考虑机器人的功能需求、工作环境，以及机器人结构的稳定性、可靠性、安全性等因素。

1. 结构设计

1）机械臂结构设计与优化研究

传统机械臂指的是高精度、高速点胶机器手，它是一个多输入多输出、高度非线性、强耦合的复杂系统。因其独特的操作灵活性，机械臂已在工业装配、安全防爆等领域得到广泛应用，机械臂分拣物流仓也于 2017 年亮相。机械臂与仓储机器人的结合却是一大挑战与机遇。集自主分拣与运输于一身，仓储机器人必将实现完全意义上的“智能”。

传统机械臂的使用会带来成本的大幅攀升，仓储机器人的设计理念应为“快稳省”，避免一味地追求“高大上”。基于此，设计者从塔吊寻找设计灵感，选用三组滚珠丝杆滑台模组搭建 xyz 轴的移动平台，替代传统意义上的机械臂，降低成本的同时，弥补了传统机械臂臂长不足、活动受限等缺陷。

具体方案如下：在底盘安装第一组滚珠丝杆滑台模组（含有两个滚珠丝杆滑台模组），两条滚珠丝杠滑台模组对称安装滑台通过固定板连接固定在一起，令滑台可沿 x 轴运动（在仓储机器人上建立空间直角坐标系，以仓储机器人向前直线运动方向为 x 轴正向，竖直方向为 z 轴，则另一轴为 y 轴）；在固定板上竖直安装第二组滚珠丝杆滑台模组（含有一个滚珠丝杆滑台模组），令其滑台可沿 z 轴运动；在第二组滚珠丝杆滑台模组的滑台上安装第三组滚珠丝杆滑台模组（含有一个滚珠丝杆滑台模组），令其滑台可沿 y 轴运动。通过三组滚珠丝杆滑台模组的配合，可生成一个 40cm×60cm×101cm 的工作空间，使机械臂末端执行件可到达工作空间任意位置，完全可以替代成本昂贵的传统机械臂。所有滑台的移动均由步进电机实现。

2）取送货物方式设计与优化研究

为满足仓储机器人对多种类货物的通用性要求，研究仓储机器人的取送货物方式，实现对不同大小、不同形状、不同材质货物的智能分拣功能，提高仓储机器人的工作效率。

机械手作为前沿产品，可以大量代替人工完成单调往复或高精度需求的工作，在众多领域中扮演着极其重要的角色。机械手、机械臂与仓储机器人的结合，必定会为智能仓库开辟一条道路，推动自动化物流仓储产业的蓬勃发展。但传统机械手并不能完全符合自动化分拣中心等一系列物流仓储中心的操作要求。货物的大小、形状及材质总会有很大的不确定性。例如，面对很薄的物品（口罩等），尺寸大于机械手最大夹持开度的物品等特殊的货物，机械手也只能束“手”无策。

为弥补传统机械手的不足，拟采用机械手爪与勾板相结合的连接方式，并搭配物品托盘的设计方案，以实现仓储机器人自动化取送货物。

具体方案如下：将一个简易二自由度机械手安装在第三组滚珠丝杆滑台模组末端，并配置触力传感器，用来控制抓取力或拖取力；在机械手爪两爪下侧各安装一块挡板作为勾板，可完成对不易抓取货物的勾取与拖取动作；安装一个托盘于机械手下方，并通过连接件安装于第三组滚珠丝杆滑台模组的导轨上，托盘可通过电动缸的伸缩实现角度偏移功能。在实际操作过程中，通过决策机制，对于可直接进行抓取的货物，可直接通过机械手将货物从货架上抓取下来，并完成分拣运输任务。对于抓取困难的特殊货物，可将机械手上的勾板伸于货物后方把货物勾入托盘，运输完成后，托盘实现角度偏移将货物放到指定位置。

2. 性能参数

1）滚珠丝杆滑台

本方案采用 4 个滚珠丝杆滑台组合的方式，如图 8.3 所示。

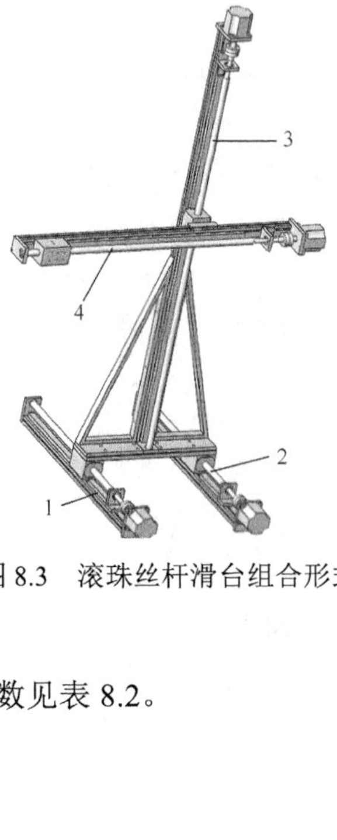

图 8.3　滚珠丝杆滑台组合形式

滚珠丝杆滑台 1、2 的行程为 400mm，重约 5kg；滚珠丝杆滑台 3 的行程为 1000mm，重约 9kg；滚珠丝杆滑台 4 的行程为 600mm，重约 7kg；所有滚珠丝杆滑台个体总长为导轨行程加 125mm。当滚珠丝杆滑台处于水平位置时（如滑台 1、2、4），加速度为 $1000mm/s^2$；当滚珠丝杆滑台处于垂直位置时（如滑台 3），加速度为 $500mm/s^2$。滚珠丝杆滑台 1、2 最高速度为 162mm/s；滚珠丝杆滑台 3 最高速度为 120mm/s；滚珠丝杆滑台 4 最高速度为 255mm/s。滚珠丝杆滑台 1、2 最大负载为 20kg；滚珠丝杆滑台 3 最大负载为 15kg；滚珠丝杆滑台 4 最大负载为 20kg。

滚珠丝杆滑台的具体参数表 8.1。其所配置电机的参数见表 8.2。

表 8.1　滚珠丝杆滑台的具体参数

序号	行程/mm	总长/mm	最大负载/kg	加速度/（mm/s^2）	最高速度/（mm/s）
1	400	525	20	1000	162
2	400	525	20	1000	162
3	1000	725	15	500	120
4	600	1125	20	1000	255

表 8.2　滚珠丝杆滑台所配置的电机参数

型号	步距角(°)	法兰尺寸/mm	机身长/mm	扭矩/（N·m）	电流/A	电阻/Ω	电感/mH
FM5756SFD04	1.8	57	56	0.93	2	1.32	3.19

2）三角支架

采用左右两个三角支架对滚珠丝杆滑台 3 起支撑作用。三角支架结构如图 8.4 所示。

3）连接板

连接板分为 5 部分，连接板 1 安装在滚珠丝杆滑台 1、2 的滑块上，材料为铝合金。连接板 1 的结构如图 8.5 所示。

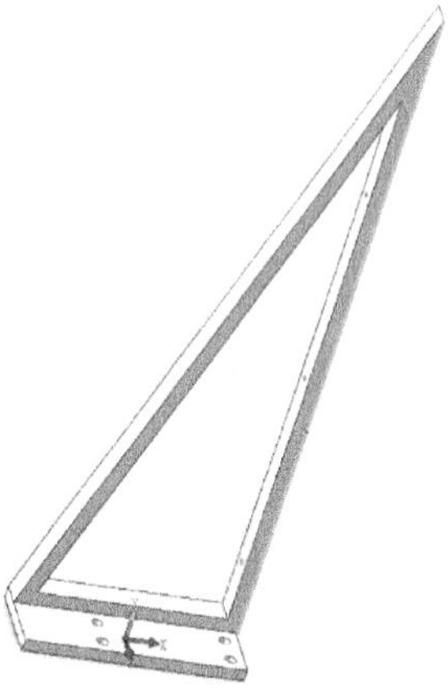

图 8.4　三角支架

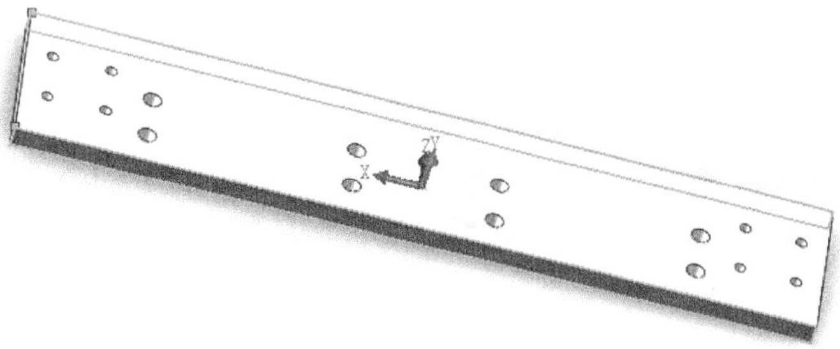

图 8.5　连接板 1

连接板 2 安装在滚珠丝杆滑台 3 的滑块与滚珠丝杆滑台 4 的导轨上，起连接固定的作用，材料为不锈钢，其结构如图 8.6 所示。

连接板 3 安装在滚珠丝杆滑台 4 的滑块上，同时另一端安装二自由度机械手爪，材料为铝合金，其结构如图 8.7 所示。

连接板 4 固定在滚珠丝杆滑台 4 的导轨上，同时另一端安装舵机，材料为铝合金，其结构如图 8.8 所示。

连接板 5 固定在托盘上，同时另一端依靠电磁铁固定，材料为不锈钢，其结构如图 8.9 所示。

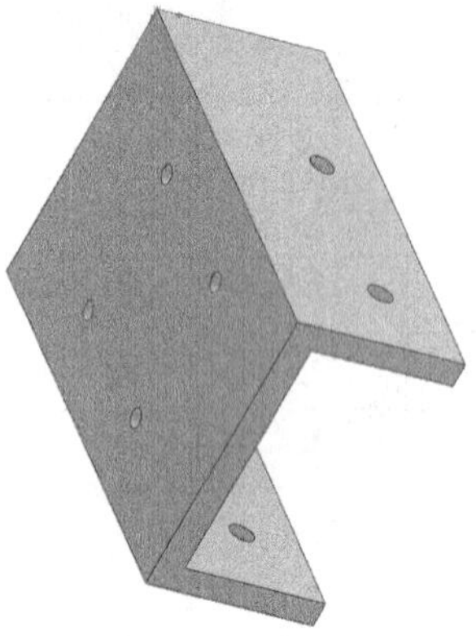

图 8.6　连接板 2

图 8.7　连接板 3

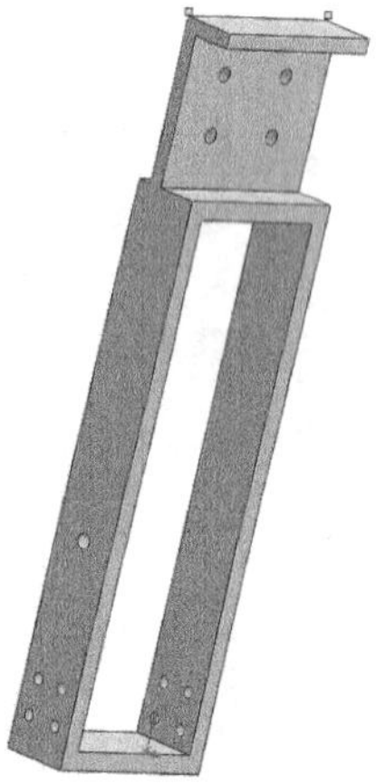

图 8.8　连接板 4

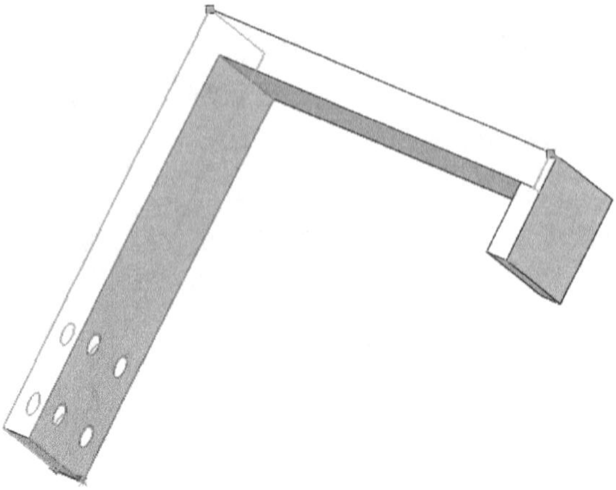

图 8.9　连接板 5

4）二自由度机械手爪

二自由度机械手爪的结构图如图 8.10 所示。

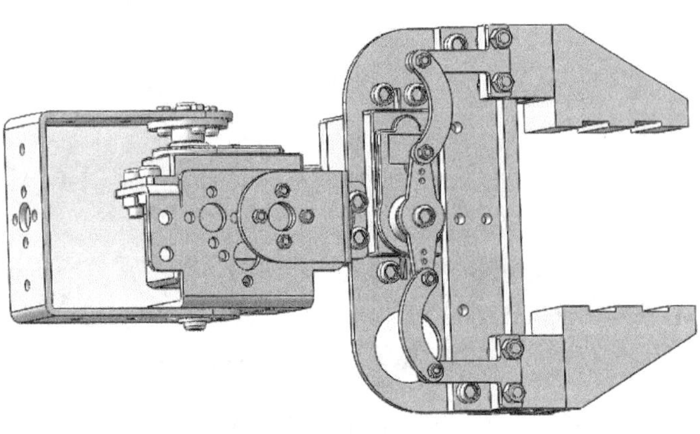

图 8.10　二自由度机械手爪

5）挡板

挡板的结构如图 8.11 所示。

6）托盘

托盘安装在连接板 4 上，材料为 3D 打印塑料，其结构如图 8.12 所示。

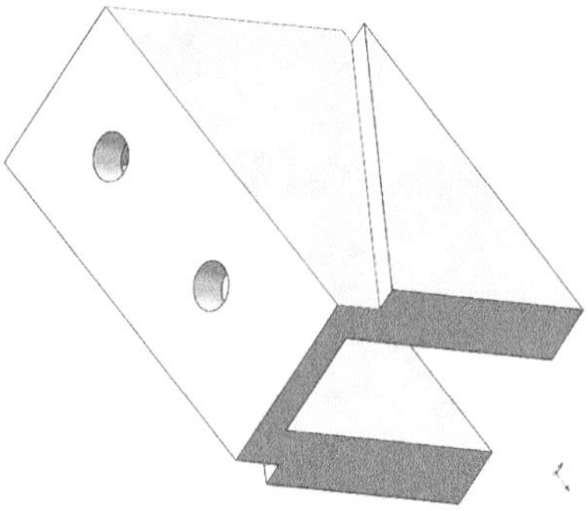

图 8.11　挡板

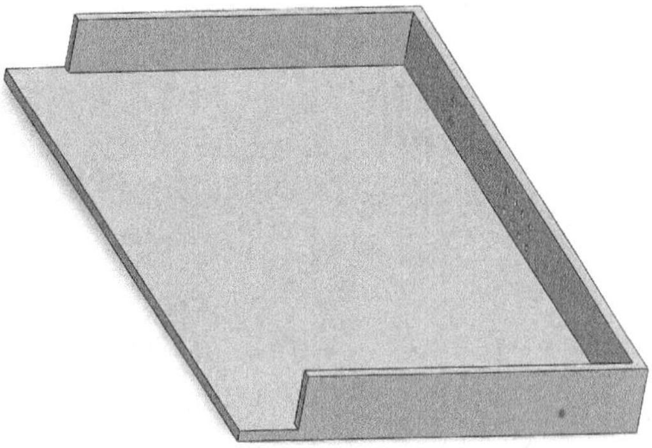

图 8.12　托盘

7）电动缸

电动缸的具体参数见表 8.3，其结构如图 8.13 所示。

表 8.3　电动缸具体参数

行程/mm	额定功率/W	材料	工作电压/V	环境温度/℃
100	20～30	铝合金	9～36	−20～75

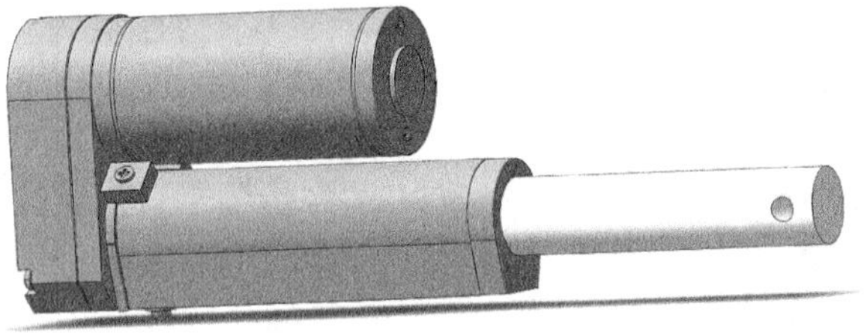

图 8.13　电动缸

8）力传感器

力传感器具体参数见表 8.4，其结构如图 8.14 所示。

表 8.4　力传感器具体参数

直径/mm	高度/mm	量程/N	精度/%	材质	等级
12.7	3.4	50	0.3	不锈钢	IP67

9）摄像头可移动支架

摄像头结构如图 8.15 所示。为了适应不同环境对摄像头的要求，这里设计了摄像头可移动支架，用于手动调节摄像头的位置。摄像头可移动支架的结构如图 8.16 所示。

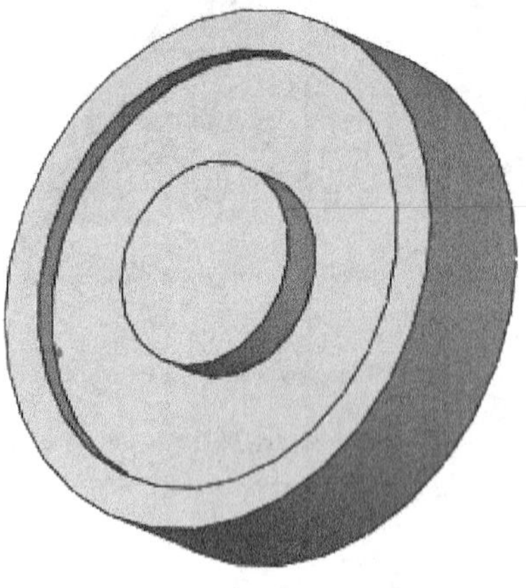

图 8.14　力传感器

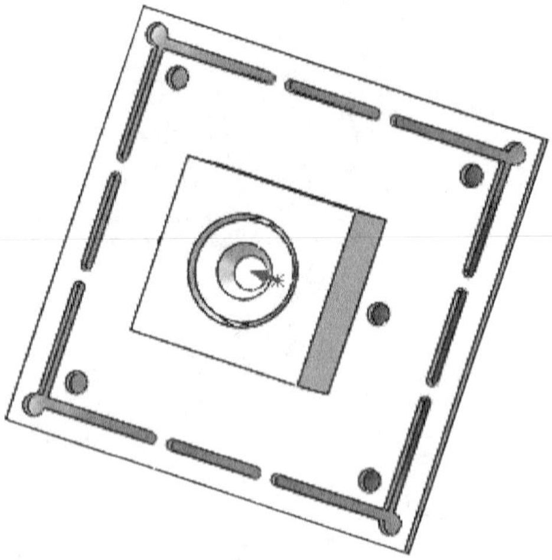

图 8.15　摄像头

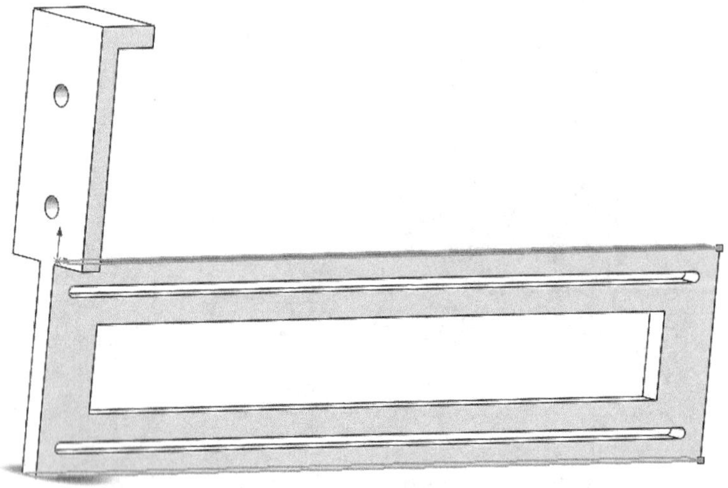

图 8.16　摄像头可移动支架

10）总装配

总装配结构示意图如图 8.17 所示。

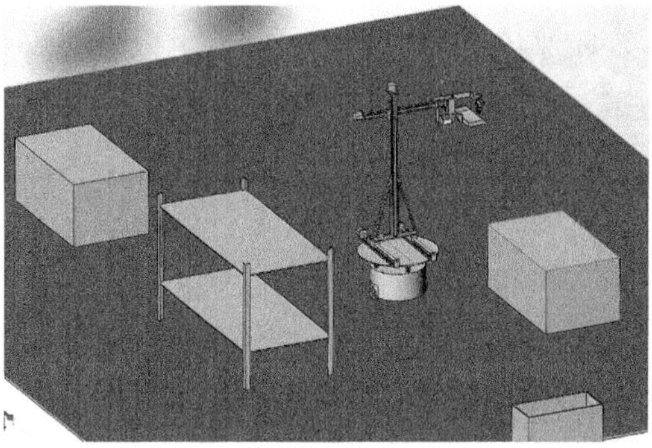

（a）仓储物流机器人及环境总体示意图

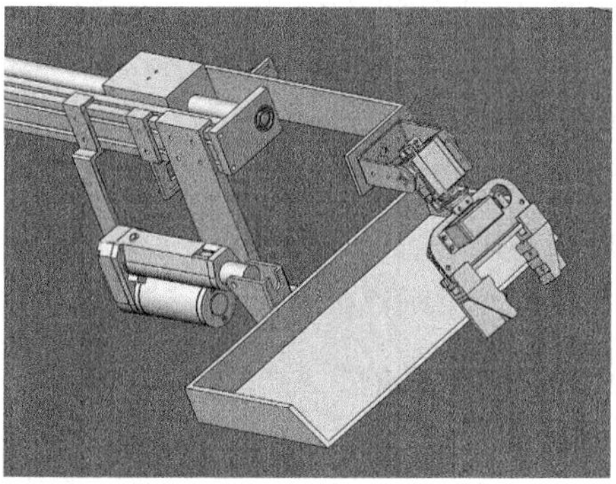

（b）仓储物流机器人末端

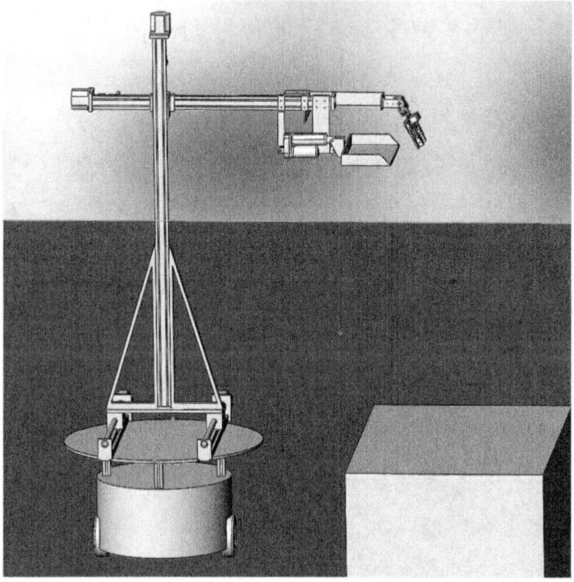

（c）仓储物流机器人结构示意图

图 8.17　仓储物流机器人总装配结构示意图

8.3.2　相机选型

工业相机是机器人视觉系统中的一个关键组件，其最本质的功能就是将光信号转变为有序的电信号。相机的选择不仅直接决定所采集图像的图像分辨率、图像质量等，同时也与整个系统的运行模式直接相关。选择合适的相机也是机器人视觉系统设计中的重要环节。

从 20 世纪 60 年代开始，人们便着手研究机器人的视觉系统。一开始只能识别平面上类似积木的物体。到了 20 世纪 70 年代，已经可以认识某些加工部件，以及室内的桌子、电话等物品了。当时的研究工作虽然进展很快，但是无法应用于实际。这是因为视觉系统的信息量极大，处理这些信息的硬件系统十分庞大，花费的时间也很长。

随着大规模集成电路技术的发展，计算机内存的体积不断缩小，价格急剧下降，速度不断提高，视觉系统也走向了实用化。随着计算机技术、传感器技术和数字化技术的飞速发展，视觉系统已经广泛应用于各个领域。现阶段，利用机器视觉技术，机器人可以取代人工完成一些在恶劣工况条件下的作业任务（如焊接、喷涂等）和一些重复性的作业（如包装、码垛等）。

机器人视觉系统按照相机数目的不同，可分为单目视觉、双目视觉和多目视觉；按照相机放置位置的不同，可分为固定相机系统［眼在外（eye-to-hand 结构）］和手眼系统［眼在内（eye-in-hand 结构）］。工业相机俗称工业摄像机，相比于传统的民用相机（摄像机）来说，具有高图像稳定性、高传输能力和高抗干扰能力等。目前，市面上的工业相机大多是基于 CCD 或 CMOS 芯片的相机。

CCD 是目前机器人视觉系统中最常用的一种图像传感器。它集光电转换及电荷存储、电荷转移、信号读取于一体，是典型的固体成像器件。CCD 不同于其他器件以电流或者电压为信号，而是以电荷作为信号。这类成像器件通过光电转换形成电荷包，然后在驱动脉冲的作用下转移、放大输出图像信号。典型的 CCD 相机由光学镜头、时序及同步信号发生器、垂直驱动器、模拟/数字信号处理电路组成。CCD 作为一种功能器件，与真空管相比，具有无灼伤、无滞后、低电压工作、低功耗等优点。

CMOS 图像传感器最早出现在 20 世纪 70 年代初，到了 20 世纪 90 年代，随着超大规模集成电路（very large scale integrated circuit，VLSI）制造工艺的发展，CMOS 图像传感器得到迅速发展。CMOS 图像传感器将光敏元阵列、图像信号放大器、信号读取电路、A/D 转换电路、图像信号处理器及控制器集成在一块芯片上，还支持局部像素的编程随机访问。CMOS 图像传感器以其良好的集成性、低功耗、高速率和宽动态范围等特点在高分辨率和高速场景下得到广泛的应用。

工业相机一般安装在机器流水线上代替人眼进行测量和判断，通过数字图像摄取目标转换成图像信号，传送给专用的图像处理系统进行各种运算，用以抽取目标的特征，进而根据判别的结果来控制现场的设备动作。相机选择计算方法具体如下：

（1）知道系统精度要求和相机分辨率，可以通过以下公式获得：

x 方向系统精度（x 方向像素值）=视野范围（x 方向）/CCD 芯片像素数量（x 方向）

y 方向系统精度（y 方向像素值）=视野范围（y 方向）/CCD 芯片像素数量（y 方向）

当然理论像素值的得出，要由系统精度及亚像素方法综合考虑。

（2）知道系统速度要求与相机成像速度，可以通过以下公式获得：

系统单次运行速度=系统成像（包括传输）速度+系统检测速度

虽然系统成像（包括传输）速度可以根据相机异步触发功能、快门速度等进行理论计算，但是最好的方法还是通过软件进行实际测试。

（3）考虑工业相机与图像采集卡，因为这涉及两者的匹配问题。

视频信号的匹配：对于黑白模拟信号相机来说有两种格式——CCIR 和 RS170（EIA），通常采集卡都同时支持这两种相机。

分辨率的匹配：每款板卡都只支持某一分辨率范围内的相机。

特殊功能的匹配：如果使用相机的特殊功能，必须先确定所用板卡是否支持此功能。例如，多部相机同时拍照，这个采集卡就必须支持多通道；如果相机是逐行扫描的，那么采集卡就必须支持逐行扫描。

接口的匹配：确定相机与板卡的接口是否相匹配。

（4）在满足对检测的必要需求后，还要进行价格的比较。

举例说明：检测任务是尺寸测量，产品大小是 18mm×10mm，精度要求是 0.01mm，流水线作业，检测速度是 10 件/s，现场环境是普通工业环境，不考虑干扰问题。

首先知道是流水线作业，速度比较快，因此选用逐行扫描相机；视野大小可以设定为 20mm×12mm（考虑每次机械定位的误差，将视野比物体适当放大）。假如能够取到很好的图像（如可以打背光），而且软件的测量精度可以考虑 1/2 亚像素精度，那么需要的相机分辨率就是 20/0.01/2=1000 像素，另一方向是 12/0.01/2=600 像素，也就是说，相机的分辨率至少需要 1000 像素×600 像素，帧率为 10 帧/s，因此选择 1024 像素×768 像素（软件性能和机械精度不够精确的情况下也可以考虑 1280 像素×1024 像素），帧率在 10 帧/s 以上的即可。

8.3.3　移动底盘搭建

机器人移动底盘涉及的知识较多，本设计直接选购现有产品，有兴趣的读者可以自行查阅相关信息。这里只介绍本设计中用到的一款移动平台及一款常用的激光雷达。

D1 智能移动平台是深圳玩智商科技有限公司（EAI）研制的一款扩展性强、稳定可靠的科教级移动平台。D1 智能移动平台内置有高性能 SLAM 导航模块、高精度 G4 激光雷达；底盘采用先进的动力平台悬挂装置，有着优异的地面适应性能。

D1 智能移动平台的特点：地面适应性强，采用动力轮中置的安装方式，轮子部分采用 1+2+1 布局，使整机转弯半径可以达到最小值；高载重，载重上限可达 50kg，可满足各种商用服务机器人需求和科研搭载需求；高精度激光雷达，搭配 EAI 高精度激光雷达可使运动精度误差控制在厘米级，精准实现同步定位与建图 SLAM。本项目选择此款移动平台的主要原因是项目使用的机械臂较重，而市面上其他同级别的移动平台难以满足项目的使用要求。

D1 智能移动平台如图 8.18 所示。D1 智能移动平台的具体参数见表 8.5。

图 8.18 EAI D1 智能移动平台

表 8.5 D1 智能移动平台具体参数

整体尺寸/mm	406×210
轮子数量/个	4
驱动方式	差分驱动
主动轮直径/mm	125
悬空高度/mm	38
负载/kg	50
净重/kg	13.7
最大速度/（m/s）	0.8
续航时间/h	6
电池容量/（mA·h）	12V 1400
超声波传感器数量/个	4
通信接口	USB-UART/Bluetooth
电源输入	12V/2A DC

RPLIDAR A1 激光扫描测距雷达是一种采用非接触激光测距技术的扫描式传感器，可实时获取所在环境的高精度轮廓信息。RPLIDAR A1 采用激光三角测距技术，配合自主研发的高速视觉采集处理机构，可进行每秒 8000 次以上的测距动作。RPLIDAR A1 的测距核心顺时针旋转，可实现对周围环境的 360° 全方位扫描测距检测，从而获得周围环

境的轮廓图。RPLIDAR A1 全面改进了内部光学和算法系统，采样频率高达 8000 次/s，让机器人能更快速、精确的建图。

RPLIDAR A1 激光扫描测距雷达的尺寸如图 8.19 所示，其重量为 170g，具体参数见表 8.6。

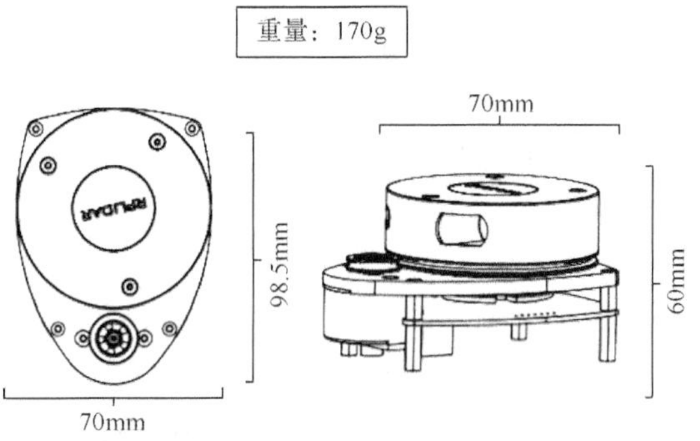

图 8.19　RPLIDAR A1 激光扫描测距雷达尺寸

表 8.6　RPLIDAR A1 激光扫描测距雷达具体参数

项目	单位	最小值	典型值	最大值	备注
测距范围	m	待定	0.15～12	待定	基于白色高反光物体测得
扫描角度	°	不适用	0～360	不适用	
测距分辨率	mm	不适用	<0.5	不适用	测量物体在 1.5m 以内
			<实际距离的 1%		全部量程范围内
角度分辨率	°	不适用	≤1	不适用	5.5Hz 扫描时
单次测距时间	ms	不适用	0.5	不适用	
测量频率	Hz	2000	≥4000	8000	
扫描频率	Hz	1	5.5	10	扫描一周的频率典型值为一次扫描恰好 400 个采样点的情况

8.4　仓储物流机器人软件系统设计

仓储物流机器人软件系统融合了多传感器信息，集地图构建、路径规划、动态避障、目标识别、信息通信于一体，能够实现多场景下机器人的拣货送货。地图构建系统能够实时构建更新地图，路径规划系统能根据具体任务规划最优路径，动态避障系统能自主规避环境中的各类障碍物，目标识别系统能更好地适应商品种类的品种繁多和摆放不规律，基于机器人操作系统的信息通信机制能实时联通各个模块。一体化的智能拣货系统相对于传统的拣货送货方案，不仅大幅降低了对人力的需求，而且提高了场景的适应性，极大地提高了无人拣货配送领域的效率。

8.4.1　机械臂控制算法

仓储物流机器人机械臂部分的工作原理和工作流程如下。

① 工作前，导航系统对场地环境进行地图构建，然后在地图上选取位置点。

② 工作指令发出后，导航系统在地图上规划最优路径，控制装置接收工作指令（指令包括各货物所在的位置点及货物类型等）后，控制移动平台沿着预定路径运动到待拣取货物所在的位置点。

③ 控制装置控制垂直升降装置进行升降，使托盘装置的托盘靠近到待拣取货物的底部位置，并且面向货物；通过货物识别装置识别出待拣取的货物，得出货物和货物抓取装置之间的相对位置和高度信息；控制装置控制托盘装置的托盘接近待拣取货物所在货架的位置；根据货物的位置和高度信息，通过控制装置控制货物抓取装置的抓板高于货物的高度，同时向前伸出抓板来到货物后面；控制货物抓取装置的抓板继续往下降落，使抓板的底部边缘与货架板平面靠近；托盘装置的电动缸开始运动，使托盘运动到水平向上的位置，这样托盘就能托住货物而不掉落；控制装置控制货物抓取装置的抓板拉住货物往回收缩，当货物离开货架时，就会被托盘装置的托盘托举住。

④ 移动平台启动走向下一个位置点，同时通过控制装置控制垂直升降装置和货物抓取装置恢复到初始位置，托盘维持水平向上的位置。

⑤ 当完成指令中所有货物的拣取后，机器人按照规划路径运动到中转箱位置；控制装置控制货物抓取装置升降及旋转运动，使托盘装置的托盘来到中转箱的正上方，调整到合适高度后，托盘装置的电动缸开始运动，将托盘中的货物倾倒至中转箱。

图 8.20 所示为机器人控制原理图。

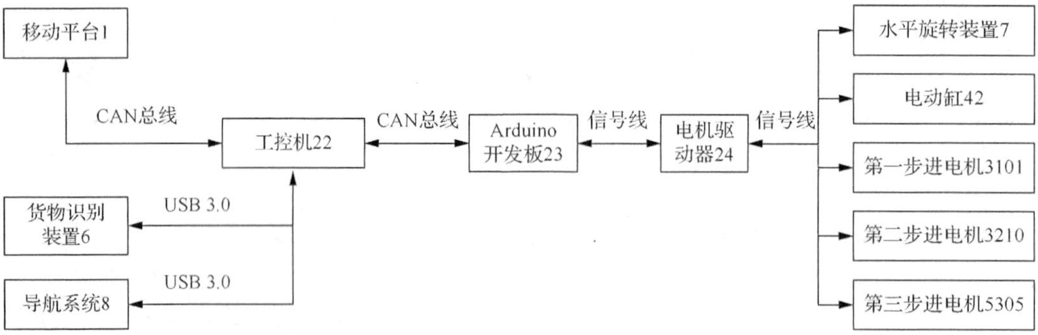

图 8.20　机器人控制原理图

抓取部分的相关代码基于 Arduino 开发板编写，代码比较简单。

8.4.2　目标检测算法

本项目中的目标识别主要是指机器人到达识别位置后对所视的物体进行识别，判断所视物体是否为目标物体，若是目标物体则给抓取装置下达抓取指令，若不是则给机器人底盘下达进入下一识别位置的指令。针对传统产品目标抓取与释放的不足，且造价高昂，难以满足中小型企业要求的现状，本设计旨在设计一种高效的目标抓取与释放方案。

目标识别与检测主要解决的问题是缩短识别目标物体的时间，提高识别目标物体的准确率，故本项目采用基于深度学习的目标识别与检测的方法。深度学习的核心为卷积神经网络，采用卷积神经网络结构，可以避免显式特征提取，并且在网络各个层级中的神经元实现权值参数共享。卷积神经网络由神经元组成，神经元具有相应的权重与配置，接收输入然后加权求和，通过激活函数计算预测值。

在识别物品的问题中，最重要的是如何设计一个与其他类别差异大且不受光照、高度等多样性因素影响的特征，以及如何训练一个区分力强的分类器。深度学习是近年来流行的一个研究方向，由于其算法性能的优越性，使其在学术界和产业界都持续升温。深度学习也常被称为深度神经网络。深度学习在大规模图像分类方面取得重大突破，表明深度学习可以从多媒体内容中提取具有很强表达能力的特征。深度学习本身就是一种人工神经网络模型，只不过它在网络结构及学习算法等方面较传统的人工神经网络有较多改进。深度学习具有以下优势，体现了深度学习可以显著提高图像识别准确性。

① 深度学习网络具有强大的计算能力，可通过多层网络训练进行广泛的特征学习。

② 深度学习在提取特征时，采用选择性搜索，减少了冗余的窗口，同时通过优化算法对这些预选区域再次过滤，最终得到了非常好的目标识别效果。

③ 深度学习网络对数据有更本质的刻画，获取的特征更易于分类。

此外，考虑遮挡、形变等因素对深度学习的影响，研究人员将这些因素很好地融合到深度学习中，可以在目标识别时获得更好的识别效果。

单目摄像头通过图像匹配进行目标识别，通过目标在图像中的大小来估算目标的距离，发出信号给信息处理器进行下一步动作的判断。相对其他摄像头来说，使用单目摄像头性价比较高。如图 8.21 所示，以识别一罐可口可乐为例，首先通过单目摄像头拍摄图片，系统自动判断是否出现目标物体，在进行识别的过程中，先选中物体，识别特征点，最后确认目标物体名称，这时会返回物体名称，且当物体中线和屏幕中线重合，即目标物体处在中间位置时，会返回一个成功信号给机械臂，控制机械臂抓取物体。在目标物体的识别过程中，深度学习模式的正确率高达 95%，召回率为 91.5%，相对于传统模式，不仅提高了正确率，而且缩短了运算时间。

（a）单目摄像头

（b）识别物体图

（c）返回值

图 8.21　目标识别

8.4.3　路径规划算法

本项目的导航路径示意图如图 8.22 所示。

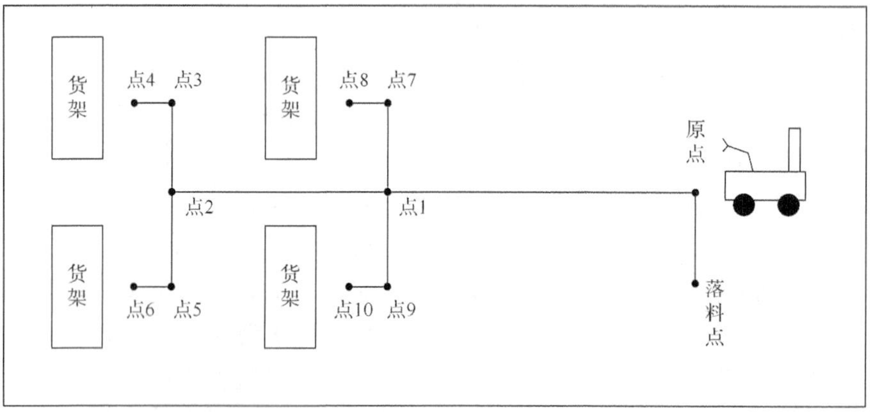

图 8.22　导航路径示意图

机器人运动流程图如图 8.23 所示。

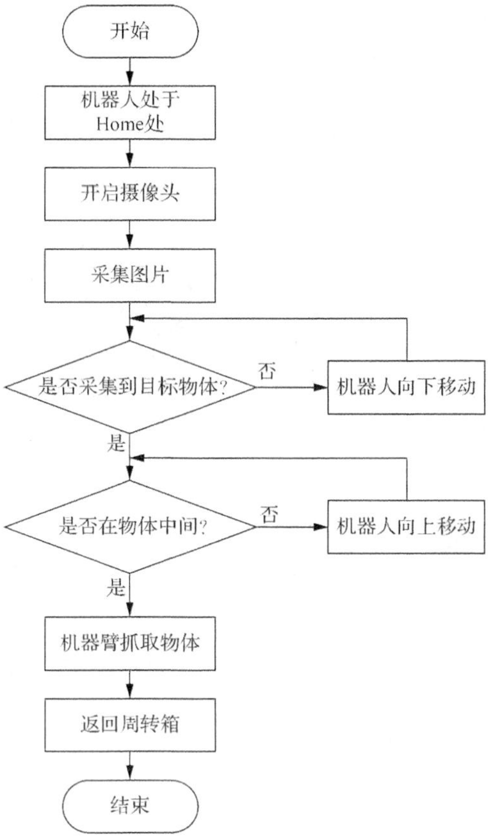

图 8.23　机器人运动流程图

本设计的导航定位是指机器人收到出发指令后到达识别位置，完成抓取作业后返回落料箱。这期间主要完成以下任务：SLAM、路径规划（多点导航）、时间断点控制（到达位置后留给识别抓取时间）和配合平台运动等综合功能。

SLAM 方案采用成熟的基于激光雷达的方法，事前进行场地环境的地图构建，然后在地图上选取位置点。开始指令发出后，机器人依次到达指定点进行识别（即多点导航）。在同一货架前设置多个识别点，在依次识别（其间包括时间断点控制）过程中，发现目标物后进行抓取，完成作业后按照预先规划的路径规划返回落料箱。

（1）地图构建与导航。利用已有平台进行调试改进，实现移动平台在多个目标点之间顺序运动。使用激光 SLAM 算法建立栅格地图，平台运动较长时间后累积误差较小，基本可以较准确地到达目标点，如图 8.24 和图 8.25 所示。

（2）虚拟巡线路径规划。为了配合识别和抓取的需要，采取类似犁耕式的路径规划算法，本设计称为“基于虚拟巡线的路径规划算法”。使用编码器读取平台的运动距离和角度，在代码中设置目标点坐标，平台按顺序在各个目标点之间运动。当接收到视觉或者机械臂的信号时，平台会停止（开始）运动。机器人拣货过程如图 8.26 所示。

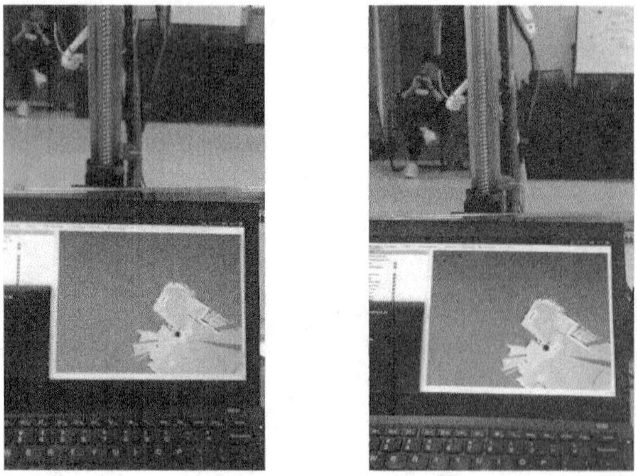

图 8.24　地图构建

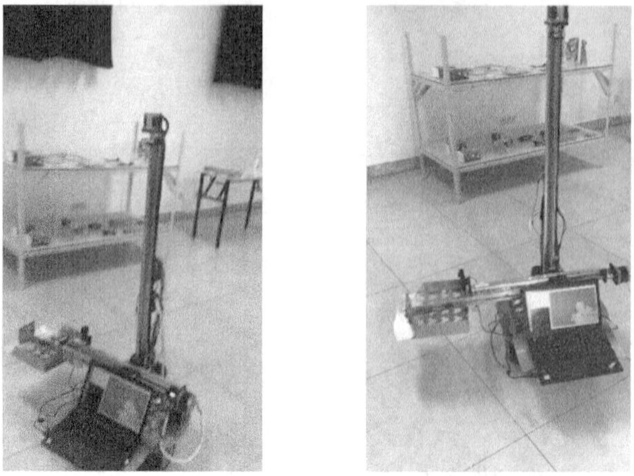

图 8.25　导航

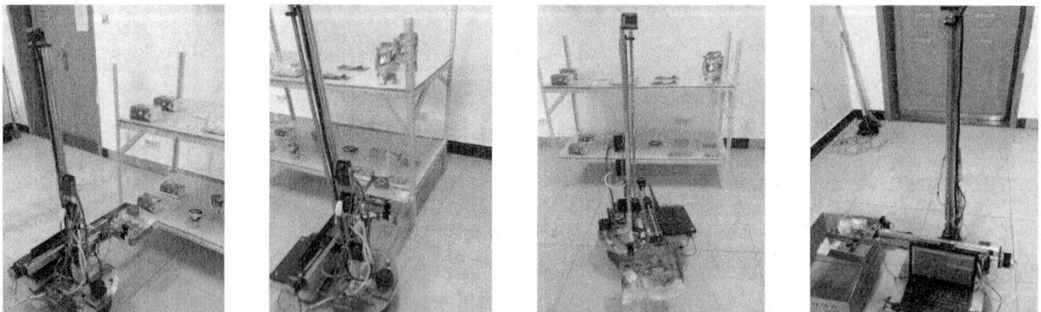

（a）识别起点　（b）第一排货物终点　（c）位置纠正　（d）落料点

图 8.26　机器人拣货过程

（3）超声波避障。因为本平台配有超声波传感器，所以采用的避障方式是超声波避障。系统会读取超声波检测的障碍物距离，到极限距离时控制平台停止运动。但超声波传感器本身反应较慢，且盲区较大，所以会存在检测不到或者反应不及时的问题。

8.4.4　系统通信与整机调试

整机基于机器人操作系统（robot operating system，ROS）进行通信，分为目标识别、机械臂控制和底盘导航三个模块。任务开始时通过机器人操作系统控制底盘移动，同时打开相机进行图像采集，当识别到指定物品时，目标识别模块会通过 ROS 话题的形式向机械臂控制和底盘导航模块发送消息实现目标物抓取和平台停止；机械臂抓取成功后会返回信号给目标识别和底盘导航模块，以实现相机继续采集图像和底盘运动。

首先要说明的是，避障算法在整个系统中优先级最高，如果遇到障碍物，整个系统均为停止状态。其余部分的通信如下：机器人使用激光扫描测距雷达构建商场环境地图，识别货架位置，并标记各个货架的两端坐标；机器人根据商品信息，确定货架大致位置，获取货架位置坐标并规划路径；机器人运动到货架附近，根据货架端点位置坐标，计算运动路径起始点和终止点坐标，并根据设定速度与货架平行方向做匀速直线运动；机器人到达货架起始点位置时，摄像头启动，进行识别，当识别到目标商品后，机器人停止运动，摄像头暂时关闭，机械手抓取，抓取成功后摄像头重新启动，且将该商品剔除目标商品；重复上述步骤，直至所有商品抓取完毕；规划机器人当前位置与货箱之间的路径，机器人运动到货箱交付所有商品。

系统通信机制如图 8.27 所示。机器人抓取商品的过程如图 8.28 所示。

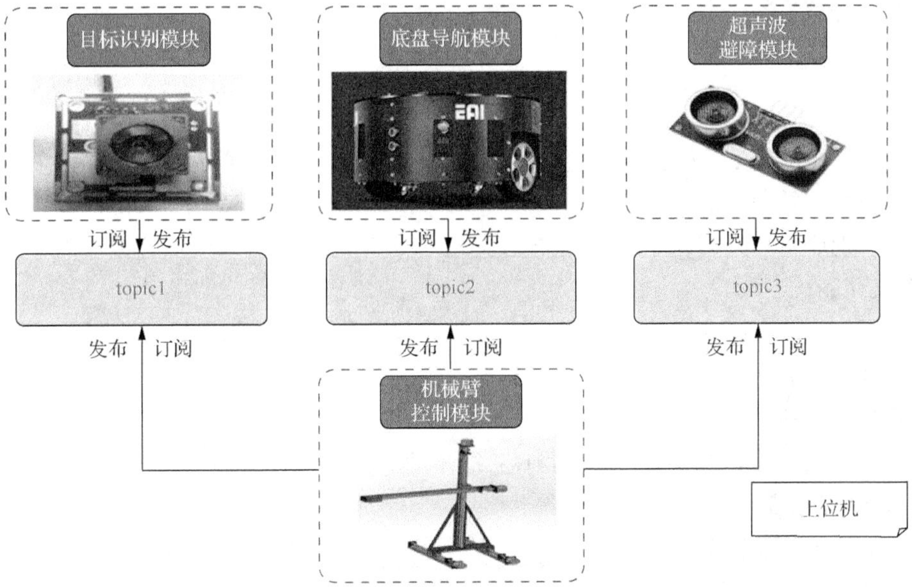

图 8.27　系统通信机制

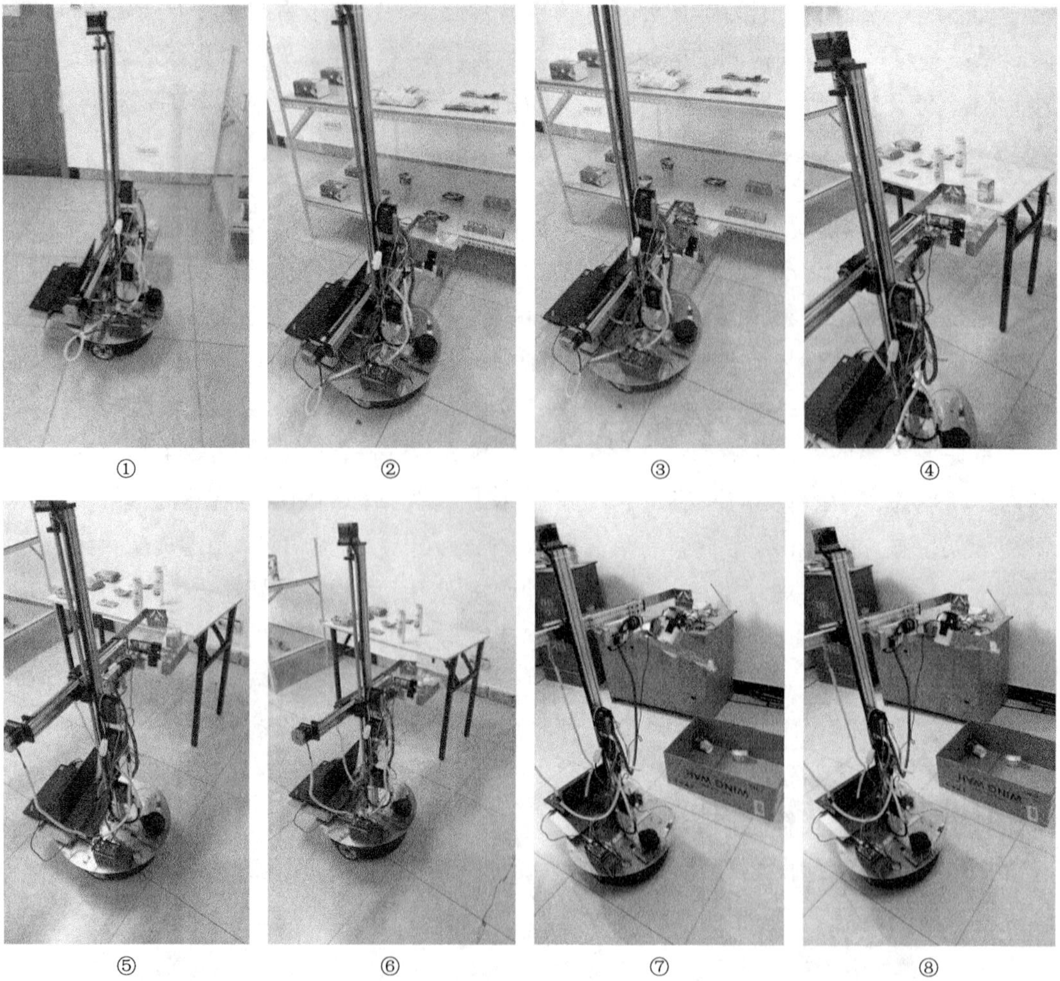

图 8.28　机器人抓取商品的过程

结合图 8.28，机器人在抓取商品过程中的通信机制如下所述。

① 识别起始点，导航模块将消息发送给识别模块，识别模块开始识别。

② 识别成功，目标识别模块将消息发送给导航模块和抓取模块，机器人停止运动，开始抓取商品。

③ 抓取结束，抓取模块将消息发送给识别模块和导航模块，机器人继续识别商品，机器人开始运动。

④ 机器人抓取第二个商品。

⑤⑥ 抓取结束，抓取模块将消息发送给识别模块和导航模块，机器人继续运动，机械臂调整抓取高度。

⑦ 机器人到达落料点，导航模块发送消息，抓取模块倾倒商品。

⑧ 倾倒结束，抓取模块发送消息，机器人回到起始点。

8.5 小　结

本章所设计的仓储物流机器人，以及硬件平台和相应的控制系统，能够适应多类型的商品；所设计的基于双滚珠丝杆组合的机械臂，可以在减轻移动平台负载的前提下最大限度适应多个高度的商品货架，实现商品的抓取和释放。由目标商品检测识别试验可以看出，基于卷积神经网络的目标检测识别技术保证了商品的识别准确性及识别速度，准确率高达 95%，仅使用单目相机进行商品的识别，制作成本低，集成化程度高。由物流机器人导航与定位试验可以看出，本章所设计的物流机器人实现了地图构建、多点导航、超声波避障，可以构建拣货区域的环境地图，在货架之间实现基于虚拟巡线的机器人导航，并且可以避开拣货过程中的障碍物。由系统集成试验可以看出，基于机器人操作系统的通信实现了导航线程、抓取线程、识别线程三部分的即时通信，实现了整套系统的流畅、稳定运行，完成了无人超市环境的拣货配货。

参考文献

李捐, 2013. 基于单目视觉的移动机器人 SLAM 问题的研究[D]. 哈尔滨: 哈尔滨工业大学.

Leonard J J, Durrant-Whyte H F, 1991. Mobile robot localization by tracking geometric beacons[J]. IEEE Transactions on Robotics and Automation, 7(3): 376-382.

Umeyama, S, 1991. Least-squares estimation of transformation parameters between two point patterns[J]. IEEE Transactions on Pattern Analysis and Machine Intelligence, 13(4): 376-380.